水土保持
规划与设计

齐 实◎主编

中国林业出版社

内 容 简 介

　　本书根据全国高等院校水土保持与荒漠化防治专业的课程要求,结合我国目前在水土保持规划设计行业和领域最新的规程规范和进展,从水土保持规划与设计的理论出发,全面系统地阐述了水土保持总体规划、综合治理规划、预防规划、监测规划、监督管理规划和小流域规划设计、水土保持措施初步设计的内容、程序和编制要点,以及进行调查、数据处理分析的技术方法和信息技术。本书针对性、实用性强,理论结合实际,具有很强的操作性。本书不仅可作为全国高等院校水土保持与荒漠化防治专业教学的教材,也可作为从事水利和水土保持行业、生态建设和生态环境保护、生态修复、土地整理和管理等相关行业进行水土保持规划与设计的参考用书。

图书在版编目（CIP）数据

水土保持规划与设计 / 齐实主编. —北京：中国林业出版社，2016.12
ISBN 978-7-5038-8809-0

Ⅰ. ①水… Ⅱ. ①齐… Ⅲ. ①水土保持-规划-中国 Ⅳ. ①S157

中国版本图书馆 CIP 数据核字（2016）第 299597 号

出版发行	中国林业出版社（100009　北京市西城区德内大街刘海胡同 7 号）
	E-mail：lmbj@163.com　　电话：（010）83143575
	http://lycb.forestry.gov.cn
经　　销	新华书店
印　　刷	北京卡乐富印刷有限公司
版　　次	2017 年 5 月第 1 版
印　　次	2017 年 5 月第 1 次
开　　本	850mm×1168mm　1/16
印　　张	19.5
字　　数	426 千字
定　　价	46.00 元

《水土保持规划与设计》编委会

主　　编： 齐　实

副 主 编： 孙保平　　王秀茹

编写人员：

　　　　马俊明　　王秀茹　　孙保平　　衣虹照　　齐　实

　　　　张守红　　赵廷宁　　郭小平　　梁　斌　　程柏涵

主　　审： 王玉杰

前　言

　　2011 年 3 月 1 日，新修订的《中华人民共和国水土保持法》正式施行，在新的法律条款中，提出了水土保持规划制度，对水土保持规划的编制、审批、实施等做出了明确规定，进一步强化了规划的法律地位。同时"顶层设计"已经标志着我国各个领域发展和改革进入了一个目标明确、规划具体、战略得当的新发展时代。2015 年 10 月国务院印发《关于全国水土保持规划（2015—2030年）的批复》，原则上同意《全国水土保持规划（2015—2030 年）》（以下简称《规划》）。该规划是今后一个时期我国水土保持工作的发展蓝图和重要依据，是贯彻落实国家生态文明建设总体要求的行动指南。

　　北京林业大学是全国农林高等院校中首先开设水土保持专业的院校，1988年开始将"水土保持规划"作为一门独立的课程开始开设，1989 年由孙立达教授主持编写了《水土保持规划学》的校内教材。1998 年，根据教育部高等教育司关于"高等农林教育面向 21 世纪教学内容和课程体系改革计划"项目的要求，对水土保持专业和沙漠治理专业合并成水土保持与荒漠化防治专业，把"流域管理学"作为主要的专业课程。该课程是在水土保持规划，水土保持信息管理，水土保持经济学和水土保持法律、法规等课程的基础上整合而成的。1999 年由王礼先教授主持编写出版了《流域管理学》教材；2003 年，随着教学改革的不断深入以及国家生态环境建设的需求，北京林业大学设立了"生态环境建设规划"课程，2006 年由高甲荣和齐实主编出版了《生态环境建设规划》教材。

　　根据目前我国水土保持生态环境建设对水土保持规划与设计的要求，北京林业大学在 2007 年新修订的教学计划中，根据目前水土保持生态环境建设纳入国家基本建设程序后的新要求，结合目前水土保持的行业需求，将"水土保持规划""生态环境建设规划"和"流域管理学"等课程整合为"水土保持规划与设计"课程，作为水土保持专业的骨干专业课程。

2015 年，《水土保持规划与设计》教材被列入北京林业大学教材编写计划。在本教材编写过程中，恰逢"水土保持规划编写规范"和"水土保持工程设计规范"施行，同时"全国水土保持规划"获批，因此本教材结合新的规范和我国生态文明建设对水土保持工作的新要求，力求理论联系实际。本书由齐实主编并统稿，孙保平、王秀茹为副主编。参加编写人员的分工如下：第 1 章由齐实编写；第 2 章由齐实、孙保平、梁斌编写；第 3 章由齐实、郭小平、马俊明编写；第 4 章由齐实、孙保平、赵廷宁、程柏涵编写；第 5 章由孙保平、齐实、程柏涵编写；第 6 章由齐实、程柏涵、张守红编写；第 7 章由齐实、郭小平、程柏涵编写；第 8 章由齐实、张守红、马俊明编写；第 9 章由王秀茹、齐实、马俊明、衣虹照编写；第 10 章由齐实、梁斌、马俊明编写。主审为王玉杰教授。

本书中引用了大量科技成果、论文、专著和相关教材的内容和资料，因篇幅有限未能一一在参考文献中列出，在此谨向文献的作者们表示深切的谢意。限于我们的知识水平和实践经验，书中缺点、错误难免，热切地希望读者提出批评意见，以便今后进一步充实提高。

编　者

2016 年 7 月于北京

目 录

第 1 章

绪 论

[**本章提要**]

　　本章主要介绍了水土流失和水土保持的概念；水土保持规划的内容；水土保持工程项目的前期工作；水土保持工程设计的内容；水土保持规划与设计的发展历史和趋势；以及其他与水土保持相关的生态建设规划设计。通过本章的内容，读者可以初步了解什么是水土保持和水土保持规划。

1.1　基本概念

1.1.1　水土流失和水土保持

　　水土流失（water and soil loss）是指"在水力、重力、风力等外营力作用下，水土资源和土地生产力的破坏和损失，包括土地表层侵蚀和水的损失，亦称水土损失。"（《中国水利百科全书·第一卷》）。从一般的意义上来讲，水资源是指具有经济利用价值的自然水，主要指逐年可以恢复和更新的淡水，水作为人类生活和工农业生产中不可缺少的资源，是维持人类生存的三大基本要素之一。土地资源是指可以利用而尚未利用的土地（包括它们的数量和质量）和已经开垦利用的土地的总称。土地资源是人类生活和从事生产建设的必需场所和重要的生产资料，也是人类赖以生存的物质基础。水土流失实质上是指在地球陆地表面由自然外营力和人类活动作用力共同作用下所引起的，包括了水资源在其循环过程中的损失（主要指坡地径流损失、植物截留、蒸腾、地面水面的蒸发、深层渗漏等）和破坏（如污染等）；土地资源的损失和破坏，包括土地数量的减少和质量的下降，如平原变沟壑、良田变沙漠；以及由此而造成土地生产物质资料能力的降低，从而对人类的生存产生不良影响乃至威胁的现象。

　　水土保持是防治水土流失，保护改良和合理利用水土资源，维护和提高土地生产力，减轻洪水、干旱和风沙灾害，以利于充分发挥水、土资源的经济效益、社会效益和生态效益，建立良好的生态环境，支撑可持续发展的生产活动和社会公益事业［水土保持术语（GB/T 20465-2006）］。根据 2011 年开始实施的新修订的《中华人民共和国水土保持法》，水土保持从法律概念上，即对自然因素和人为活动造成水土流失所采取的预防和治理措施。

1.1.2　水土保持规划

规划一般是指进行比较全面的、长远的发展计划，是对未来整体性、长期性、基本性问题的思考、考量和设计未来的整套行动方案。规划是顶层设计最重要的体现，是一项基础性、战略性的工作，规划科学是最大的效益，规划失误是最大的浪费，规划折腾是最大的忌讳。

水土保持规划是指按特定区域和特定时段制定的水土保持总体部署和实施安排［水土保持术语（GB/T 20465-2006）］。水土保持规划是国民经济和社会发展规划体系的重要组成部分，是依法加强水土保持管理的重要依据。

水土保持规划是全国生态环境建设规划的重要组成部分，生态环境建设规划主要包括天然林草等自然资源保护、植树种草、水土保持、防治荒漠化、草原建设、生态农业等。水土保持规划属于专项规划的范畴。水土保持规划可以理解为防治水土流失，保护、改良和开发利用水土资源，在土地利用规划和国家主体功能规划的基础上，确定水土流失防治分区，对各项水土保持措施做出综合配置，对实施的进度和所需的劳力、经费做出合理安排的总体计划。

1.1.3　水土保持设计

水土保持设计是指涉及水土保持工程的措施的单项设计，包括初步设计和施工图设计，既包括水土保持综合治理工程的措施设计，也包括生产建设项目水土保持工程的措施设计。

水土保持综合治理工程设计应在调查、勘察、试验、研究后，取得可靠基本资料的基础上，本着安全可靠、技术先进、注重实效、经济合理的原则，将各项治理措施落实到地块、具体点位，设计包括具体的分析计算，以及相应的设计图件。

生产建设项目水土保持设计应根据主体工程设计的要求，按照"预防为主、综合防治"的原则，分别对拦渣工程、斜坡防护工程、土地整治工程、防洪排导工程、降水蓄渗工程、临时防护工程、植被建设工程和防风固沙工程进行相应的设计。

1.2　水土保持规划概述

1.2.1　水土保持规划的分类

从我国的国民经济和社会发展规划体系来看，按行政层级分为国家级规划、省（自治区、直辖市）级规划、市县级规划；按对象和功能类别分为综合规划和专项规划。

水土保持规划一般分为综合规划和专项规划两大类。水土保持综合规划是指以县级以上行政区或流域为单位，根据区域自然与社会经济情况、水土流失现状及水土保持需求，对防治水土流失，保护和利用水土资源而做出的总体部署，规划内容主要包括预防、治理、监测、监管等。

我国的水土保持的综合规划体系按行政区划或流域划分为：①全国水土保持规划；②省级或流域级水土保持规划；③地、县级水土保持规划。

其中全国水土保持规划是为制定全国范围的水土保持工作的整体安排由国家有关部门组织编制的；我国的《全国水土保持规划（2015—2030年）》已于2015年10月获得国务院的批复，是今后一个时期我国水土保持工作的发展蓝图和重要依据，是贯彻落实国家生态文明建设总体要求的行动指南。地方级别（省级或流域级、地市级、县级）的水土保持规划是在全国水土保持规划的基础上，为指导地方的水土保持工作而编制的；小流域水土保持规划是以流域为水土流失治理工作的基本单位，将大面积水土流失区的治理划分为若干小流域进行的规划。

按水土保持的任务划分：水土保持区划、水土流失防治分区和水土保持综合规划。

按水土保持基本建设项目划分：①项目建议书；②可行性研究；③初步设计。

水土保持专项规划是对水土保持专项工作或特定区域预防和治理水土流失而做出的规划，可分为专项工作规划和专项工程规划。专项工作规划如水土保持监测规划、科技发展规划、信息化规划；专项工程规划又可分为专项综合防治规划和单项工程规划，如饮用水水源地水土保持规划、东北黑土区水土流失综合防治规划、坡耕地综合治理规划、淤地坝规划等。专项规划应当服从综合规划。

1.2.2 水土保持规划的依据和原则

1.2.2.1 依据

水土保持规划应服从国民经济和社会发展规划的总体要求，适应国家和区域的主体功能对水土保持的要求，考虑国家对土地和水资源的保护、开发利用，以及城乡建设和环境保护的需要，与土地利用总体规划、水资源规划、城乡规划和环境保护规划等相互协调；编制水土保持规划要以水土流失调查结果和重点防治区的划定为基础。

（1）法律法规 《中华人民共和国水土保持法》及相关法律法规。主要包括：①《中华人民共和国水土保持法》（1991年6月29日颁布，2010年12月25日修订）；②《中华人民共和国水法》（2002年8月29日）；③《中华人民共和国防洪法》（1997年8月29日）；④《中华人民共和国环境保护法》（1989年12月26日颁布施行，2014年4月24日修订，2015年1月1日起施行）；⑤《中华人民共和国土地管理法》（1999年1月1日）；⑥《中华人民共和国环境影响评价法》（2003年9月）等。

（2）国家、部门和地方批复的有关规划　如国家和地方政府制定和批复的"国民经济和社会发展规划""主体功能区规划""生态环境建设规划""生态保护与建设规划"以及其他相关规划等。

（3）相关技术规程规范和技术资料　国家、部门、地方政府颁布的有关水土保持技术规程、规范。规划区域土壤、植被、农林牧水等方面的技术资料和成果。主要有：《水土保持综合治理技术规范》（GB/T 16453-2008）；《水土保持综合治理效益计算方法》（GB/T 15774-2008）；《开发建设项目水土保持技术规范》（GB 50433-2008）；造林技术规程》（GB/T 15776-1995）；《生态公益林建设导则》（GB/T 18337.1-2001）；生态公益林建设规划设计通则》GB/T 18337.2-2001）；《生态公益林建设技术规程》GB/T 18337.3-2001）；《水土保持规划编制规范》（SL 335-2014）；《水土保持工程初步设计报告编制规程》（SL 449-2009）；《土壤侵蚀分类分级标准》（SL 190-2007）；《水利水电工程制图标准水土保持图》（SL 73.6-2001）；《水利水电工程制图标准-水土保持图》（SL 73.6-2001）；《水工挡渣墙设计规范》（SL 379-2007）；《生态清洁小流域建设技术导则》（SL 534-2013）等。

1.2.2.2　原则

（1）生态文明建设理念　水土保持规划体现尊重自然、顺应自然、保护自然的生态文明理念，本着"预防为主、全面规划、综合防治、因地制宜、加强管理、注重效益"的方针，充分发挥水土保持的生态、经济和社会效益，实现水土资源可持续利用，为保护和改善生态环境、加快生态文明建设、推动经济社会持续健康发展提供重要支撑。

（2）统筹兼顾、协调平衡　水土保持是一项复杂的、综合性很强的系统工程，涉及水利、国土、农业、林业、交通、能源等多学科、多领域、多行业、多部门。编制水土保持规划一定要坚持统筹协调的原则，充分考虑自然、经济和社会等多方面的影响因素，协调好各方面关系，规划好水土保持目标、措施和重点，最大限度地提高水土流失防治水平和综合效益。水土保持规划既要符合国家和地方水利综合规划及水利专项规划的要求，又要符合国家和地方的国民经济规划、土地利用规划、生态建设规划、环境保护规划等相关的规划。

（3）分类指导的原则　我国幅员辽阔，自然、经济、社会条件差异大，水土流失范围广、面积大、形式多样、类型复杂。水力、风力、重力、冻融及混合侵蚀特点各异，防治对策和治理模式各不相同。因此，必须从实际出发，坚持分类指导的原则，对不同区域、不同侵蚀类型区水土流失的预防和治理区别对待，因地施策、因势利导，不能"一刀切"。因地制宜、分区分类规划、突出重点、整体推进、分步实施、确定逐级分区方案，按类型区分区确定土地利用方向和措施总体部署，合理安排实施进度。区域性经济社会发展和生态安全宏观战略与水土保持生态建设主攻方向相结合；远期目标和近期目标相结合；实事求是，一切从实际出发，按照区域自然规律、社会经济规律，确定水土保持生态建设与生产发展方向。

1.2.3　水土保持规划的内容

1.2.3.1　水土保持综合规划的内容和成果

水土保持综合规划编制应包含的内容：①开展相应深度的现状调查及必要的专题研究；②分析评价水土流失的强度、类型、分布、原因、危害及发展趋势。根据规划区社会经济发展要求，进行水土保持需求分析，确定水土流失防治任务和目标；③开展水土保持区划，根据区划提出规划区域布局；在水土流失重点预防区和重点治理区划分的基础上提出重点布局；④提出预防、治理、监测、监督、综合管理等规划方案；⑤提出实施进度及重点项目安排，匡算工程投资，进行实施效果分析，拟定实施保障措施。

1.2.3.2　水土保持专项规划的内容

水土保持专项规划编制应包含的内容：①开展相应深度的现状调查，并进行必要的勘察；②分析并阐明开展专项规划的必要性；在现状评价和需求分析的基础上，确定规划任务、目标和规模；③开展必要的水土保持分区，并提出措施总体布局及规划方案；④提出规划实施意见和进度安排，估算工程投资，进行效益分析或经济评价，拟定实施保障措施。

1.3　水土保持工程项目前期工作

1.3.1　水土保持工程项目管理和建设简述

工程项目周期是指一个项目由筹划立项开始，直到竣工投产，收回投资，达到预期投资目标的整个过程。这个过程对单个项目来说是一次性的，而对含多个项目的整体来说，则是依次连接、周而复始进行的，是一个循环过程。我国的项目周期理论中，将项目分为前期准备、实施和竣工验收及后评价 3 个阶段。

1.3.1.1　项目前期准备阶段

项目前期准备工作是从投资意向形成到项目评估决策这一时期的全部工作，它要根据地区经济发展目标和开发的统一规划、统筹安排，寻找合适的投资机会。项目的前期准备开始于工程规划，一般由业务部门提出，经上级（投资者）批准后，再编写项目建议书，批复后，上级部门下达可行性研究计划任务书，然后，项目提出单位就可以组织力量进行可行性研究，编写可行性研究报告，并报送上一级单位。投资单位在接到可行性研究报告后应开始论证评估，决定能否立项。评估结果可能出现 4 种情况：①可以立项；②需修改或重新设计；③推迟立项；④不予立项。项目正式成立后，项目的准备工作并没有结束，项目执行单位还需做好项目的初步设计工作，初步设计完成后，则需等待列入国家的投资计划，一旦列入投资年度计划，项目即进入了实施建设阶段。

1.3.1.2 项目实施阶段

建设项目完成初步设计报告，并列入国家投资年度计划后，就进入了项目实施（施工）阶段。项目实施必须严格按照评估报告及设计进行施工。为保证项目实施的高效益，达到预期目标，在整个实施过程中应严格地实行计划管理、资金管理、物资管理、合同管理、工程技术管理、监理管理，建立健全统计、会计核算制度，实行严密的科学监测，保证项目顺利实施。

1.3.1.3 项目竣工验收及后评价阶段

上一级项目管理机构应按批准的项目可行性研究报告、评估报告和初设文件及项目协议书提出的验收依据，检查验收项目完成的内容、数量、质量及效果，评价评估报告的质量，总结项目实施过程的经验教训。验收后应写出竣工验收报告，报告经批准后，表示该项目的建设任务已完成，可颁发项目竣工验收证书。竣工项目经验收交接，应办理固定资产交付使用的转账手续，加强固定资产管理。验收中发现遗留问题，应由验收小组提出处理办法，报告上一级有关部门批准，交有关单位执行。

项目交付使用后，便进入生产运行期，在经过一般为 2 年的生产运行之后，应对项目的立项决策、设计、竣工验收、生产运营全过程及交付使用后的生态效益、经济效益和社会效益进行总结评价，以便总结经验，解决遗留问题，提高工程项目的决策水平和投资效果。项目后评价是项目建设程序中不可缺少的组成部分和重要环节。

1.3.2 水土保持工程项目前期工作

水土保持工程是指为防治自然因素和人为活动造成的水土流失，保护、改良和合理利用水土资源，并充分发挥水土资源的经济效益和社会效益，建立良好生态环境而采取的预防和治理措施的总称。水土保持工程前期工作是指按照国家基本建设项目管理程序开展的水土保持工程的前期工作阶段，包括规划、项目建议书、可行性研究和初步设计 4 个阶段。规划和设计本书其他章节会涉及，下面仅对项目建议书和可行性研究报告进行简要介绍。

1.3.2.1 项目建议书

项目建议书是根据国民经济和社会发展规划与区域经济发展规划的总要求，在批准的区域综合规划、江河流域规划、水土保持规划等相关规划的基础上，明确现状水平年和设计水平年，对项目所在行政区域的自然条件、社会经济条件、水土保持基本情况进行必要的调查，充分论证项目建设的必要性；提出建设任务、目标和规模，基本选定项目区，并对项目区的工程建设条件进行必要的调查，在分析资料的基础上，提出项目建设的总体方案，进行典型设计，估算工程投资，评价项目建设的可行性和合理性。

1.3.2.2 可行性研究报告

可行性研究报告是以批准的项目建议书或规划为依据，按照国家基本建设的方针政策，遵循相关技术标准，在对工程项目的建设条件进行调查和勘测的基础上，从技术、经济、社会、环境等方面对工程项目的可行性进行全面的分析、论证和评价。其主要内容包括：①论述项目建设的必要性和确定项目建设任务；②确定建设目标和规模、选定项目区，明确重点建设小流域（或片区），明确单项工程的建设规模；③明确现状水平年和设计水平年，查明并分析项目区自然条件、社会经济条件、水土流失及其防治状况，查明水土保持单项工程涉及的工程地质问题的主要工程地质条件；④提出水土保持分区，确定工程总体布局。包括对典型小流域进行措施设计，确定主要单项工程的位置，工程形式及主要技术指标；⑤估算工程量、施工组织形式、施工方法和要求、工期和进度安排；⑥确定水土保持监测和技术支持方案，明确项目管理机构、管理模式和运行管护方式；⑦估算工程投资和提出投资筹措方案，并分析主要技术经济指标，评价项目的国民经济合理性和可行性。

1.4 水土保持工程设计的内容

水土保持工程从行业来讲主要包括水土保持综合治理工程和生产建设项目水土保持工程两大类。

1.4.1 水土保持综合治理工程

水土保持综合治理工程的设计，主要包括小流域综合治理工程的设计，治沟骨干工程、小流域坝系工程等水土保持单项工程，片区生态修复、水土保持监测、泥石流滑坡防治等水土保持专项工程的设计等。根据水土保持措施的种类可分为水土保持工程措施、水土保持林草措施、封禁治理措施、保土耕作措施和其他措施等的设计。

1.4.2 生产建设项目水土保持工程

生产建设项目水土保持工程主要包括拦渣工程、斜坡防护工程、土地整治工程、防洪排导工程、降雨蓄渗工程、临时防护工程、植被建设工程和防风固沙工程等。

1.4.3 其他生态建设与生态修复工程

如土地整理工程、土地复垦及各类退化土地的生态修复工程等的水土保持工程设计。

1.5　水土保持规划设计的程序

1.5.1　准备工作

1.5.1.1　组织综合性规划小组

由于水土保持规划工作涉及面广，综合性强，需要组织一个具有农、林、牧、水等业务部门的技术人员和领导参加的规划小组。

1.5.1.2　制定工作细则和开展物质准备

明确规划的任务、工作量、要求；确定规划工作进度、方法、步骤，人员组成与分工；做好物质准备、经费预算及制定必要的规章制度。

1.5.1.3　制订规划报告大纲

根据规划的任务、要求，按照规范规程要求制定规划报告大纲。

1.5.1.4　培训技术人员

在规划工作开始之前，应对参加规划的专业人员进行技术培训，学习规划的有关文件和技术规程，明确规划的任务和要求。

1.5.2　资料的收集、调查

1.5.2.1　资料的收集、整理

根据规划的地域范围，收集相应比例尺的基础和专题图件以及自然条件、自然资源、社会经济和水土流失和水土保持、水土保持重点分区等有关资料，并进行整理，明确需要补充调查的部分。

1.5.2.2　水土流失和水土保持综合调查和勘测

在资料收集和整理的基础上，确定需要进行补充调查的工作内容，方法和步骤，并进行综合调查工作，对重点单项工程开展水土保持勘测。

1.5.3　系统分析与评价

对收集和调查资料进行整理、分析和评价，包括水土保持环境分析、资源评价、

水土流失和水土保持分析评价、社会经济分析评价和水土保持需求分析等。

1.5.4　规划工作

　　① 确定水土保持规划的目标。
　　② 进行水土保持综合规划。包括预防保护、综合治理、监管规划、监测规划、示范推广规划等。
　　③ 确定水土保持投资、实施进度，进行效益估算和提出实施保障措施。

1.5.5　设计

　　对水土保持各项措施进行初步设计、施工设计，进行经费概算。

1.5.6　规划设计成果

　　提交规划设计的成果，按照相关规范的要求提出规划报告、图件和表格。

1.5.7　规划设计审批、实施和修订

　　水土保持规划完成后，需要报本级人民政府或者其授权的部门批准后，由水行政主管部门组织实施。水土保持规划一经批准，应当严格执行。经过批准的水土保持规划是水土保持工作的总体方案和行动指南，具有法律效力，主要表现在：如果规划根据实际情况需要修改，应按照规划编制程序，报原批准机关批准。

1.6　水土保持规划与设计的发展历史和趋势

1.6.1　水土保持规划的发展历史

　　我国的水土保持工作自古有之，但大部分都是自发、零星地进行，缺乏全面、系统的水土保持规划，都是结合土地利用进行的。新中国成立以来，党中央、国务院高度重视水土保持工作，开展了大量的基础性工作。1955—1957 年，中国科学院组织综合考察队赴黄土高原地区进行了水土保持调查，并编制完成了"黄河中游黄土高原水土保持土地合理利用区划"，标志水土保持规划的原则、内容和方法初步形成体系；1961 年农业出版社出版《水土保持学》中，阐述了水土保持规划设计的一般原则和内容；20 世纪 80 年代，《黄土高原水土保持规划手册》完成，全国性综合农业区划工作的开展以及水土保持小流域治理工作的大面积实施，极大的推进了水土保持规划和设计的工作，尤其在水土流失调查和规划的手段、方法方面，遥感技术和 GIS 技术得到了广泛的应用。

　　我国真正开展全国性的水土保持规划始于 1993 年，当年国务院批复了《全国水土保持

规划纲要（1991—2000年）》，编制了《全国水土保持规划（1991—2000年）》，该纲要和规划成为以后水土保持各类规划的基础和依据。1995年，水土保持综合治理国家标准出台，其中《水土保持综合治理-规划通则》规定了编制水土保持综合治理规划的任务内容、程序方法和成果整理等的基本要求。1998年，水利部为了配合全国生态环境建设规划组织编制了《全国水土保持生态环境建设规划》，同年国务院批复了《全国生态环境建设规划（1998—2050年）》，部分省（自治区）也编制了水土保持生态建设规划，黑龙江、云南、重庆、浙江等省（直辖市）水土保持生态建设规划经省级人民政府批准实施。另外，在七大流域综合规划中都包含有水土保持规划内容。

2000年，根据国家在水土保持工程实施基本建设项目管理程序，水利部颁发了《水土保持规划编制暂行规定》（水利部［2000］第187号），规定了规划、项目建议书、可行性研究报告、初步设计4个阶段水土保持规划与设计的要求，不同阶段规划的内容和深度各有侧重。

2006年水利部发布了《水土保持规划编制规程》（SL 335-2006），2009年水利部批准发布了《水土保持工程可行性研究报告编制规程》（SL 448-2009）、《水土保持工程项目建议书编制规程》（SL 447-2009）、《水土保持工程初步设计报告编制规程》（SL 449-2009）等系列规程，进一步规范了水土保持规划的内容和程序。

2011年《中华人民共和国水土保持法》规定，国务院和县级以上人民政府的水行政主管部门，应当在调查评价水土资源的基础上，会同有关部门编制水土保持规划，并须经同级人民政府批准。《中华人民共和国水土保持法》规定，县级以上人民政府应当将水土保持规划确定的任务，纳入国民经济和社会发展计划，安排专项资金，组织实施。水土保持规划的修改，须经原批准机关批准，从法律上确立了水土保持规划的地位。

2015年10月，全国水土保持规划（2015—2030）获得国务院批复，按照该规划，到2020年，基本建成水土流失综合防治体系，全国新增水土流失治理面积32万km^2，年均减少土壤流失量8亿t；到2030年，建成水土流失综合防治体系，全国新增水土流失治理面积94万km^2，年均减少土壤流失量15亿t。为今后15年我国的水土保持工作确定了目标和任务。

1.6.2 水土保持设计的发展历史

水土保持设计工作在很长一段时间内处于实践探索阶段，主要是在生产实践中开展的以经验为主。1984年，在总结20世纪70年代山西、陕西两省淤地坝修筑技术研究和推广成果的基础上编制和颁布了《水坠坝设计及施工暂行规定》（SD 122-1984）；1986年，水利电力部在总结黄河中上游地区治沟骨干工程（控制性缓洪淤地坝）设计施工技术的基础上，制定了《水土保持治沟骨干工程暂行技术规范》（SD 175-1986），之后，又颁布《水土保持技术规范》（SD 238-1987）和《水土保持试验技术规范》（SD 239-1987）。1995—1996年，在总结多年水土保持实践经验的基础上颁布了《水土保持综合治理技术规范》（GB/T

16453.1～6-1996）等标准，水土保持设计工作有了技术依据。

2000 年以前，水土保持以群众治理为主、国家补助为辅，水土保持并未纳入基本建设管理，水土保持规划与设计概念是模糊不清的。小流域水土保持初步设计在很长时间内被当做小流域水土流失综合治理规划，因而对水土保持规划与设计的性质、作用与任务认识不清，水土保持规划很难在宏观方面起到应有的作用；而设计也因投资少、资金不落实等原因没有得到足够重视。

2000 年，根据国家在水土保持工程实施基本建设项目的管理，国家和行业标准主管部门、各级地方主管部门，在总结生产实践经验、吸收有关研究成果、借鉴相关技术标准的基础上，相继制定颁布了一部分行业规范和国家标准，如《水土保持综合治理技术规范》（GB/T 16453.1～6-2008）、《水土保持治沟骨干工程技术规范》（SL 289-2003）、《水坠坝技术规范》（SL 302-2004）、《开发建设项目水土保持技术规范》（GB 50433-2008）、《开发建设项目水土流失防治标准》（GB 50434-2008）等。水土保持工程设计资质到 2007 年正式成为水利行业的一项专业设计资质，并作为全国注册土木工程师水利水电工程的 5 个专业之一，水土保持设计工作开始步入规范化建设阶段。

1.6.3 水土保持规划设计的发展趋势

（1）水土保持规划与设计的规范化 随着我国生态建设的发展，生态文明建设以及各项管理的科学化、制度化，我国水土保持规划和设计工作会进一步规范化和制度化，包括设计资质管理、规划设计标准体系和设计规范等等。

（2）规划的公众参与 《中华人民共和国水土保持法》规定，编制水土保持规划应当征求专家、公众的意见。决策的科学化和民主化是法治政府、服务型政府的重要体现。水土保持规划的编制不仅是政府行为，也是社会行为。征求有关专家意见，目的是提高规划的前瞻性、综合性和科学性；征求公众意见，目的是听取群众的意愿和呼声，维护群众的利益，提高规划的针对性、可操作性和广泛性。在规划过程中，让社会各界广泛参与，对水土保持规划出谋献策，才可以做到民主集智、协调利益、达成共识，使政府决策充分体现人民群众的意愿，使水土保持规划所确定的目标和任务转化为社会各界的自觉行动，也是落实群众的知情权、参与权、监督权的重要途径。如果没有公众参与，不广泛听取意见，所制定的水土保持规划就难以被社会公众所认同，在实施过程中就难以得到全社会广泛支持和配合，水土保持规划的实施就难以达到预期的效果，公众的支持和参与是实施好水土保持的基础。

（3）设计景观化、生态化 水土保持措施设计从单纯的防治水土流失向多目标设计发展，既考虑水土流失防治的要求，也要考虑景观美化、生态化的要求，使设计遵从于自然，和当地的景观、自然条件相结合，而不是硬化的、人工的设计。

1.7　其他与水土保持相关的生态建设规划设计

1.7.1　林业生态工程规划

林业生态工程规划就是根据生态学、林学及生态控制论原理，规划、建造与调控某一区域的以木本植物为主体的优质、高效、稳定的人工复合生态系统。林业生态工程的目标是建造某一区域（或流域）的以木本植物为主体的优质、稳定的复合生态系统。

林业生态工程规划的内容是根据任务和要求决定的。一般来说，其内容主要是查清土地和森林资源，落实林业生态工程用地；搞好土壤、植被、气候、水文、地质等专业调查，编制立地类型表、林业生态工程典型设计和森林经营类型表；在完成社会经济调查和分析的基础上，进行营建等各项规划，编制规划文件。但是，林业生态工程规划的种类不同，其内容和深度是不同的。

（1）林业生态工程总体规划　林业生态工程总体规划主要为各级领导宏观决策和编制林业生态工程计划提供依据。内容较广泛，除造林、种苗规划外，还要对与林业生态工程有关的项目（如现有防护林经营、造林灌溉及多种经营等）进行规划。规划的年限较长，提出林业生态工程发展远景目标、经营方向、生产布局、投资与效益概算，提出总体规划方案和有关图表。但是，规划指标都是宏观性的，并不做具体安排。总体规划要求从宏观上对主要指标进行科学的分析论证，因地制宜地进行生产布局，提出关键性措施。

（2）单流域或区域林业生态工程规划　一个流域或一个区域的林业生态工程规划是为编制林业生态工程计划、预算投资进行工程作业设计提供依据。主要规划林业生态工程总任务量的完成年限，规划造林林种、树种，设计造林技术措施等，这些规划意见均需落实到山头、地块。此外，对现有林经营、种苗、劳力、投资与效益均需进行规划和估算。必要时，对与完成工程有关的项目（如道路、通讯、护林及其他基建等设施）也应做出规划。

1.7.2　荒漠化防治工程规划

荒漠化防治工程总体规划是指一个地区防沙治沙综合防治措施体系的有机集成体。它应包括农业综合开发、林业（造林）、牧业（合理放牧及种草）、资源保护（自然保护区规划）、水面开发等诸多方面内容。亦可分为不同层次。

我国1990—2000年治沙工程十年规划的主要规划内容包括：人工造林（又细分为防风固沙林、速生丰产用材林、经济林）、封沙育林育草、飞播造林、人工种草及草场改良、治沙造田及改造低产田、种植药材及经济作物、开发利用水面等项目。从中可以看出其内容的丰富程度，而且对于不同地区，其规划内容也可能有所不同。因此，一个地区的防沙治沙工程总体规划应结合当地沙漠化类型、程度、原因等，在制定规划的指导思想和基本原

则、工程总体布局与建设重点以及确定防治措施时，做到因地制宜，因害设防，具体规划
工作思路与土地利用总体规划基本一致。

综观我国以往的防沙治沙工程规划工作，总结防沙治沙技术措施，一般的防沙治沙工
程规划包括以下几方面内容：沙地综合开发利用规划、防护林规划（包括农田防护林、牧
场防护林、水土保持林、苗圃规划）、果园规划、水利工程规划、水面开发规划、草场规划、
村镇建设规划、小流域水土保持规划、沙漠化地区自然保护区规划等。

1.7.3　土地整治和土地复垦规划

1.7.3.1　土地整治规划

土地整治规划是指在土地利用总体规划的指导和控制下，对规划区内未利用、暂时不
能利用和已利用但利用不充分的土地，确定实施开发、利用、改造的方向、规模、空间布
局和时间顺序。

土地整治规划内容主要包括：制订规划期内土地整治战略，评价农用地整治、建设用
地整治、未利用地开发和土地复垦潜力，明确土地整治的指导原则和目标任务，划定土地
整治重点区域，安排土地整治工程（项目），提出规划实施的保障措施和重大政策等。

1.7.3.2　土地复垦规划

土地复垦规划就是根据待复垦地区的自然、社会、经济条件，以及待复垦土地状况，
确定其最佳利用方式和复垦措施，并对土地的复垦在空间和时间上进行科学安排。土地复
垦规划的目的就在于充分研究待复垦土地现状及其变化规律，合理确定待复垦土地的利用
方向和复垦措施，科学制定规划期内土地复垦指标和年度计划，为今后土地复垦工作的开
展提供科学依据。

按照废弃的原因不同，可将土地复垦分为 5 种类型：第一种是各类工矿企业在生产建
设过程中挖损、塌陷、压占等造成的破坏土地的复垦；第二种是因道路改线、建筑物废止、
村庄搬迁以及垃圾压占等遗弃荒废土地复垦；第三种是农村砖瓦窑、水利建设取土等造成
的废弃坑、塘、洼地的废弃土地复垦；第四种是各种工业污染引起的污染土地复垦；第五
种是水灾、地质灾害及其他自然灾害引起的灾后土地复垦。

土地复垦规划是待复垦土地资源得以合理利用的重要依据。由于土地复垦规划的
对象十分复杂，因此，其规划的内容、方法等就显得相当复杂。土地复垦规划一般包
括土地复垦规划工作准备、土地破坏现状调查与预测、土地复垦规划基础性研究、土
地复垦规划方案编制、土地复垦规划成果与审批等 5 个部分。

土地复垦规划是在待复垦土地资源现状调查的基础上，通过对待复垦土地特点的分
析，确定复垦规划的内容、目标和任务，依据土地利用总体规划对待垦区要求的利用方
向和复垦措施，最后通过确定土地复垦类型的方法，实现土地复垦布局。具体技术路线

是：通过对待复垦土地资源现状调查与分析，明确其特点和问题；通过对土地破坏状况预测，确定未来土地破坏状况；通过对待复垦土地资源进行适宜性评价，明确土地复垦利用方向和复垦措施；通过对土地复垦可行性研究，确定其开发复垦条件；通过平衡协调，制定土地复垦类型和措施，确定规划指标，落实规划布局；最后通过土地复垦投入—产出计算，确定土地复垦效益。

1.7.4 草场规划

草场规划（草地保护与建设规划）的目标为合理利用草地资源，保护草地生态系统，实现草地资源永续利用。其主要内容包括：放牧地规划、天然草地改良、饲草饲料基地建设和人工草地建设。

放牧地规划：一般都采用划区轮牧，即根据草地的生产能力和牲畜的放牧特点，将草地按利用季节先划分成季节牧场，在季节牧场内按畜群划分放牧地段，再将放牧地段划分成若干小区。在放牧时，畜群按一定的顺序，分别在季节牧场的放牧地段内按小区进行轮牧。

天然草地改良：天然草地培育改良，可分为治本改良和治标改良两个途径。治本改良是将天然草地全部翻耕，建设成人工草地；治标改良是在不改变原天然草地植被的条件下，采取封育、补播、浅耕、松耙等改良技术措施，以提高草地产量和质量的改良方法。

饲草饲料基地建设：饲草料基地以生产高产饲草饲料为目的，采取以水为保证，以林为屏障，以机械加工的保收增产配套措施，并要合理规划，做到渠、田、路综合配套。

人工草地建设：人工草地即是通过人工种植的牧草地。建立人工草地不仅能增加和提高牧草产量，为保证畜牧业可持续发展提供优质饲草，是实现由传统放牧畜牧业转变为舍饲、半舍饲的集约化畜牧业的必要保证，而且还具有良好的改良土壤、培肥地力、防风固沙、蓄水保土、改善生态环境的作用。

1.7.5 生态农业规划

生态农业规划是以生态学、经济学和系统工程理论为指导，以经济建设为中心，以社会调控为保障，以政策为引导、科技为驱动，应用生态系统的原理和系统科学的方法，通过合理利用自然资源和人工模拟本地区的顶级生态系统，选择多种在生态上和经济上都有优势的生物，采用一套生态农艺流程，按食物链关系和其他生态关系将这些物种的栽培、饲养和养殖组成一条生产线，并将这些生产线在时间上和空间上多层次地配置到农业生态系统中去，使之既获得持续最大（或最优）的生产力和经济效益，又获得一个良好的、协调的生态系统。

生态农业规划主要包括以下几个方面的内容。

（1）区域内农业生态环境调查　调查内容包括自然资源、社会经济、经营活动及各业生产水平、存在问题，为编制规划提供基本依据和基础资料。自然环境状况及资源状况主要包括地理、地质类型及特征；气候及水文状况；土壤类型、土壤肥力状况；林、草、水面分布状况；荒地、荒山、荒滩分布状况等。社会经济状况包括行政区划、人口、劳动力布局；历年各行业生产总值、固定收入、人均收入；农、林、牧、副、渔、工、商等行业发展状况等。

（2）区域内农业生态环境评价 在查清本区域内环境质量现状，自然资源现状以及相关的社会和经济现状基础上，确定区域内主要农业生态环境问题，弄清楚限制区域内生态农业发展的主要因素，区域内可以利用的资源优势及发展潜力，并做出科学的评价。通过对区域内现有生态农业规模、模式和经验的调查，为规划制定提供依据。

（3）区域内生态农业建设分区 在综合调查与分析的基础上，充分运用农业综合区划成果，根据自然地理条件、区域生态经济关系及农业生态经济系统结构功能的类似性和差异性，把规划区域划分为不同类型的生态农业建设分区。分别描述生态农业建设分区的社会、经济、自然资源特征，指出分区的发展目标、模式以及该地区所采用的主要生态农业技术措施。

（4）确定主要的生态农业工程项目 根据每个分区建设目标选择适宜的生态农业工程进行建设。主要的生态农业工程类型包括：以建设水土资源高效利用，高产稳产农田为目标的农田生态建设工程；以治理水土流失、土地沙化为主的生态环境综合治理工程；以林果业为主的农林复合系统建设工程；以畜牧业建设为主的物质循环利用型农牧复合生态建设工程；以水面及湿地资源开发为主的种养结合水面综合开发建设工程；节能、增能、多能互补的能源综合开发工程；以沼气为纽带的物质利用型生态工程；以防治"三废"等环境污染为主的乡镇企业综合处理工程；环境资源与无污染生产技术相结合的绿色食品基地建设工程等。

1.7.6 山洪防治规划

山洪防治规划是通过对已发生的山洪灾害的调查和对气象水文、地形地质及经济社会条件的分析，研究山洪灾害发生的特点及分布规律；根据山洪灾害的严重程度，划分重点防治区和一般防治区，编制典型区域山洪灾害防治规划，制定全国山洪灾害防治总体规划，提出以非工程措施为主的防治措施。

山洪防治规划的主要内容包括以下几个主要方面。

（1）区域基本资料收集 山洪灾害防治规划需搜集、整理的资料分为八大类：水文气象、地形地质、水土流失、经济社会、灾害损失、环境影响、防灾措施及其他部分（包括相关行业发展计划、相关行业规划等）。在进行基本资料收集整理前，应以高精度的地形图为底图，统计和标明本地区符合技术大纲定义的小流域，以小流域为单元调查、统计和分析相关资料。

（2）山洪灾害防治区域划分 在降雨区划、地形地质区划和经济社会区划的基础上，划分山洪灾害重点防治区和一般防治区。根据典型山洪灾害防治区内各处山洪灾害的风险程度，绘制典型区山洪灾害风险图。

（3）建立监测、通信及预警系统　建立山丘区监测、通信及预警系统，是防治山洪灾害一项重要的非工程措施。系统规划应充分利用现有资源，满足山洪灾害预警业务需要。充分利用现有气象站网、水文站网、地质灾害站网、通信系统与信息网络以及现有的预警信息监视分析、加工处理、产品制作系统，在此基础上，开展监测、通信及预警系统规划，以满足山洪灾害预报预警的需要。系统规划应体现监测、通信及预警系统一体化，做到高效、快速服务于社会。气象、水文、地质灾害信息监测可分专业分系统规划，但要能实现提供山洪灾害防治信息。系统布局要合理。在对山洪灾害防治区气象水文、地形地质条件、灾害发生特点及规律进行广泛深入调查分析基础上，合理布设监测、预警站网，确定通信方式及通信网结构，突出重点、兼顾一般，满足不同区域山洪灾害防治对系统的要求。

（4）构建防灾预案及防灾措施　山洪灾害防御预案是为预防山洪灾害，事先做好防、救、抗各项工作准备的方案。山洪灾害的防御多采用躲灾、避灾方法，房屋、公路和铁路应尽量避开山洪灾害高风险区，成灾暴雨发生时人应及时躲避。提高对山洪灾害的认识，普及防御山洪灾害的基本知识，建立抢险救灾工作机制、确定救灾方案、成立抢险突击队、落实补偿和保险措施等，减少或避免人员伤亡，减少财产损失。

（5）山洪沟、泥石流沟、滑坡、水库防治规划　对规划区域内存在的山洪沟、泥石流沟、滑坡、水库的分布、数量、危害和防治现状进行实地调查，分析发生地质灾害的可能性及危害性。根据不同沟道及水库的现状，选取合理的工程措施进行治理，并分析各类防治工程措施在山洪灾害防治中的作用，分类汇总工程量及投资。

（6）政策法规建设　包括风险区控制政策法规建设和风险区管理政策法规建设。风险区控制政策法规是指有效控制风险区人口、村镇、基础设施建设等方面的政策、法规。风险区管理政策法规是指对风险区日常防灾管理，山洪灾害地区城乡规划建设的避灾政策与管理，维护风险区防灾减灾设施功能，规范人类活动，有效减轻风险区山洪灾害的政策、法规。

1.7.7　自然保护区规划

自然保护区规划是根据自然保护区实际情况，按照因地制宜、协调一致、整体保护、突出效益的原则，围绕规划目标，合理确定和布局各种规划措施（主要包括组织管理措施、人员培养与队伍建设措施、装备技术措施、基本建设措施、法律制度措施等），拟定自然保护区建设规划和管理规划方案，提出一套由各种自然保护区措施组成的具有生态经济效益的、系统完整的、科学的自然保护区生态环境建设措施体系布局进行的规划。

自然保护区基本建设规划主要包括以下几个方面。

① 自然保护区的资源保护与管理规划是保护区的核心工作，必须根据保护区的类型、主要保护对象、受人类活动的影响状况及管理的强度，选择相应的措施。在自然资源保护工程设施的建设方面，应有利于资源的保护，不得破坏保护物种生长和栖息的环境，不得破坏自然景观。工程设施应从实际出发，因地制宜、降低成本、就地取材、美观大方，与

景色融为一体。

② 对保护区内不同的功能区采取不同的管理措施，核心区采取封闭式严格保护，无特殊情况禁止任何单位和个人进入；缓冲区能够开展非破坏性的科研等活动，禁止开展生产经营活动。

③ 对自然保护区的管理保护以保护区管理人员为主，但应积极动员当地政府和群众参与保护工作。

1.7.8　生态功能区划

生态功能区划是在对区域生态调查的基础上，分析区域生态特征、生态系统服务功能与生态敏感性空间分异规律，确定不同地域单元的主导生态功能。

一般主要是以陆地生态系统划分为主的，我国的陆地生态系统在生态功能区划中分为森林、草原、湿地、荒漠、农田和城市生态系统。我国生态功能区划将全国陆地生态系统划分为 3 个生态大区：东部季风生态大区、西部干旱生态大区和青藏高寒生态大区；然后按生态功能分 3 个等级。根据生态系统的自然属性和所具有的主导服务功能类型，将全国划分为生态调节、产品提供与人居保障 3 类生态功能一级区。在生态功能一级区的基础上，依据生态功能重要性划分生态功能二级区，生态调节功能包括水源涵养、土壤保持、防风固沙、生物多样性保护、洪水调蓄等功能；产品提供功能包括农产品、畜产品、水产品和林产品；人居保障功能包括人口和经济密集的大都市群和重点城镇群等。生态功能三级区是在二级区的基础上，按照生态系统与生态功能的空间分异特征、地形差异、土地利用的组合来划分生态功能三级区。

思 考 题

1. 水土保持规划与设计的内容有哪些？
2. 水土保持规划设计的趋势对水土保持规划设计人员有什么要求？
3. 哪些相关规划与水土保持规划有关？

本章推荐书目

1. 生态环境建设规划（第二版）. 高甲荣，齐实. 中国林业出版社，2012

第 2 章
水土保持规划的理论和方法

[本章提要]

本章主要介绍了水土保持规划的基础理论和常用方法。基础理论包括生态科学理论、系统科学理论、综合区位与空间结构理论、水土保持学理论、人地协调与可持续发展理论等；常用方法包括 3S 技术、统计分析方法和系统评价方法等。

2.1　生态科学理论

生态学是研究有机体（生命）和环境相互关系的一门科学。目前生态学已经发展为以生态系统为中心，以时空耦合为主线，以人地关系为基础，以高效和谐为方向，以持续发展为对象，以生态工程为手段，以整体调控为目标的研究人类与自然作为一个整体的综合科学。

2.1.1　生态学基本原理

2.1.1.1　限制性原理

一个生物或一群生物的生存和繁荣取决于综合的环境条件状况，生物对环境的因子具有耐受性，但其是有限度的，任何一个生态因子在数量或质量上的不足或过多都将使该种生物衰退或不能生存。任何生态系统的负载能力都有一个限度，包括一定的生物生产能力和吸纳（吸收、容纳）污染物的能力、忍受一定的周期性外部冲击的能力。当生态系统所供养的生物超过它的生产能力时，它就会萎缩（退化）乃至最终解体。超载放牧使草原生态系统遭到破坏，就是一个例证。当向生态系统排放的污染物超过它的自净能力（纳污能力）时，生态系统将遭到污染和破坏；当对生态系统施加的外界冲击的周期短于它自我恢复的周期时，或外界冲击超过生态系统的耐受能力时，生态系统都将遭到破坏。这个规律也是人类生态系统的一项重要规律。

2.1.1.2 相互联系和相互作用原理

组成自然生态系统的生物群落及其生存环境广泛存在着相互联系、相互制约、相互依存的关系。生物群落的不同物种之间和同一物种的个体之间是如此；环境系统中各个子系统、各种环境要素之间也是如此。生物群落及其生存环境的辩证关系显示，生物群落是环境发展变化的产物，环境是生物生存的物质基础和制约条件；生物的进化及生产、生活活动影响环境，受影响而发生变化的环境又会反作用于生物群落。在生态系统中，每一种生物在物质循环和能量的流动中都占据一定的位置，它们相互依赖、彼此制约、协同进化。被捕食者为捕食者提供生存条件，同时又为捕食者所控制；由于捕食者的生存依赖于被捕食者，因而捕食者要受制于被捕食者，既相互依赖又相互制约，使整个生态系统成为一个协调的整体。自然生态系统中的各种事物之间存在着相互联系、相互制约、相互依存的关系是带有普遍性的规律。人类生态系统也存在着类似的规律。

2.1.2 生态系统的物质和能量循环

2.1.2.1 物质循环

物质循环的基本原理是物质不灭定律和质能守恒定律。物质不灭定律认为，化学方法可以改变物质的成分，但不能改变物质的量，即在一般的化学变化过程中，察觉不到物质在量上的增加或减少。质能守恒定律认为，世界不存在没有能量的物质质量，也不存在没有质量的物质能量。质量和能量作为一个统一体，其总量在任何过程中都保持不变的守恒。

生态系统的物质循环包括以下几个基本类型。

（1）生物地球化学循环 各种化学元素在不同层次、不同大小的生态系统内，乃至生物圈里，沿着特定的途径从环境到生物体，又从生物体再回归到环境，不断地进行着流动和循环的过程。

（2）地质大循环 物质或元素经生物体的吸收作用，从环境进入生物有机体内，然后生物体以死体、残体或排泄物形式将物质或元素返回环境，进入五大自然圈（大气圈、水圈、岩石圈、土壤圈、生物圈）的循环的过程。这是一种闭合式循环。

（3）生物小循环 环境中元素经生物吸收，在生态系统中被相继利用，然后经过分解者的作用再为生产者吸收、利用。这是一种开放式循环。

根据物质在循环时所经历的路径不同，从整个生物圈的观点出发，并根据物质循环过程中是否有气相的存在，生物地球化学循环可分为气相型和沉积型两个基本类型。

（1）气相型（gaseous type） 其贮存库是大气和海洋。气相循环把大气和海洋相联系，具有明显的全球性。元素或化合物可以转化为气体形式，通过大气进行扩散，弥漫于陆地或海洋上空，在很短的时间内可以为植物重新利用，循环比较迅速，例如 CO_2、N_2、O_2 等，水实际上也属于这种类型。由于有巨大的大气贮存库，故可对干扰进行相当快地自我调节（但大气的这种自我调节也不是无限度的）。因此，从全球尺度上看，这类循环是比较完全的循环。值得提出的是，气相循环与全球性 3 个环境问题（温室效应，酸雨、酸雾，臭氧层破坏）密切相关。

（2）沉积型（sedimentary type） 许多矿物元素及其贮存库在地壳里。经过自然风化和人类的开采冶炼，从陆地岩石中释放出来，为植物所吸收，参与生命物质的形成，并沿食物链转移。然后，由动植物残体或排泄物经微生物的分解作用，将元素返回环境。除一部分保留在土壤中供植物吸收利用外，一部分以溶液或沉积物状态随流水进入江河，汇入海洋，经过沉降、淀积和成岩作用变成岩石，当岩石被抬升并遭受风化作用时，该循环才算完成。这类循环是缓慢的，并且容易受到干扰，成为"不完全"的循环。沉积循环一般情况下没有气相出现，因而通常没有全球性的影响。

几种重要的物质循环。

（1）碳循环 碳是生命骨架元素。环境中的 CO_2 通过光合作用被固定在有机物质中，然后通过食物链的传递，在生态系统中进行循环。其循环途径有：①在光合作用和呼吸作用之间的细胞水平上的循环；②大气 CO_2 和植物体之间的个体水平上的循环；③大气 CO_2—植物—动物—微生物之间的食物链水平上的循环。这些循环均属于生物小循环。此外，碳以动植物有机体形式深埋地下，在还原条件下，形成化石燃料，于是碳便进入了地质大循环。当人们开采利用这些化石燃料时，CO_2 被再次释放进入大气。

（2）氮循环 大气中氮的含量为 79%，总量约 3.85×10^{15}t，但它是一种很不活泼的气体，不能为大多数生物直接利用。只有通过固氮菌的生物固氮、闪电等的大气固氮、火山爆发时的岩浆固氮以及工业固氮等 4 条途径，转为硝酸盐或氨的形态，才能为生物吸收利用。在生态系统中，植物从土壤中吸收硝酸盐，氨基酸彼此联结构成蛋白质分子，再与其他化合物一起建造了植物有机体，于是氮素进入生态系统的生产者有机体，进一步为动物取食，转变为含氮的动物蛋白质。动植物排泄物或残体等含氮的有机物经微生物分解为 CO_2、H_2O 和 NH_3 返回环境，NH_3 可被植物再次利用，进入新的循环。氮在生态系统的循环过程中，常因有机物的燃烧而挥发损失；或因土壤通气不良，硝态氮经反硝化作用变为游离氮而挥发损失；或因灌溉、水蚀、风蚀、雨水淋洗而流失等。损失的氮或进入大气，或进入水体，变为多数植物不能直接利用的氮素。因此，必须通过上述各种固氮途径来补充，从而保持生态系统中氮素的循环平衡。

（3）水循环 陆地、大气和海洋中的水，形成了一个水循环系统。水在生物圈的循环，可以看作是从水域开始，再回到水域而终止。水域中，水受到太阳辐射而蒸发进入大气中，水汽随气压变化而流动，并聚集为云、雨、雪、雾等形态，其中一部分降至地表。到达地表的水，一部分直接形成地表径流进入江河，汇入海洋；一部分渗入土壤内部，其中少部分可为植物吸收利用，大部分通过地下径流进入海洋。植物吸收的水分中，大部分用于蒸腾，只有很小部分为光合作用形成同化产物，并进入生态系统，然后经过生物呼吸与排泄返回环境。

（4）磷循环　磷循环属典型的沉积循环。磷以不活跃的地壳作为主要贮存库。岩石经土壤风化释放的磷酸盐和农田中施用的磷肥，被植物吸收进入植物体内，含磷有机物沿两条循环支路循环：一是沿食物链传递，并以粪便、残体归还土壤；另一是以枯枝落叶、秸秆归还土壤。各种含磷有机化合物经土壤微生物的分解，转变为可溶性的磷酸盐，可再次供给植物吸收利用，这是磷的生物小循环。在这一循环过程中，一部分磷脱离生物小循环进入地质大循环，其支路也有两条：一是动植物遗体在陆地表面的磷矿化；另一是磷受水的冲蚀进入江河，流入海洋。

2.1.2.2　能量流动

能量在生态系统中以多种形式存在，主要有以下 5 种：①辐射能，来自光源的光量子以波状运动形式传播的能量，在植物光化学反应中起着重要的作用；②化学能，化合物中贮存的能量，它是生命活动中基本的能量形式；③机械能，运动着的物质所含有的能量，动物能够独立活动就是基于其肌肉所释放的机械能；④电能，电子沿导体流动时产生的能量，电子运动对生命有机体的能量转化是非常重要的；⑤生物能，凡参与生命活动的任何形式的能量均称为生物能。生态系统能量流遵循热力学定律。

生态系统中能量流动是单一方向的（one way flow of energy），其主要路径为，能量以日光（sunlight）形式进入生态系统，以植物物质形式贮存起来的能量，沿着食物链和食物网流动通过生态系统，以动物、植物物质中的化学潜能形式贮存在系统中，或作为产品输出，离开生态系统，或经消费者和分解者生物有机体呼吸释放的热能自系统中丢失。生态系统是开放的系统，某些物质还可通过系统的边界输入如动物迁移、水流的携带、人为的补充等。

2.1.3　生态平衡

生态平衡（ecological equilibrium or ecological balance）指一个生态系统在特定的时间内的状态，在这种状态下，其结构和功能相对稳定，物质与能量输入输出接近平衡，在外来干扰下，通过自然调节（或人为调控）能恢复原初的稳定状态。

生态平衡概念包括两方面的含义：①生态平衡是生态系统长期进化所形成的一种动态平衡，它是建立在各种成分结构的运动特性及其相互关系的基础上的；②生态平衡反映了生态系统内生物与生物、生物与环境之间的相互关系所表现出来的稳态特征，一个地区的生态平衡是由该生态系统结构和功能统一的体现。

2.2　系统科学理论

系统论是 20 世纪 20 年代奥地利学者贝塔朗菲（L. V. Bertalanffy）在研究理论生物学

时首先提出来的。几十年来，系统论无论在理论上还是实践上都取得了巨大成就。系统论是以系统及其机理为研究对象，研究系统的类型、一般性质和运动规律的科学。系统论为人们提供了认识现实世界中各类系统的性质和特点的理论依据，以便按照人们的目的和需求在改造和创建各种系统中进行科学的设计、管理、预报和决策。

2.2.1 基本原理

系统是物质的普遍存在形式和发展形式，系统论的基本原理包括以下内容。

2.2.1.1 整体性原理

系统整体不等于它的部分之和，系统要素的运动往往依赖于和影响着其他要素的运动，每一要素都要在某种或某些要素的作用下，才能对整体发挥作用。系统整体行为依赖于要素的行为，而要素的行为又必须受整体行为的控制，并协调于系统整体行为。

2.2.1.2 系统的结构质变原理

系统内部各组成要素之间在空间或时间方面的有机联系与相互作用的方式或顺序称为系统的结构。系统对物质、能量、信息的转换能力和对环境的作用称为系统的功能。系统的结构是系统功能的基础，功能是结构的体现，结构决定功能，系统的质变过程即系统结构的变化过程。

2.2.1.3 系统的反馈调节原理

系统通过其输出和输入值来调节系统自己的行为。反馈调节有正反馈调节和负反馈调节。反馈调节机制存在于一切能进行自我调节的系统之中，它是自我调节系统的一般特性。

2.2.1.4 系统的层次性原理

系统具有不同的等级和层次，不同层次的系统具有不同的性质，并遵守不同的规律，各层次之间存在着相互联系、相互作用，而且层次之间可以转化。

2.2.1.5 系统的发展和演化原理

系统总是随时间不断发展和演化的，发展使系统趋向稳定，演化使系统从一种稳态结构向另一种稳态结构过渡。

2.2.1.6 系统的动态性原理

系统的状态和系统的构成要素，均随时间的推移而变化。

2.2.2　系统工程方法

系统工程学是系统科学的应用科学，是系统科学的方法论、运筹学以及信息技术、计算技术，特别是电子计算机相结合的产物，其目的在于研究和建立最优化系统。

1969 年美国学者霍尔（A.D.Hall）提出了系统工程的三维结构（图 2-1），概括了系统工程的步骤、阶段及涉及到的知识范围，成为各种具体的系统工程方法的基础。

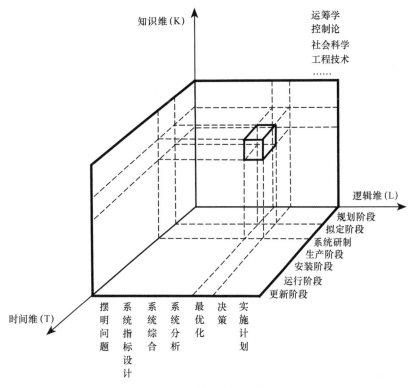

图 2-1　霍尔三维结构

所谓三维是指时间维、逻辑维、知识维。

2.2.2.1　时间维

表示系统工程工作从规划到更新的大致顺序。

① 规划阶段——谋求系统工程活动的政策或规划；

② 拟定方案——提出具体的计划方案；

③ 研制阶段——实施系统的研制方案，并作出生产计划；

④ 生产阶段——生产出系统的零部件及整个系统，并提出安装计划；

⑤ 安装阶段——把系统安装好，并完成系统的运行计划；

⑥ 运行阶段——系统为预定的使用服务;

⑦ 更新阶段——取消旧系统以新系统代之,或改进原系统,使之更有效地工作。

2.2.2.2 逻辑维

表明系统工程的每一个阶段要完成的步骤。

① 摆明问题——尽量全面地收集和提供有关要解决问题的历史、现状及发展趋势的资料和数据;

② 系统指标设计——弄清并提出解决问题需要达到的目的,而且要制定出衡量是否达到目的的标准;

③ 系统综合——把可能入选的能够达到预期目标的政策、活动、控制或整个系统概念化和条理化;

④ 系统分析——根据目标的达到、问题的解决和需求的满足去加深理解所提出的政策、活动、控制或系统的相互关系、性能和特征,在此基础上建立模型;

⑤ 最优化——或叫系统选择。精心选择所提出政策的参数与系数,使得每个政策都是能够满足系统指标的最好的政策;

⑥ 决策——选定一个或多个政策或进一步考虑系统的价值;

⑦ 实施计划——不断修改,完善上述 6 个步骤,并把它们确定下来,以保证顺利地进入系统工程的下一个阶段。

2.2.2.3 知识维

表示完成上述各阶段、步骤所需要的各种专业知识和技术修养。

霍尔将知识维分为工程、医药、建筑、商业、法律、管理、社会科学和艺术等。将 7个逻辑步骤和 7 个时间归纳在一起,形成二维结构的霍尔系统工程活动矩阵(表 2-1)。

表 2-1 霍尔系统工程活动矩阵

粗略结构的阶段时间	精细结构的步骤逻辑						
	1 摆明问题	2 系统指标设计	3 系统综合	4 系统分析	5 最优化	6 决策	7 实施计划
1 规划阶段	A11	A12	A13	A14	A15	A16	A17
2 拟定阶段	A21	A22	A23	A24	A25	A26	A27
3 系统研制	A31	A32	A33	A34	A35	A36	A37
4 生产阶段	A41	A42	A43	A44	A45	A46	A47
5 安装阶段	A51	A52	A53	A54	A55	A56	A57
6 运行阶段	A61	A62	A63	A64	A65	A66	A67
7 更新阶段	A71	A72	A73	A74	A75	A76	A77

2.2.3 系统分析

2.2.3.1 系统分析概述

关于系统分析的概念有许多种说法，如日本"OR 事典"（运筹学词典）所列的菲沙尔（G. H. Fissher）的定义：系统分析是对相关目的以及为达到该目的所将采取的战略方针，做系统的探讨和再探讨的工作。在可能情况下，对替代方案的费用、效益以及风险进行对比，以期决策者有可能对未来发展，选择有益的对策。企业管理百科全书（台湾版）认为"为了发挥系统的功能及达到系统的目标，若就费用与效益两种观点，运用逻辑的方法对系统加以周详的分析、比较、考察和试验，而制订一套经济有效的处理步骤或程序，或对原有的系统提出改进方案的过程，则称为系统分析"。《美国大百科全书》中系统分析是研究相互影响的因素的组成和运用情况。从实质上说，系统分析是进行系统研究的一种方法。在若干选定的目标和准则下，分析构成各项事物的许多系统的功能及其相互之间的关系。利用定量方法提供允许和可用的数据，借以制订可行的方案，并推断可能产生的效果，以期寻求对系统整体效益最大的策略。

2.2.3.2 系统分析的组成要素

进行系统分析通常要考虑下列 6 个要素。

（1）目标 是系统目的的具体化，它应当是一个总体性的东西。对系统目标要给出具体的定义。经过分析后，确定的目标应当是必要的、有根据的、可行的。

（2）替代方案 是选优的前提，没有足够数量的方案就没有优化。只能在有关性能、费用、时间等指标上互有长短并能进行对比的，才称得上是替代方案。

（3）指标 是对替代方案进行分析的出发点，是衡量总体目标的具体标志。分析的指标包括有关性能、费用与效益、时间等方面的内容。

（4）模型 根据目标要求，用若干参数或因素体现出对系统本质方面的描述，以分析的客观性，推理的一贯性和可能有限的定量化为基础，使用模型进行分析，是系统分析的基本方法。

（5）标准 是评价方案优劣的尺度。标准必须具有明确性、可计量性和敏感性。

（6）决策 有了不同标准下的方案的优先顺序之后，决策者还要根据分析结果的不同侧面，个人的经验判断以及各种决策原则进行综合的整体的考虑，最后做出选优决策。

2.2.3.3 系统分析的内容

（1）系统环境分析 从系统观点看，全部环境因素应划分为三大类物理的和技术的，即由于事物属性所产生的联系而构成的因素和处理问题中的方法性因素，包括现存系统、技术标准、科技发展因素和自然环境、经济的和经营管理的因素（影响系统经济过程和经营状态，包括外部组织、政策和政府作用）、产品系统及其价格结构、经营活动、社会的（人际的）的因素（来自人或集团关系，包括大范围社会因素和人的因素）。

（2）系统目标分析　系统目标分析的目的，一是论证目标的合理性、可行性和经济性；二是获得分析的结果——目标集。系统目标分析的内容包括系统目标是否稳妥，目标所起作用（正、反两方面），目标系统整体上是否一致，目标之间是否存在冲突。

（3）系统结构分析　系统结构分析就是寻求系统合理结构的分析方法。系统整体性分析是结构分析的核心，是解决系统整体最优化的基础。

系统分析是对待定的问题，利用数据资料，运用有关管理科学方法进行研究，协助领导者进行决策的一种工具。流域生态经济系统分析，是对流域生态经济活动的目标、实施方案、综合效益进行分析、评价和决策。

2.2.3.4　系统分析程序

系统分析的工作程序如下。

（1）提出问题　进行系统的合乎逻辑的叙述，说明问题的重点和关键所在，恰当地划定问题的范围和边界条件，同时确定目标，明确要求。问题的构成是否正确，关系到整个系统分析的成败。问题的涉及范围过窄或过宽，问题、重点和关键不明或不对，目标和要求过高或过低，都会导致系统分析的错误。

（2）搜集资料　问题提出以后，即需拟定研究大纲，决定分析方法，然后进行调查、搜集资料。要收集与给定系统有关的一切资料，包括历史资料和现实资料，文字资料和数据资料。其中要加强对系统分析有关的重点资料和关键数据的收集工作，必须重视反映各种因素相互联系和相互作用的资料。

资料的取得，主要通过统计报表、各种出版物、调查和实验3条途径。调查方法可采用个别访问法、开会调查法、填表调查法和特尔斐法（Delphi Method）等多种形式。实验分室内实验和野外实验，无论哪种实验，都必须重视实验设计，目的是用最少的实验次数取得最大的信息量。收集到的原始资料在应用之前必须进行检查，判断其准确性、统一性和时间性。只有准确的具有时间和空间上的可比性的资料，才能作为系统进一步分析和综合的基础。

（3）建立模型　为了便于分析，要建立尽量简明的生态经济系统模型，模型要清楚地给定系统的重要因素及其相互关系。预测和计算每一方案可能产生的结果，定性或定量说明各方案的优劣与价值。但应注意，系统分析人员有权建立模型，但无权故弄玄虚。要重视模型，但不迷信模型。应当真正把模型当作一种运算分析和类比表示的工具。

（4）综合判断　根据模型或其他资料的计算和预测成果，比较其成本效益和利弊得失，并把计算因素与各种非计量因素结合起来，全面权衡，综合论证，作出判断，提出结论。

（5）确定方案　用测验、试验、抽样等方式来鉴定所获得的结论，提出应采取的最优方案。

系统分析以上 5 个步骤，是一次分析过程中的几个主要环节。实际上，当一次分析结束得出的结论不满意时，系统分析应进入第二次分析，重新提出问题、搜集资料、建立模型、综合判断、确定方案。如此往复，直到取得满意结果为止。在管理过程中，由于不断出现新问题，反复进行方案论证和修正，都需要运用系统分析，以求问题的正确解决。整个系统分析的工作程序如图 2-2 所示。

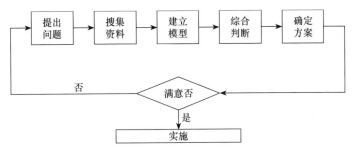

图 2-2　系统分析工作程序

2.3　综合区位与空间结构理论

2.3.1　古典区位论

2.3.1.1　杜能的农业区位论

杜能（J.A.V.Thunen）的农业区位论亦称"孤立国"理论或"集约化经营程度"理论。该理论的中心思想是：农业土地利用类型和农业土地经营集约化程度，不仅取决于土地的天然特性，而且重要的是依赖于其经济状况、其中特别取决于它到农产品消费地（市场）的距离。

根据这一理论，市场（城市）周围土地的利用类型以及农业集约化程度都是按距离带发生变化。围绕消费中心形成一系列的同心圆，称作"杜能圈"，其相应的土地利用类型如下。

① 第一个同心圆，即距市场最近的一圈为自由农作圈。种植园艺作物，饲养奶牛（其产品易腐）以及种植饲料、土豆、甜菜等。后者主要因为它们单位重量的价值低。

② 第二个同心圆与第一个同心圆之间，供发展林业称为林业圈。因为它的产品量大，运费高。其中又可分：距市场近的一个发展价值较低、作燃料用的木材，在另一半为价值较高的建筑用木材。

③ 第三个同心圆与第二个同心圆之间为轮作物圈。以非常集约的方式种植农作物，并实行二年轮作。

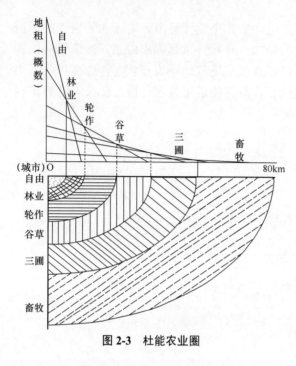

图 2-3　杜能农业圈

④ 第四个同心圆与第三个同心圆之间为谷草农作圈。种植牧草以及粮食，不实行集约生产。

⑤ 第五个同心圆与第四个同心圆之间为三圃农作圈。实行粗放的三年轮作制，其中包括 1 年休耕。

⑥ 第六个同心圆与第五个同心圆之间是荒野。主要是放牧，也可实行粗放的种植业，其产品价值高，而运输费用相对为低。

⑦ 在第六个同心圆之外的边缘地区，距消费地太远，只能供作狩猎。杜能根据他自己农庄的实际资料、论证了一个"孤立国"的范围是：第五圈距城市的距离起于 39.7km，止于 50.6km；第六圈的范围止于 80.3km（图 2-3）。

2.3.1.2　韦伯的工业区位论

韦伯（A. Weber）1905 年发表了《论工业的区位》一文，标志着工业区位论的问世。由于韦伯理论的核心是通过运输、劳动力、集聚因素相互作用的分析与计算，找出工业产品生产成本最低的点作为工业企业的理想区位，因此在西方被看作工业区位论中最低成本学派的代表。韦伯通过对实际情形的总结，提出一个企业可以通过 3 种方法获得集聚的经济效果：第一，扩大生产规模，增加生产的集聚程度，可以降低产品成本；第二，通过选择与其他工厂紧密相连的配置，获得企业外部的利益，如各企业可以通过使用专用设备、共同利用劳功力市场等，降低各有关工厂的生产成本；第三，同一个工业部门中企业之间的协作。

2.3.1.3　克里斯塔勒的城市区位理论

城市区位理论又称中心地理论或中心地点论，是由德国地理学家克里斯塔勒（W.Christaller）在 20 世纪 30 年代初系统提出来的。中心地理论基本内容是关于一定区域（国家）内城市和城市职能、大小及空间结构的学说，即城市的"等级—规模"学说，或城市区位理论。克里斯塔勒将该学说形象地概括为区域内城市等级与规模关系的六边形模型。

克里斯塔勒吸取杜能、韦伯两种区位理论的基本特点，设想了相同的前提条件。他首先向自己提出寻求城市空间安排原则及支配这种安排的因素的任务。他认为世界上几乎没有一个地区不被各种规模的城市所组成的城市网所覆盖。大多数情况是：一个地区或国家，如果从大到小对城市进行分级，那么各种等级的城市都会有。经验规律表明，规模最小的那一级城镇的数量最大；等级愈高，数量愈小。

根据上述分析，克里斯塔勒认为城市等级和体系的出现受 3 个原则支配，即行政管理原则、市场经济原则和交通原则。一个大地区的行政管理，通常不是有一个或少数几个大中心就够的，要有一个中心地的系统，从大到小，最下一级是乡镇。按照"均质"的假设条件，克里斯塔勒得出结论：乡镇应均匀分布在整个国家（区域）范围内，也就是它们彼此间的距离应当相等，这样必然就位于六边形的角上（图 2-4）。

图 2-4　克里斯塔勒城市等级体系

2.3.1.4　廖什的市场区位理论

廖什（A. Losch）于 1940 年发表了他的名作《经济的空间分布》。廖什的市场区位理论的实质仍然是工业区位理论，但他不是从单个企业的利益角度来寻求最佳区位，而是把每个企业放入大量企业存在的体系中去考察，即从总体均衡的角度来揭示整个系统的配置问题。他是寻求经济区总体系统平衡的第一位学者。

廖什理论的特点是把生产区位和市场结合起来。他从市场区的概念入手，把市场区作为解决问题的起点。他提出，生产和消费都在市场区中进行，生产者的目标是谋求最大利润，最低成本、最小吨公里的区位往往不一定能保证最大利润，因此，正确地选择区位，要谋求最大市场或市场区（图 2-5）。

2.3.2　空间结构论

空间结构理论是一定区域范围内社会经济各组成部分及其组合类型的空间相互作用和空间位置关系，以及反映这种关系的空间集聚规模和集聚程度的学说。

空间结构理论是涉及农业、工业、第三产业和城镇居民点的综合区位理论，它所考察的对象包括

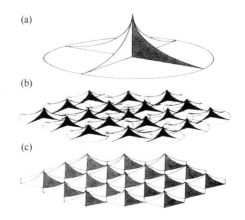

图 2-5　基于最大收益的廖什工业区位模型
（a）单一市场区模式；
（b）竞争条件下的市场区域；
（c）稳定的非重叠的蜂窝状市场区域

产业部门、服务部门、城镇居民点、基础设施的区位和空间关系，以及人员和商品、财政、信息的区间流动等方面，因此，它的基本问题与古典区位论有密切的关系，同时又体现出它的"综合"和"整体"的特点。空间结构理论基本上沿用了区位论学者考察问题的方法。即区域基础状况的假设—几何图解及简单的公式数学推导—模型的归纳—模型的检验及与实际情况相对照，作有效性分析。但是，空间结构研究的目标及着眼点都不同于区位论。它不是要求得出各种单个社会经济事物和现象的最佳区位，而是研究各种客体在空间中的相互作用及相互关系，以及反映这种关系的客体和现象的空间集聚规模和集聚程度。空间结构研究要把处于一定范围的各有关事物看成为具有一定功能的有机体。并且从时间变化上来加以考察。因此，也可将空间结构理论视为动态的总体的区位理论。

综观空间结构理论的基本内容，它主要包含5个方面。第一，以城镇型居民点（市场）为中心的土地利用空间结构。这是对杜能理论模型和位置级差地租理论的发展。它利用生产和消费函数的概念，推导出郊区农业每一种经营方式的纯收益函数，并由此划分出一定的经营地带。第二，最佳的企业规模、居民点规模、城市规模和中心地等级体系。理论推导的基础：一是农业区位论，二是集聚效果理论。将最佳企业规模的推导与城镇居民点合理规模的推导相结合，将城市视为企业一样，理解为一种生产过程，应用"门槛"理论，将中心地等级体系应用于区域规划的实际。第三，社会经济发展各阶段上的空间结构特点及其演变。通过一般作用机制的分析，揭示空间结构变化的动力及演变的一般趋势和类型。第四，社会经济客体空间集中的合理程度。在实践中表现为如何处理过疏和过密问题，对区域开发整治和区域规划有实践意义。第五，空间相互作用。这主要包括地区间的货物流、人流、财政流，各级中心城市的吸引范围，革新、信息、技术知识的扩散过程等，这些方面是空间结构特征的重要反映。

2.3.2.1　空间结构阶段论

空间是人类进行社会经济活动的场所，这种活动的每一个有关区位的决策，都会引起空间结构一定程度上的改变。区域发展状态与空间结构状态密切相关。空间结构的特征不仅受运费、地租、聚集等因素的影响，而且还与社会经济发展水平、福利水平有关。在社会经济发展水平的不同阶段，会不断产生出影响空间结构的新因素。即使是同一种因素，也会产生不同的影响作用。空间结构阶段论把人类社会经济发展划分为4个阶段：①社会经济结构中以农业占绝对优势的阶段。这一阶段的主要特征是，绝大多数人口从事广义的农业，城市之间的联系很少，缺乏导致空间结构迅速变化的因素，空间结构状态极具稳定性。②过渡性阶段。这是一个由于社会内部变革和外部条件变化引起社会较快发展的阶段。其主要特征是社会分工明显，商品生产、商品交换的规模扩大，城市成为所在区域经济增长的中心，并开始对周边腹地产生影响。空间集聚出现不平衡，空间结构呈现出中心—边缘不稳定状态。③工业化和经济起飞阶段。这是社会经济发展中具有决定性意义的一个阶段。其基本特征表现为投资能力扩大，国民收入大幅度增长，国民经济进入强烈动态增长时期；第三产业开始大量涌现，交通网络发展很快，区域经济中心的等级体系得到加强，城市之间的交换、交流日益加强，空间结构状态从"中心—边缘"结构演变为多核心结构，处于一种比较充分的变化之中。④技术工业和高消费阶段。这是空间结构与系统重新恢复到平衡状态的阶段。这种恢复当然不是单纯的重复，而是高水平、动态的平衡。在此阶段，空间结构的过疏过密问题会得到较大程度的解决，区域间的不平衡得以较大消除，各区域的空间和资源都能得到充分合理地利用，空间结构的各组成部分完全融合为一个有机的整体。空间结构阶段论为地域开发、重大建设布局提供了理论依据，现在已经成为制定区域发展和区域整治规划应遵循的基本原则之一。

2.3.2.2　空间相互作用引力理论

根据空间相互作用理论，社会经济客体在不断发展、扩大和发挥职能的过程中，总是要与周围同类事物或其他社会经济客体发生相互作用。这种作用的强度、密切程度总是与事物的集聚规模和它们之间的距离有关。因此，可以用牛顿的引力模型来类比。例如，在一个城市地域体系内，各种规模、类型的城市之间有着不同程度的相互作用，不同城市体系之间也有一定的联系。对此，人们可以理解为有一种类似于物理学中的"作用力"和"力场"的东西存在。在社会经济范畴内，衡量相互作用的强度一般使用"潜力"（potential）概念，并借用物理学中的引力模型来确定相互作用的潜力的大小。在一定程度上可以认为，空间结构是区域的形态特征，而它的内在本质联系是"作用力"和"力场"。在一定范围内，各级城市的人口、经济活动会形成有等级的、多层覆盖的吸引范围，而这种吸引范围之间的位置关系和等级从属关系就是一种结构形态。空间作用力的大小，反映了集聚规模的大小。作用力在空间分布上的差异，反映出疏密关系的空间差异。引力模型和潜力理论方法的应用，在一定范围内可使空间结构研究精确化，并进而由此概括出一些法则。空间相互作用及潜力理论对区位理论的应用研究具有重要意义。例如，利用这一理论对人口潜力、市场潜力等空间差异进行分析，就可为工业、农业、交通运输、城镇及商业中心的区位选择提供相当精确、可靠的依据。

2.3.2.3　城市空间结构理论

对于城市空间结构，最有代表性的是同心圆地带、扇形地带和多核心等理论（图 2-6）。

（1）同心圆地带理论　该理论最早由伯吉斯（E. E. Burgess）提出。都市空间的扩展是竞争的结果，都市的发展呈放射状，由中心到边缘循一环一环的同心圈扩展。他把都市划分成 5 个环状的区域。①第一环称中心商业区。中心商业区位于整个都市布局的中心，四通八达，扼全市之要津，土地寸土寸金，只有那些获利较多，用地节省的职能机构如银行、百货商店、剧院等在这里立足。②中心商业区的外围为第二环，称为过渡区。贫民窟、仓库、工厂、住宅、舞厅、妓院和赌场等都集中在这里，其居民往往是少数民族、新移民、流浪汉、娼妓和其他下层社会贫民。过渡区经常在变化，区内的建筑经常被拆除，让位给

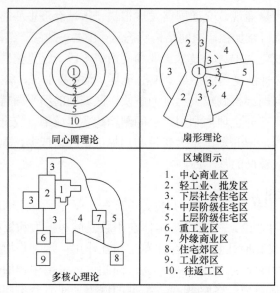

图 2-6　城市空间结构

中心商业区。当居住在该区的移民的社会经济地位提高以后，亦随时迁出这一区域，由新来的移民替代。③第三环是工人住宅区。与过渡区相比，这里的建筑差不多都是家庭式住宅，设备条件比过渡区要好一些。居民以低收入的工人和移民子女为主。④第四环是高级住宅区。白领工人、职员和小商人多住在这里。区域内有高级公寓，有单家独户的住房。⑤最外一环即第五环超出都市边界以外，称为往返区。社会的中、上阶层居民的郊区住宅座落在这里。住在这里的人大多数使用通勤票，他们在市中心工作，上下班往返于两地。

（2）扇形地带理论　扇形地带理论（Sector Theory）首先是霍伊特（H. Hoyet）在对美国城市状况进行实地考察后于 1938—1942 年期间提出来的，此后得到了众多学者的响应和支持。该理论的主要观点是：城市的住宅由城市中心沿放射状交通路线呈扇形分布。他们认为，就城市整体而言，其核心只有一个，交通路线由城市中心为轴心向外呈放射状分布。随着城市人口的增加，城市将沿该路线扩大，但同一利用方式的土地，往往从城市中心附近开始，以后逐渐向周围移动。同一方式的土地利用沿轴状延伸的地带，就是扇形地带。其空间结构如下：①中心商业区；②轻工业和批发业区；③低收入的住宅区，相当于过渡区或工人住宅区；④普通住宅区，是中产阶级居住的地方；⑤高级住宅区，是富有者居住的地方。

（3）多核心理论　美国社会学家哈里斯和厄尔曼将都市的空间结构概括为：①中心商业区；②轻工业和批发业区；③社会下层居民住宅区；④中层阶级住宅区；⑤上层阶级住宅区；⑥重工业区；⑦外缘商业区；⑧郊区住宅；⑨工业郊区；⑩往返工区。他们指出，中心区往往不是一个圆圈形；不但一个都市的商业核心是多个的，而且其功能也是多个核心的。这种都市空间结构多核心的形成有 4 种因素：①有些活动需要特殊的设施或资源；②同样的活动往往聚集在同一地方；③引起相互冲突的不同性质的活动不宜聚集在同一地方；④有些活动在金钱上无力与某些活动于同一地方争地盘，只能选择都市边际处进行活动。这几种因素相互作用的结果，促使相互协调的职能机构向不同的中心点集结，不相协调的职能机构在空间上彼此隔离，由此出现了同一都市的商业多核心、工业多核心、住宅多核心等现象。

2.4　水土保持学理论

2.4.1　水土流失规律

2.4.1.1　水的作用

（1）水分溶解　大气降水、灌溉等进入土体的水分，必定要溶解土体中的无机盐及有机养分，变成土壤溶液，当土壤溶液向下渗透时，土壤的养分随之流失，称为淋溶作用；当地表土壤溶液的水分大量蒸发，无机盐就会在地表一定深度（甚至地表）富积，称为淀积作用，形成淀积层或盐碱化土地。由自然因素（过度降水或干旱蒸发）引起的淋溶和淀积作用导致土壤的地带性分布，但人为不合理经营土地，如破坏多年生或天然植被，土壤水分散失由植物蒸腾变为地表土壤蒸发，漫灌土地或只灌不排导致土地大量积累无机盐，造成土地的次生盐渍化，这种现象称为垂直侵蚀。

（2）雨滴击溅　雨滴落到地面时，具有一定质量和速度，必然对地表产生冲击，使土体颗粒破碎、分散、飞溅。根据大量实验和观察，降雨雨强越大、雨滴越大、下落的速度也越快，对地表土粒的破坏越严重。降雨初期，地表土壤水分含量低，雨滴溅起的是干燥的土粒，此阶段称干土溅散阶段；随着降雨历时的延长，表土逐渐被水分所饱和，溅起的是湿土粒，称湿土溅散阶段；当土粒完全被水分包围而解体后，变为泥浆状态，阻塞了下层土壤的孔隙，减少水分下渗，溅起的是泥浆，称泥浆溅散阶段。如果发生在平地上，由于土体结构破坏，降雨后土地会产生板结，使土壤的保水保肥能力降低；如果发生在斜坡上，泥浆会顺坡流动，带走表层的土壤，发生在土质均一的农地上时，表土被均匀带走，称作层状面蚀，发生在富含粗骨质的农地上时，细粒黏粒被带走，留下的是粗砂石砾，称砂砾化面蚀。面蚀在降雨时就产生了。由于降雨在全球范围内发生，应高度重视雨滴击溅引起的侵蚀现象。

（3）地表径流冲刷　暴雨雨滴落到斜坡上，当雨强超过入渗率后，在坡面产生膜状积水，由于雨滴的击溅振荡，积水呈泥浆状态，在重力的分力作用下，顺坡流动称分散地表径流。分散地表径流带走地表养分物质，降低土壤肥力，此种侵蚀形式称面蚀。径流避高就低顺坡流动，加速成无固定流路的乱流，冲起土粒，地表形成低于 20cm 的细沟，称细沟状面蚀。

当分散的径流进一步集中，形成有固定流路的径流称作股流或集中地表径流。由于水量集中，摩擦阻力减小，流速增大，产生很大的冲刷力，径流切入地表及母质，甚至基岩，并将冲起的物质带走，在坡面形成侵蚀沟，称作沟蚀。由于土体、母质及基岩抵抗径流冲刷力的不同，在不同的地质地貌上，形成不同类型的侵蚀沟，在黄土地区最常见的有细沟、浅沟、切沟、冲沟和河沟等，在土石山区主要有荒沟。沟蚀并不是无限制地发展，沟头一般不能超过分水岭，向深侵蚀的极限是侵蚀沟与河道交汇处河床的位置，此点称侵蚀基准。

集中地表径流通过侵蚀沟网汇集，形成突发洪水冲出山地，称山洪爆发，可冲毁农田、冲毁道路桥梁，对平原地带破坏力极大。汇入沟道河道的洪水，仍具有一定的挟带泥沙的能力，径流能够不断冲淘凹岸，能够以悬移、跃移、推移的形式将泥沙带入下游，造成河道水库湖泊淤积。

2.4.1.2　重力作用

在斜坡或沟坡上，在其他营力的参与下，以重力为直接作用力，引起土体整体或局部向下运动的现象称重力侵蚀。常见的表现形式有坠石、陷穴、滑坡、崩塌、山剥皮、泻溜等。单纯由重力引起的重力侵蚀不常见，水分下渗、浸润、径流冲淘引起坡脚失稳、昼夜温度及湿度变化等是引起重力侵蚀的触发因素。在斜坡上的土体或基岩能够稳定不向下运动，说明向下运动的力小于或等于阻碍其运动的力（或称土体的剪切强度），即满足公式的条件（式 2.1）。

$$F \leq T\tan\varphi + C \qquad\qquad （式 2.1）$$

式中：F 为沿斜坡向下运动的力（重力的分力）；φ 为内摩擦角；T 为正压力；$T\tan\varphi$ 为内摩擦阻力；C 为内聚力。

当 $F > T\tan\varphi + C$ 时土体会发生重力侵蚀。对于较粗颗粒的土体，阻碍运动的力主要是内摩擦角引起，对于细粒密致土体阻碍运动的力主要是内聚力。土体的内摩擦角和内聚力大小与土壤水分密切相关，水分含量越高，则内摩擦角和内聚力越小，当土体含水量达到塑限时，内聚力为零，土体因为内摩擦角和内聚力降低而失稳。

径流的冲刷使沟坡坡脚变陡也是重力侵蚀发生的原因之一。

2.4.1.3　混合作用

混合侵蚀作用产生的主要侵蚀形式为泥石流。在股流冲力及重力的共同作用下，超饱和状态的固体径流以急流形式前进，称泥石流。泥石流具有显著的直进性、脉动性和整体搬运性。有超强的破坏力，与山洪有本质的区别。一般发生泥石流的地段必然发生山洪，发生泥石流必须具备 3 个条件：在集水区及坡底有大量的松散物质；有充分的水源供应使松散土体浸润，即有连续的暴雨或融雪水；有陡峭的掌状集水地形。

2.4.1.4　风力作用

风力作用指由于风的作用使地表土壤物质脱离地表被搬运现象及气流中颗粒对地表的磨蚀作用。在风力作用下，沙粒有 3 种运动形式：即悬浮漂移、跃移和沿地表蠕移。

（1）悬移　轻细的沙粒，在气流的紊动旋涡上举力的作用下，使沉速小于上举力的沙粒随着气流运移较远距离。紊动气流的垂直向上风速约等于风速的 1/5 左右。若风速为 5m/s。粒径小于 0.2mm 的沙粒就能悬移，因为，它们在空气中沉降速度都小于 1m/s。当然，风速愈大，能悬移的粒径就大些，含量也会增多；反之，亦然。

（2）跃移　地面沙粒在风力的直接作用下发生滚动、跳跃。当风速超过起沙风速，沙粒从地面跃起一定高度，然后从风的前进速度中获取动能；由于沙粒的密度比空气密度大，所以在自重作用下沉降，一旦沙粒与地面碰撞，水平分速就转变为垂直分速。从而反跳起来。跳跃的沙粒和组成地面的颗粒弹性愈大，反跳也愈高，跳起的沙粒又受风速的推进获得能量，前进的水平分速增大，在自重作下再沉降，再与地面碰撞而跳起，沙粒如此弹跳式的搬运作用，称为跃移。

（3）蠕移　跃移沙粒以比较平缓的角度冲击地面，其中有一部分能量传递给被打散跳起来并继续跃移的沙粒，而另一部分能量的动能。在低风速时，滚动距离只有几毫米，但在风速增加时，滚动的距离就大了，而且有较多的沙粒滚动；高风速时，整个地表有一层沙粒都在缓缓向前蠕动。

高速运动的沙粒，通过冲击方式可以推动 6 倍于它的直径或 200 多倍于它的重量的表层沙粒运动，所似蠕移质比跃移质沙粒为大，而且重沙也可以在蠕移中富集，但蠕移的速度较小，一般不到 25cm/s。而跃移质的速度快，一般每秒可达数十到数百厘米。

风对地表松散碎屑物搬运的方式，以跃移为主（其含量约为 70%～80%），蠕移次之（约为 20%），悬移很少（一般不超过 10%）。对某一粒径的沙粒来说，随着风速的增大，可以从蠕移转化为跃移，从跃移转化为悬移，反之，也是一样。跃移和蠕移是紧贴地表的，风沙流搬运的物质，主要在距地表 30m 之内（一般占 80% 左右），特别集中在 10cm 之内，1m 以上含量就很少了。

2.4.1.5　温度变化引起的水土流失

由于土壤及其母质孔隙中或岩石裂缝中的水分在冻结时体积膨胀，使裂隙随之加大、增多所导致整块土体或岩石发生碎裂，并顺坡向下方产生位移的现象。主要分布于冻土地带。

2.4.2　水土保持原理

2.4.2.1　水土保持的任务

水土保持是通过水土保持技术措施防治水土流失，保护、改良和合理利用水土资源，维护和提高土地生产力，以利于充分发挥水土资源的经济效益和社会效益，建立良好生态环境。

2.4.2.2 水土保持遵循的原则

遵守"水—土—植物—大气"相互作用规律；遵循生态效益、社会效益、经济效益相统一的原则；坚持可持续发展的原则。

把防止与调节地表径流放在首位。利用工程和植被措施调节、吸收或分散径流，减小径流的侵蚀能力。以预防侵蚀发生为主，使保水与保土相结合。

重视植被的环境保护作用，营造水土保持林，调节径流，防止侵蚀，改善小气候，保护生物多样性。

在已遭受侵蚀的土地上防止水土流失，注意采用改良土壤特性、提高土壤肥力的措施，把保护土地与改良土地结合起来。

采用综合措施防治水土流失。综合措施包括水土保持土地规划、水土保持农业技术措施、水土保持林草措施及水土保持工程措施。以小流域为单元形成一个各项措施之间互相联系、相辅相成的综合措施体系。

针对不同的水土流失类型区的自然条件制定不同的综合措施体系，提出保护、改良与合理利用水土资源的合理方案。

2.4.2.3 水土保持的技术措施体系

水土保持技术措施体系包括：工程措施、林草措施、农地水土保持措施和非工程措施（管理措施）。

（1）工程措施 应用工程原理为达到保护、改良及合理利用山区水土资源、防止水土流失的目的而修建的各项工程，有山坡防护工程、山沟治理工程、山洪排导工程和小型蓄水用水工程。

（2）林草措施 在流域内，为涵养水源、保持水土、防风固沙、改善生态环境和增加经济收益，用人工造林、封山育林等技术措施，建设生态经济型防护林体系，提倡多林种、多树林及乔灌草相结合。

（3）农地水土保持措施 采用改变坡面微地形，增加地表粗糙率和植物覆盖率，或增加土壤抗蚀性等方法，以保持水土，改良土壤，提高农业生产的技术措施，主要以改变微地形，增加地面粗糙度的措施，增加植被覆盖的措施，增加地面覆盖及土壤抗蚀性的措施。

（4）非工程措施（管理措施） 以流域为单元，在水土保持学、生态经济学、系统工程学等原理的指导下，把山区流域作为一个开放的生态经济系统，进行分析诊断，以建立生态经济型防护林体系为核心，进行水土保持综合治理规划。在详细调查土地资源及科学评价生产力的基础上，合理调整各类地块的利用方向。

各种措施间是相辅相成、相互促进的。

2.5　人地协调与可持续发展理论

2.5.1　人地协调发展

人地关系的概念及其主要学说是指人类与其赖以生存和发展的地理环境之间的关系。

2.5.1.1　人地关系协调论的基本观点

协调论认为人地关系是一个复杂的巨系统，它与所有系统一样服从的规律为：①系统内部各因素相互作用；②系统对立统一的双方中，任一方不能脱离另一方而孤立存在；③系统的任何一个成分不可无限制地发展，其生存与繁荣不能以过分损害另一方为代价，否则自己也就会失去生存条件。

因此，人与自然应该互惠共生，只有当人类的行为促进人与自然的和谐、完整才是正确的。保持生态系统就是保持人类自身，因而人类自身的道德规定就扩展到包容生态系统，在促进整个人地系统的和谐、完整的同时，也就促进了该系统各组成部分的发展和完善。吴传钧先生强调，人地关系协调一定要有整体性、有序性、层次性和地域性，以动态的观点去度量各个国家和地区的发展。动态协调、综合协调、战略协调、全球协调、地域协调、科学协调、主导协调。

2.5.1.2　人地关系协调发展理论与水土保持规划

人地关系协调的本质是妥善解决社会总需求与环境承载力之间的矛盾。社会总需求取决于人口总数与消费水准，环境承载力取决于资源生产力、环境纳污力和灾害破坏力。目前，我国的人地关系态势是资源需求日益增长、承载力损失逐年加大、人地关系矛盾日趋尖锐，因此，积极开展水土保持、促进科学技术进步、改善公众教育与健康、控制人口数量增长、改变传统消费模式、提高资源利用率、减少废弃物排放、保护生物多样性、减轻自然灾害，是协调我国人地关系、实施可持续发展战略的必然选择。

人地关系系统是一个极其复杂的系统，人地关系系统的调控是人类通过对自然资源与自然环境的规划与整治来实现，即通过规划与整治使资源和环境的利用能按照科学进程顺利实施，以达到经济持续发展和社会全面进步的目的。自然资源（主要指土地资源、水资源、矿产资源和生物资源）调控的目的是资源的合理开发以达到资源的可持续利用；自然环境（包括阳光、温度、气候、地磁、空气、水、岩石、土壤、生物、地壳稳定性等自然因素）调控的目的是要合理利用与保护，以达到生态环境的持续良好。人地关系系统的调控可分为主动措施与被动措施两大类，即：

$$
主动措施
\begin{cases}
预测 —— 对可能发生的事件作出科学预测，并制定防灾减灾方案\\
调节 —— 适时调整人地关系，防止或削减灾害发生的程度\\
建设 —— 培植生态系统的抗干扰能力和生态系统的重建能力
\end{cases}
$$

$$
被动措施
\begin{cases}
评估 —— 迅速对事件作出全方位评估\\
反应 —— 按预定方案实施有效的减灾行动，缓解灾害损失\\
重建 —— 动员全社会力量对受损的生态系统进行快速重建
\end{cases}
$$

人地协调论是区域土地资源可持续利用与水土保持规划的基本理论，它对选择与确定区域土地资源可持续开发利用的模式，制定土地资源可持续开发利用的目标体系，形成人类对土地开发利用行为的有效约束机制，加强对土地资源可持续利用系统的调控和生态环境建设与保护规划具有很强的指导作用。如在严禁天然林砍伐、大力植树造林的同时，对不适于耕作区实行退耕还林、退耕还草、大力治理水土流失和增加水源涵养力，实行退田还湖、河湖清淤、修堤筑坝以增加调洪能力和蓄洪能力；在进行各类工程建设时严格执行"三同时制度"（同时设计、同时施工、同时投产），采取积极措施防止新的水土流失及其他地质灾害的发生；采取积极措施解决农村能源短缺，改善农村经济方式与经济条件，提高民众的生活水平。而所有这些，均需要建立在科学的规划基础之上。

2.5.2　可持续发展理论

2.5.2.1　可持续发展理论的基本观点

可持续发展论的基本观点可概括为：走可持续发展的道路，由传统发展战略转变为可持续发展战略，是人类对"人类—环境"系统的辩证关系、对环境与发展问题经过长期反思的结果，是人类做出的正确选择。可持续发展论要求在发展过程中坚持两个基本观点：第一，应坚持以人类与自然相和谐的方式，追求健康而富有生产成果的生活，这是人类的基本权利；但却不应凭借手中的技术与投资，以耗竭资源、污染环境及破坏生态的方式求得发展。第二，坚持当代人在创造和追求今世的发展与消费时，应同时承认和努力做到使自己的机会和后代人的机会相平等；而不要只想尽先占有地球的有限资源，污染它的生命维持系统，危害未来全人类的幸福，甚至使其生存受到威胁。

从可持续发展的基本观点及其形成过程可以看出：人与自然相和谐，公平、高效，生态可持续性是可持续发展的基本特征。走可持续发展道路，由传统的发展战略转变为可持续发展战略，是人类对环境与发展问题进行长期反思的结果，是人类做出的正确选择。显然，可持续发展作为一种人类社会行为规范，具有以下特点。

① 总体性：它要求全体社会成员共同认可与遵守可持续发展的规则与标准。

② 指导性：可持续发展是人类行为的价值评判标准，它可作为人类社会经济行为"好"与"坏"、"应该"或"不应该"的判断。因此，它是制定可持续发展指标体系、行动方案、

政策评价的根本标准。

③　自觉性与强制性：使可持续发展内化为每个社会成员的意识，成为他们的自觉行为。很显然，可持续发展观念完全内化为每个社会成员的个人意识是困难的。因此可持续发展观念也具有一定的强制性，可以通过外部的裁决而发生作用，从而达到全社会共同遵守。

④　变动性：人是现实世界惟一受自我意识支配其行为的生命群体，人类的自我意识从总体上讲在一段时间具有一定程度的相对稳定性，但从根本上讲是在不断变化的。因而可持续发展观念的内容也在不断变化。

2.5.2.2　可持续发展的基本内涵

可持续发展，就是一种既满足当代人的需求又不对后代人满足其需求的能力构成危害的发展模式，这是在当代以及在人类可预见的未来内符合人类最终发展目标的发展模式，是担负着保证人类永续地生存于地球上的惟一道路。它既兼顾人类个体利益与整体利益、局部利益与全局利益，又兼顾眼前利益与长远利益。可以概括为在空间上区域与区域之间具有公平的发展机会，在时间上当代人和后代人具有公平的发展机会。因此可以说，可持续发展既是一种发展模式，又是人类近期的发展目标，其核心实际上是资源作为一种物质财富和文化作为一种精神财富，在当代人之间以及在代与代之间公平合理分配，以适应人类整体的发展要求。而要达到这个目标，其充要条件就是在每一时间断面上做到资源、经济、社会与环境之间的协调。只有资源、经济、社会与环境这四大系统的运动处于协调状态才能保证社会持续不断地向有序演化。

可持续发展理论基本内涵的 5 个基本要素可概括为：①环境与经济是紧密联系的；②代际公平（要考虑后代人的生存发展）；③代内公平；④社会平等，在提高生活质量的同时要维护生态环境；⑤公众参与。

这五大要素有助于不同观点之间的相互沟通，力图改变将环境与经济对立的认识方式和传统，将关心后代人的利益上升为一切活动的基础之一，并从人类可持续生存的高度审视了人类贫富不均两极分化的格局，认为要建立一个可持续发展的社会，首先要建立一个可持续发展的经济，如果没有高度可持续发展的经济，人类的高度物质文明和精神文明就失去了物质基础，而要提高综合国力和人民的生活质量，就要有强大的经济实力。同样，保护与改善生态环境也要有经济力量的支撑。所以，可持续发展的经济是可持续发展的基础条件。

可持续发展的战略目标是：①恢复经济增长；②改善增长的质量；③满足人类基本需要；④确保稳定的人口水平；⑤保护和加强资源基础；⑥改善技术发展方向；⑦在决策中协调经济与生态关系。

2.5.2.3　可持续发展的基本原则

可持续发展力图表明这样的思想：可持续生存不意味着人类生活在"刚刚能活"的生

活质量水平上，相反，关注生活质量的提高，强调没有广大公众的积极参与就不会有真正意义上的"发展"可言。也就是说，就其社会观来说，可持续发展理论主张本代人公平分配并要兼顾后代人的需要；就其经济观来说，主张建立在保护地球生态系统基础上的可持续的经济发展；就其自然观而言，主张人类与自然的和谐共处。因此，可持续发展的基本原则可归纳为以下几点。

（1）持续性原则　可持续发展的持续性原则，是指人类的经济建设和社会发展不能超越自然资源与生态环境的承载能力。具体有以下两个方面：

一是可持续发展以生态环境为基础，必须同环境承载力相适应。可持续发展是经济可持续、社会可持续、生态可持续的综合统一体，主要包括：①要力求降低自然资源的耗竭速率，使之低于自然资源的再生速率或替代品的开发速率；②主要污染物的排放总量不超出环境容量（环境的纳污能力）；③人类活动对生态系统的冲击不超过生态系统的调节能力（或耐受能力），不破坏生态平衡。

二是必须转变经济增长方式，要达到具有可持续意义的增长。如经济发展中坚持环境原则以工业经济发展为例，推行清洁生产、实现生态持续性（生态可承受）的工业发展，已成为工业发展的环境原则。经济增长方式由粗放型向集约型转变，生态持续性工业发展是一条可供选择的最佳途径。这是一种新的工业发展模式，主要包括下列因素：①采用充分利用资源、能源的生产工艺，替代资源、能源利用低的生产工艺；②采用无废或少废技术；③尽量减少污染物排放量，对不可避免产生的废弃物采取回收利用措施；④优化工业布局，合理利用环境自净能力；⑤对任何可能导致环境危害的产品，必须经过环境影响评价和在有安全使用条件的情况下，才能投入生产和使用；⑥大力节约能源，并积极开发可更新能源和无污染的新能源；⑦扩大公众对工业发展过程参与的程度，改变公众单纯接受和消费工业品的状况。

（2）共同性原则　尽管各国的历史、经济、文化和发展水平不同，可持续发展的具体目标、政策和实施步骤呈现出多元化的特点，但可持续发展作为全球发展的总目标所体现的各项原则，则是应该共同遵守的。从根本上说，贯彻可持续发展就是要促进人类自身之间、人类与自然之间的和谐，这是人类共同的责任。

第一，坚持以提高生活质量为目标，与社会进步相适应。发展是超脱于经济、技术和行政管理的现象。发展是一个很广泛的概念，它不仅表现在经济的增长，国民生产总值的提高，人民生活水平的改善，它还表现在文学、艺术、科学的昌盛，道德水平的提高，社会秩序的和谐，国民素质的改进等。所以，可持续发展应以提高生活质量为目标，与社会进步相适应。

第二，必须正确认识人与自然的关系，使人、自然、技术组成的大系统处于动态平衡，实现可持续发展的关键在于协调人与自然的关系，而这又是以人与自然关系的正确认识为基础的。人类只不过是人与自然这个大系统中的一个组成部分，技术是人类发明创造的开发自然的工具，人类应在开发的同时保护自然，今天的人类生存环境就是人类用技术开发自然资源以后的状态。

（3）公平性原则　可持续发展强调应追求两个方面的公平：一是本代人的公平，可持续发展理论主张满足全体人民的基本需求，给全体人民机会以满足他们要求较好生活的愿望，要给世界以公平的分配和发展权，要把消除贫困作为可持续发展进程特别优先的问题进行考虑；二是代际间的公平，当代人不能因为自己的发展与需求而损害人类世世代代满足需求的条件——自然资源和生态环境。

2.6　空间数据获取和处理技术

2.6.1　遥感技术

广义而言，遥感（RS）泛指各种非直接接触的，远距离探测目标的技术。通常人们所认为的遥感的概念是指：从远距离、高空以至外层空间的平台（platform）上，利用可见光、红外、微波等遥感器（remote sensor），通过摄影、扫描等各种方式，接收来自地球表层各类地物的电磁波信息，并对这些信息进行加工处理，从而识别地面物质的性质和运动状态的综合技术。

遥感包括传统光学遥感、微波雷达遥感以及激光雷达遥感。

（1）传统光学遥感　传统光学遥感在水土保持中的应用主要是通过红外相片和可见光遥感提取地表覆盖物特征。通过传统光学遥感影像可以对土地利用状况和植被覆盖度进行观测研究，且随着分辨率的不断提升，得到的信息量越来越丰富，对地表的反映越来越准确，但是被动光学遥感的穿透性较差，难以得到有植被覆盖的地表情况，且只能提供二维数据，不能反映立体的情况。

（2）微波雷达遥感　微波遥感，指利用波长 1～1000mm 电磁波遥感的统称。通过接收地面物体发射的微波辐射能量，或接收遥感仪器本身发出的电磁波束的回波信号，进而对物体进行探测、识别和分析，这是微波遥感的主要目的（郭华东等，2000）。雷达是微波遥感中的传感器系统，一般也将微波遥感称为雷达遥感。雷达就是无线电探测和测距的缩写，最初是为了军事侦察和全天候航行而发展起来的一种遥测系统。这种系统通过天线发射无线电脉冲，当遇到目标时则被反射、散射回来，又被天线接收。通过接收微波雷达形成的后向散射波，从还原的图像特征中测定目标的性质，达到识别、获取接触目标信息的目的。常用的微波波长范围为 0.8～30cm。微波遥感具有很强的穿透性能，可以穿透植被到达地表，反映出地表特征。波长越长，穿透性能越好。

全天候、全天时是微波遥感最重要的特点，它大大提高与增加了人们实时有效地观测地球的能力和机会。微波可以穿透植被和地表的能力使得它可获得与可见光、红外遥感不同的信息。随着高分辨率、多极化、多角度新型微波传感器的出现，雷达遥感的不足将逐渐得到改善，其优势也将进一步得到展现并广泛应用于各个领域。

（3）激光雷达　它是以激光作为载波的雷达，而传统的雷达多以微波和毫米波段的电磁波作为载波。激光是光波波段电磁辐射，它的波长在可见光和近红外波段附近，用振幅、频率、相位和偏振来搭载信息。以脉冲计数的激光测距雷达，采用非相干的能量接收方式；当然也可以以相干方式接收信号，通过后续信号处理实现目标探测。激光光束发散角小，能量集中，探测灵敏度高，分辨率好，系统的几何尺寸可以做得很小。

激光雷达扫描测量技术，突破了传统测量技术的多种局限性，采用非接触式的主动测量方式，直接获取被测目标的三维点云数据，能够对任何物体进行全方位扫描，且没有白天与黑夜的工作时段限制，快速将现实世界的多种信息转换成计算机可处理的点云数据。该项技术具有扫描速度快、实时性强、精度高、全数字、经济社会效益高等特点，可以大大降低任务成本，节约任务周期，易于实现整个过程的全自动或准自动化。同时，其数据输出格式开放，可以直接与 CAD、三维动画等工具软件接口通讯，极大地扩展了自身的应用领域。

激光雷达可分为星载激光雷达、机载激光雷达和地基激光雷达。

遥感是人类利用对地观测技术获取信息的重要手段，随着传感器技术、航空和航天平台技术、数据通讯技术的进一步发展，以及超低空无人机载和车载等多平台技术的有效结合，遥感所能提供的信息将以我们无法想象的倍率递增。从遥感的应用产品来讲，目前应用最多的是卫星遥感数据和航片，其中卫星遥感数据应用的最多。卫星遥感数据是一种在计算机中存储的"数字图像"，其最小单元是"像素"。在生产中直接用数字图像进行面积量算、分析、统计等工作有一定的难度，同时也不符合人们管理的思维方式，大多数情况是把遥感数据按生产需要进行分类，再按照类型边界进行矢量化（勾绘图斑边界），最终直接应用矢量图形。在矢量图形上进行面积量算、统计、分析、制图等正是地理信息系统的功能，因此遥感与地理信息系统集合才能够充分发挥起技术优势。由于地球是椭球状而且表面高山低谷起伏很大，同时大气层的活动影响电磁波辐射，因此卫星地面站接收到的遥感图像与地球表面的实际状况存在着误差，在应用之前必须进行图像校正。通常的做法是利用地形图上同名地物点的已知坐标进行校正，全球定位系统（GPS）问世以后为遥感图像的校正提供了新的坐标获取手段，同时也为遥感定点定位研究提供了新的途径。

2.6.2　地理信息系统

地理信息系统（GIS）是在计算机软硬件支持下，运用地理信息科学与系统工程理论，科学管理和综合分析各种地理数据，提供管理、模拟、决策、规划、预测和预报等任务所需要的各种地理信息的技术系统。它以空间数据库为基础，采用地理模型分析方法，适时提供多种空间的和动态的地理信息，为地理研究和地理决策服务的计算机技术系统。地理信息系统有时称作土地资源信息系统，在我国有时也称作资源与环境信息系统，是 20 世纪 60 年代开始迅速发展起来的地理学研究新技术，是多学科交叉的产物。

地理信息系统是对地理空间数据的获取、编辑、查询、统计、管理、专题制图的先进工具，完整意义的地理信息系统包括了计算机系统、地理或专题数据（图形库和属性数据库）、GIS 软件工具，其中"数据"（GIS 中把所有的图形、图像、数字等统称为数据）是生产实践中最重要的内容。GIS 中的数据包括地理数据、专题数据（如土壤侵蚀图）以及它们叠加分析产生的各类数据。通过地形图输入可以获取地理数据，也可以利用 GPS 测量直接得到地理数据；专题数据可以通过现场调查勾绘图斑得到专题图，也可以利用遥感图像分类得到专题图，对于面积较大的区域，利用 *RS* 为 GIS 提供专题图是当前最快捷的手段。

地理信息系统进行大范围的规划，还要运用地理信息系统原理及技术进行分析评价。地理信息系统是一系列用来收集、存储、提取、转换和显示空间数据的计算机工具，GIS 可以将零散的数据和图像资料加以综合并存储在一起，并将文字和数字资料高效地结合。在景观生态规划中主要运用了 GIS 的叠置技术，对多种类型的空间数据同时进行各种相关运算，系统化的分析评价。现代景观规划中，强调整体性原则，利用方式的确定不仅要考虑其本身的生态特征，还要考虑景观类型与相邻景观单元的空间关系，如何将各因子与景观单元的关系在空间上进行定量描述是解决景观类型利用方向的一个关键。GIS 的叠置技术使得这种分析成为可能。在此基础上才能根据景观生态规划的基本原理，进行合理的规划。此外 GIS 还具有动态分析和模拟的功能，通过对不同时段所得到的遥感数据进行分析，监测和分析景观的动态过程，并模拟景观未来的发展动态，这样就可以实现景观的动态规划，改变传统的规划思路。同时，GIS 具有很强的表达功能，可以输入输出各式各样的数字产品，使该系统的数据形式能转换成其他系统可接受的数据形式，如 ARCVIEW 和 MAPINFO 的数据格式可以兼容传统规划常用软件 AUTOCAD 的数据格式，这就可以将规划结果进行存储和汇总，将规划意图通过数据的形式完整的表现出来。

2.6.3　全球定位系统

全球定位系统（GPS），GPS 导航系统是以全球 24 颗定位人造卫星为基础，向全球各地全天候地提供三维位置、三维速度等信息的一种无线电导航定位系统。它由三部分构成：一是地面控制部分，由主控站、地面天线、监测站及通讯辅助系统组成；二是空间部分，由 24 颗卫星组成，分布在 6 个轨道平面；三是用户装置部分，由 GPS 接收机和卫星天线组成。民用的定位精度可达 10m 内。

全球定位系统是以人造卫星组网为基础的无线电导航定位系统。利用设置在地面或运动载体上的专用接收机，接收卫星发射的无线电信号实现导航定位。由三部分组成，即空间卫星、地面控制系统和用户接收处理装置。其基本原理是测量出已知位置的卫星到用户接收机之间的距离，然后综合多颗卫星的数据就可知道接收机的具体位置。要达到这一目的，卫星的位置可以根据星载时钟所记录的时间在卫星星历中查出。而用户到卫星的距离则通过记录卫星信号传播到用户所经历的时间，再将其乘以光速得到（由于大气层电离层的干扰，这一距离并不是用户与卫星之间的真实距离，而是伪距（PR）；当 GPS 卫星正常工作时，会不断地用 1 和 0 二进制码元组成的伪随机码（简称伪码）发射导航电文。导航电文中的内容主要有遥测码、转换码、第 1、2、3 数据块，其中最重要的则为星历数据。当用户接收到导航电文时，提取出卫星时间并将其与自己的时钟做对比便可得知卫星与用户的距离，再利用导航电文中的卫星星历数据推算出卫星发射电文时所处位置，用户在 WGS-84 大地坐标系中的位置速度等信息便可得知。在实际工作中直接应用 GPS 的地理坐标是不方便的，它借助 GIS 和 RS 才能应用得更广泛和深入。

2.6.4 3S 技术集成

RS 能高效的获取大面积的地面信息；GIS 具有强大的空间查询、分析和综合处理能力；GPS 能快速给出调查目标的准确位置；因此可以将 GIS 看作中枢神经，RS 看作传感器，GPS 看作定位器。从 GIS、GPS、RS 的相互关系可以看出，三者之间相互依赖相互补充，把三者作为一个统一的整体来研究和应用，才能充分发挥各自的作用，才能运用自如，这就是我们所说的"3S"技术。随着"3S"研究和应用的不断深入，人们逐渐地认识到单独地运用其中的一种技术往往不能满足一些应用工程的需要。事实上，许多应用工程或应用项目需要综合地利用这三大技术的特长，方可形成和提供所需的对地观测、信息处理、分析模拟的能力。

集成的关键技术包括：①多源、多时相、多尺度信息的获取技术，包括 RS 技术、GPS 技术、空三摄影测量技术、定位定向系统技术、激光断面扫描、测高技术；②多源、多时相、多尺度信息的集成技术，包括 GIS 技术、多尺度地理信息的自动综合技术、多源多时相多尺度地学信息的统一坐标系技术、多时空数据一体化管理技术、多源异构数据的格式转换技术；③空间信息的动态管理与综合分析技术，包括 GIS 数据的自动更新技术、数据仓库技术、数据挖掘技术、模型库管理系统技术、模型库与应用系统的无缝集成技术；④"3S"技术集成的数据通信与交换技术，包括数据单向实时传送的技术、数据双向实时传送的技术、数据交换的技术；⑤"3S"技术集成的虚拟现实与可视化技术，包括虚拟现实技术、地理空间信息的可视化技术。

2.6.5 计算机制图技术

随着计算机技术的迅速发展和广泛应用，一种以数字形式记录，反映地表自然与社会现象，可在计算机屏幕上以图形形式快速表现的地图新品种——数字地图已经产生。数字地图是"以数字形式记录和存储的地图"，它的制作主要包括数据采集、数据处理、图形编辑、绘图输出等过程。

计算机制图的革命给制图带来了深刻的影响，它是截然不同于传统模拟制图的两种主要产品：①数字数据库和硬、软拷贝；②计算机显示。数字制图主要有文件装入、数据预处理、拓扑处理、各要素综合、图形编辑、地图注记、图形输出等，它以强大的图形编辑功能和灵活方便的数据采集方式完成图形生成；使用多种命令来进行图形的切割、删除、旋转、裁剪、缩放、拼接、拷贝、图形填充，生成和绘制多种符号，可以设置颜色、线型、分层操作、存储、叠加等；同时还建立了图形数据库，为图形数据查询、检索和资料共享、修改再版等提供服务。另外还可用数字化板跟踪图形生成矢量数据，直接进行编辑处理，彻底改变了传统工艺，缩短了成图周期，降低了成本，提高了生产效率和测量精度；显示了计算机制图技术替代传统制图的深刻变化，它是制图技术界的一场技术革命。

2.7　数据分析方法

　　统计分析是数据分析的主要方法。数据分析的主要目的是为了对数据结构进行简化，对数据进行分类与判别，探究变量之间的相互关系，进行多数据的统计推断等。

　　水土保持规划中经常需要使用一些统计方法分析数据来指导规划。在进行相关关系分析时需要利用回归分析法，在进行区划时一般采用主成分分析法、因子分析法、聚类分析法、决策树分析法、模糊数学以及灰色系统的方法；在进行水土保持规划时会采用主成分分析法；在进行水土保持效益评价时一般会采用回归分析法、模糊数学、专家打分法、灰色系统分析法等方法；进行综合分析评价时一般采用专家打分法、逐步判别分析法和层次分析法等。相关的分析过程可以采用 SPSS 和 MATLAB 软件进行数据分析。

2.7.1　回归分析法

　　回归分析法是研究一个或多个随机变量 Y_1，Y_2，…，Y_i 与另一些变量 X_1，X_2，…，X_k 之间的关系的统计方法，又称多重回归分析法。通常称 Y_1，Y_2，…，Y_i 为因变量，X_1、X_2，…，X_k 为自变量。回归分析法的主要内容为：①从一组数据出发确定某些变量之间的定量关系式，即建立数学模型并估计其中的未知参数。估计参数的常用方法是最小二乘法。②对这些关系式的可信程度进行检验。③在许多自变量共同影响着一个因变量的关系中，判断哪个（或哪些）自变量的影响是显著的，哪些自变量的影响是不显著的，将影响显著的自变量选入模型中，而剔除影响不显著的变量，通常用逐步回归、向前回归和向后回归等方法。④利用所求的关系式对某一生产过程进行预测或控制。

　　当因变量和自变量为线性关系时，它是一种特殊的线性模型。最简单的情形是一个自变量和一个因变量，且它们大体上有线性关系，这叫一元线性回归，即模型为 $Y = a + bX + \varepsilon$，这里 X 是自变量，Y 是因变量，ε 是随机误差，通常假定随机误差的均值为 0，方差为 σ^2（σ^2 大于 0），σ^2 与 X 的值无关。若进一步假定随机误差遵从正态分布，就叫做正态线性模型。一般的情形，若有 k 个自变量和一个因变量，因变量的值可以分解为两部分：一部分是由于自变量的影响，即表示为自变量的函数，其中函数形式已知，但含一些未知参数；

另一部分是由于其他未被考虑的因素和随机性的影响，即随机误差。当函数形式为未知参数的线性函数时，称线性回归分析模型；当函数形式为未知参数的非线性函数时，称为非线性回归分析模型。当自变量的个数大于 1 时称为多元回归，当因变量个数大于 1 时称为多重回归。

回归分析法主要用于研究水土流失各影响因素之间的关系和水土保持效益分析。

2.7.2 主成分分析法

主成分分析法是将多个变量通过线性变换以选出较少个数重要变量的一种多元统计分析方法，又称主分量分析法。随着生产实践和科学技术的发展，我们需要对研究对象进行多因子综合分析法。然而，在多数情况下因子之间存在着相关关系，这时要弄清它们的规律就必须在多维空间中加以考察，这是比较麻烦的。为了克服这一困难，一个自然的想法就是采用降维的方法，即设法找出少数几个综合因子来代表众多的因子。这几个较少的综合因子既能尽量多地反映原来因子的信息，而且它们彼此之间又相互独立。这样，从原来关系复杂但又互为相关的许多因子中，找出能反映内在联系和主导作用的、数目较少的新因子的方法叫作主成分分析法。

2.7.2.1 主成分分析法的原理

主成分分析法是对于原先提出的所有变量，将重复的变量（关系紧密的变量）删去多余，建立尽可能少的新变量，使得这些新变量是两两不相关的，而且这些新变量在反映对象的信息方面尽可能保持原有的信息。设法将原来变量重新组合成一组新的互相无关的几个综合变量，同时根据实际需要从中可以取出几个较少的综合变量尽可能多地反映原来变量的信息。

2.7.2.2 主成分分析法的主要步骤

（1）首先对原始数据进行标准化处理　由于各组统计数据之间的量化指标不同，相互之间进行比较首先就应该进行标准化处理。公式如下（式 2.2）：

$$x_i = \frac{X_i - \overline{X}_i}{S_i} \tag{式 2.2}$$

（2）计算关系数矩阵　对于给定的样本，计算样本间的相关系数（式 2.3）。

$$R = \begin{bmatrix} 1 & r_{12} & \cdots & r_{1j} \\ r_{21} & 1 & \cdots & r_{2j} \\ \vdots & \vdots & \vdots & \vdots \\ r_{i1} & r_{i2} & \cdots & 1 \end{bmatrix} \tag{式 2.3}$$

其中

$$r_{ij} = \frac{1}{n-1} \sum_{k=1}^{n} (X_{kj} - \overline{X}_i)(X_{kj} - \overline{X}_j)$$

（3）求特征值和特征向量

① 解特征方程 $|\lambda I - R| = 0$，常用雅可比法求出特征值，并对其进行排列：

$$\lambda_1 \geqslant \lambda_2 \geqslant \cdots \geqslant \lambda_n \geqslant 0$$

② 分别求出对应于特征值 λ_i 的特征向量 e_i（$i = 1$，2，$\cdots$，n），要求：

$\| e_i \| = 1$，即 $\sum\limits_{j=1}^{n} e_{ij}^2 = 1$，$e_{ij}$ 表示向量 e_i 的第 j 个分量。

③ 计算主成分贡献率（式 2.4）以及累计贡献率（式 2.5）：

贡献率：

$$贡献率：\frac{\lambda_i}{\sum\limits_{k=1}^{n} \lambda_k} \quad (i = 1，2，\cdots，n) \tag{式 2.4}$$

累计贡献率：

$$累计贡献率：\frac{\sum\limits_{k=1}^{i} \lambda_k}{\sum\limits_{k=1}^{n} \lambda_k} \quad (i = 1，2，\cdots，n) \tag{式 2.5}$$

一般取累计贡献率达 85%～95% 的特征值 λ_1，λ_2，$\cdots$，λ_m 所对应的第 1，第 2，$\cdots$，第 m（$m \leqslant p$）个主成分。

（4）计算主成分载荷（式 2.6）

$$l_{ij} = p(z_i, x_j) = \sqrt{\lambda_i} e_{ij} \quad (i = 1，2，\cdots，m；j = 1，2，\cdots，p) \tag{式 2.6}$$

式中：λ_i 为 Σ 的特征值。

（5）各主成分的得分（式 2.7）

$$z = \begin{bmatrix} z_{11} & z_{12} & \cdots & z_{1m} \\ z_{21} & z_{22} & \cdots & z_{2m} \\ \vdots & \vdots & \vdots & \vdots \\ z_{n1} & z_{n2} & \cdots & z_{nm} \end{bmatrix} \tag{式 2.7}$$

主成分分析法主要用于水土保持分区和水土保持评价中。

2.7.3 因子分析法

因子分析法是主成分分析法的延伸，其基本目的是用较少的随机变量去描述较多的变量之间的协方差关系。因子分析法的基本思想是：根据变量之间的相关性大小将变量分组，使组内的变量相关性较大，而组间变量之间的相关性较小。归为一类的变量就称为因子。

因子分析法从研究变量内部的相关关系出发，将一些具有各种复杂关系的变量归结为少数几个综合因子，最终通过少数几个因子反映原始资料的大部分信息。因子分析法的核心问题有两个：一是如何构造因子变量；二是如何对因子变量进行命名解释。因子分析法的基本步骤和解决思路就是围绕这两个核心问题展开的。

2.7.3.1　因子分析法的基本步骤

① 确认待分析的原变量是否适合作因子分析。
② 构造因子变量。
③ 利用旋转方法使因子变量更具有可解释性。
④ 计算因子变量得分。

2.7.3.2　因子分析的计算过程

① 将原始数据标准化，以消除变量间在数量级和量纲上的不同。
② 求标准化数据的相关矩阵。
③ 求相关矩阵的特征值和特征向量。
④ 计算方差贡献率与累积方差贡献率。
⑤ 确定因子：设 F_1，F_2，…，F_p 为 p 个因子，其中前 m 个因子包含的数据信息总量（即其累积贡献率）不低于80%时，可取前 m 个因子来反映原评价指标。
⑥ 因子旋转：若所得的 m 个因子无法确定或其实际意义不是很明显，这时需将因子进行旋转以获得较为明显的实际含义。
⑦ 用原指标的线性组合来求各因子得分：采用回归估计法，Bartlett 估计法或 Thomson 估计法计算因子得分。
⑧ 综合得分以各因子的方差贡献率为权，由各因子的线性组合得到综合评价指标函数（式2.8）。

$$F = \frac{\sum_{i=1}^{m} w_i F_i}{\sum_{i=1}^{m} w_i}$$ （式 2.8）

式中：w_i（$i=1$，2，…，m）为旋转前或旋转后因子的方差贡献率；F_i（$I=1$，2，…，m）为各因子的值。
⑨ 得分排序：利用综合得分可以得到得分名次。

2.7.4　聚类分析法

聚类分析法是直接比较各事物之间的特征，将它们之间特征相近的划分为一类，将性质差别较大的划为不同的类别的统计方法，即"物以类聚"的方法。主要用于水土保持分区及评价中。
根据聚类方法的不同可以将聚类分析分为以下几种。
（1）系统聚类法　对所在的指标进行分类，每一次将最相似的两个数据合并成一类，合并之后和其他数据的距离会重新计算，这个步骤会不断重复下去直至所有指标合并成一类，并类的过程可用一张谱系聚类图描述。

（2）调优法（动态聚类法）　对 n 个对象初步分类，根据分类后的信息损失尽可能小的原则对分类进行择优调整，直到分类合理为止。

（3）有序样品聚类法　在很多实际问题中，所有的样品都是相互独立的个体，因此可以平等的划分。但是有序样品聚类法的存在就是因为在另外一些实际问题中，样品之间是存在着某种联系而在分类中是不允许打乱顺序的。有序样品聚类法开始时将所有样品归为一类，然后根据某种分类准则将其分为二类等，一直往下分类下去直至满足分类要求。它的思想正好与系统聚类法的相反。

（4）模糊聚类法　利用模糊聚集理论来处理分类问题，它对经济领域中具有模糊特征的两态数据或多态数据具有明显的分类效果。

（5）图论聚类法　在处理分类问题中独创性的引入了图论中最小支撑树的概念。

（6）聚类预报法　顾名思义，就是用聚类分析的方法来在各个领域中进行预报。在多元统计分析中，判别分析、回归分析等方法都可以用来做预报，但是在一些异常数据面前，这些方法做的预报都不是很准确，而聚类预报则很好的解决了这一问题。聚类预报法经过更深入的研究后，会得到更加广泛的应用。

按聚类对象的不同，聚类分析可分为 Q 型（对样品聚类）与 R 型（对变量聚类），两种聚类在方法和步骤上都基本相同。

聚类分析法的主要步骤包括：①数据标准化处理；②构造关系矩阵；③选择聚类方法；④确定类别数。

2.7.5　决策树分析法

决策树分析法是常用的分析决策方法。该方法是一种用树形图来描述各方案在未来的收益。

决策树分析法通常有 6 个步骤。

（1）明确决策问题，确定备选方案　对要解决的问题应该有清楚的界定，应该列出所有可能的备选方案。

（2）绘出决策树图形　决策树用 3 种不同的符号分别表示决策结、机会结、结局结。决策结用图形符号如方框表示，放在决策树的左端，每个备选方案用从该结引出的一个臂（线条）表示；实施每一个备选方案时都可能发生一系列受机遇控制的机会事件，用图形符号圆圈表示，称为机会结，每一个机会结可以有多个直接结局，例如某种治疗方案有 3 个结局（治愈、改善、药物毒性致死），则机会结有 3 个臂。最终结局用图形符号如小三角形表示，称为结局结，总是放在决策树最右端。从左至右机会结的顺序应该依照事件的时间先后关系而定。但不管机会结有多少个结局，从每个机会结引出的结局必须是互相排斥的状态，不能互相包容或交叉。

（3）明确各种结局可能出现的概率　如可以从文献中类似的病例去查找相关的概率，也可以根据临床经验进行推测。所有这些概率都要在决策树上标示出来。在为每一个机会结发出的直接结局臂标记发生概率时，必须注意各概率相加之和必须为1.0。

（4）对最终结局用适宜的效用值赋值　如效用值是病人对健康状态偏好程度的测量，通常应用0-1的数字表示，一般最好的健康状态为1，死亡为0。有时可以用寿命年、质量调整寿命年表示。

（5）计算每一种备选方案的期望值　计算期望值的方法是从"树尖"开始向"树根"的方向进行计算，将每一个机会结所有的结局效用值与其发生概率分别相乘，其总和为该机会结的期望效用值。在每一个决策臂中，各机会结的期望效用值分别与其发生概率相乘，其总和为该决策方案的期望效用值，选择期望值最高的备选方案为决策方案。

（6）应用敏感性试验对决策分析的结论进行测试　敏感分析的目的是测试决策分析结论的真实性。敏感分析要回答的问题是当概率及结局效用值等在一个合理的范围内变动时，决策分析的结论会不会改变。

2.7.6　逐步判别分析法

判别分析方法是由英国统计学家 Person 在 1921 年首次提出并用于种族研究的。后来由 Fisher、Weldh、Neynian 等加以不断的发展与完善。判别分析法是一种多元数值的分析，是在分类确定的条件下，根据研究对象的各种特征值判别其类型归属问题的一种多变量统计方法。

判别分析法的目的是对已知分类的数据建立由数值指标构成的分类规则，然后把这样的规则应用于分类的样品中去分类。判别分析法是根据表明事物特点的变量值和它们所属的类，求出判别函数。根据判别函数对未知所属类别的事物进行分类的一种分析方法。

根据资料的性质，分为定性资料的判别分析法和定量资料的判别分析法；采用不同的判别准则，有费歇、贝叶斯、距离等判别方法。

2.7.6.1　距离判别法

距离判别思想是根据各样品与各母体之间的距离远近作出判别，即根据资料建立关于各母体的距离判别函数式，将各样品数据逐一代入计算，得出各样品与各母体之间的距离值，判样品属于距离值最小的那个母体。

2.7.6.2　费歇判别

费歇（Fisher）判别思想是投影，使多维问题简化为一维问题来处理。选择一个适当的投影轴，使所有的样品点都投影到这个轴上得到一个投影值。对这个投影轴的方向的要求是：使每一类内的投影值所形成的类内离差尽可能小，而不同类间的投影值所形成的类间离差尽可能大。

其目的是为了克服由于维数高而引起的"维数祸根"，需要将高维数据点投影到低维空间（如一维直线）上，从而可以达到数据点比较密集，这就是费歇判别法的基本思想。这里主要阐述两个总体（$k=2$）的情况，多个总体的情况可以依此类推。从两个总体中抽取具有 p 个指标的样品观测数据，借助方差分析构造一个判别函数或称判别式 $y = c_1x_1 + c_2x_2 + \cdots c_px_p$，系数 c_1，c_2，$\cdots$，c_p 确定的原则是使组间差距达到最大，组内差距达到最小。判别函数得到了之后，对于一个未分类样品，将它的 p 个指标值代入判别函数求出 y 值之后，再与临界值 y_0 进行比较，以判别准则为依据就可以判别属于哪一总体。

2.7.6.3　贝叶斯判别法

距离判别只要知道总体的特征量（即参数）——均值和协方差阵，没有涉及总体的分布类型，当参数未知时，就用样本均值和协方差阵来估计，虽然看起来简单直观、方便实用，但是该方法存在一定的缺陷：一是该方法没有考虑错判造成的损失，显然这是不合理的；二是没有考虑到每类出现的机会是不同的，将各类（总体）G_1，G_2，$\cdots$，G_k 等同对待，一视同仁，即判别前将一样品属于各类的可能性视作相同。但是，在现实许多实际问题中，各类出现的机会未必相同，甚至大大不同。

贝叶斯的统计思想就是假定对研究对象事先就有一定的认识，这种认识就是先验概率分布；然后根据抽取的一个样本来修正已经有的认识（先验概率分布），从而得到后验概率分布，各种统计推断都通过后验概率分布来进行。所谓先验概率，就是用概率来描述人们事先对所研究的对象的认识的程度；所谓后验概率，就是根据具体资料、先验概率、特定的判别规则所计算出来的概率。它是对先验概率修正后的结果。将这种贝叶斯思想用于判别分析就得到贝叶斯判别法。

2.7.6.4　逐步判别法

逐步判别与逐步回归的基本思想相似，都采用"有进有出"算法，即每一步都进行检验，把一个"最重要"的变量选入判别式。同时也考虑较早进入判别式的某些变量，如果其"重要性"也随着其后一些变量的选入而变化，当已失去原有的重要性时（被某些量的作用所代替），就把它及时地从判别式中剔除出去，使最终的判别式仅仅保留"重要"的变量。其实逐步判别就是不断的对筛选的变量作检验，找出显著性变量，剔除不显著变量。

2.7.7　灰色系统分析法

灰色系统理论是我国控制论专家邓聚龙教授于 1982 年创立的，是一种研究少数据、贫信息不确定性问题的新方法。它以"部分信息已知，部分信息未知"的小样本、贫信息不确定性系统为研究对象，主要通过对部分已知信息的生成、开发，提取有价值的信息，实现对系统运行行为、演化规律的正确描述和有效监控。灰色系统理论经过 20 多年的发展，已基本建立起一门新兴学科的结构体系。

2.7.7.1　灰色系统的基本原理

（1）差异信息原理　差异是信息，凡信息必有差异；我们说两件事物不同，即含有一事物对另一事物之特殊性有关信息。客观世界中万事万物之间的差异为我们提供了认识世界的基本信息。

（2）解的非唯一性原理　信息不完全、不确定的解是非唯一的，由于系统信息的不确定性，就不可能存在精确的唯一解。

（3）最少信息原理　最少信息原理是"少"与"多"的辩证统一，灰色系统理论的特点是充分开发利用已占有的最少信息，研究小样本、贫信息不确定性问题。其立足点是"有限信息空间"，"最少信息"是灰色系统的基本准则。所获得的信息量是判断"灰"与"非灰"的分水岭，充分开发利用已占有的"最少信息"是灰色系统理论解决问题的基本思路。

（4）认知根据原理　信息是认知的根据，认知必须以信息为依据，没有信息，无以认知，以完、确定的信息为根据，可以获得完全确定的认知，以不完全、不确定的信息为根据，只能获得不完全确定的认知。

（5）新信息优先原理　新信息认知的作用大于老信息，直接影响系统未来趋势，对未来发展起主要作用的主要是现实的信息。

（6）灰性不灭原理　信息不完全是绝对的，信息不完全、不确定具有普遍性，信息完全是相对的、暂时的，人类对客观世界的认识，通过信息的不断补充而一次又一次地升华，信息无穷尽，认知无穷尽，灰性永不灭。

2.7.7.2　灰色系统的基本方法

灰色系统理论的主要方法可分为两大类，一类由白到灰，一类由灰到白。根据各个指标的具体数据按照"高、中、低""强、中、弱""多、中、少"等分类进行归纳的灰色聚类与灰色统计。另外，把具体数值不确定的灰数按具体取值的可能性进行量化以构成白化权函数等均属于由白到灰的方法。与此相反，将抽象的现象、因素等找出某些对应量，将系统中各个因素影响的大小进行量化，将杂乱无章的数据列进行整理、生成，将空缺的数据通过计算加以补免，用整理过的数据列建立数学模型并通过它进行决策和预测，将结构、关系、机制不清楚的对象、过程、系统作灰色预测以进行提前控制等，都属于由灰到白的方法。主要的方法有。

（1）灰色关联分析　对于包含有许多因素的系统，系统的发展态势是由多种因素共同作用的结果决定的。在系统分析时，人们常常关注在众多因素中，哪些是主要因素，哪些是次要因素；哪些因素对系统发展影响大，哪些因素对系统发展影响小；哪些因素对系统发展起推动作用需要强化发展，哪些因素对系统发展起阻碍作用需加以抑制等诸如此类的问题。

灰色系统理论针对此类系统数据有限，且数据灰度较大的情况，提出了对数据多少和规律要求不严格的灰色关联分析方法。其基本思想是根据序列曲线几何形状的相似程度来判断其联系是否紧密，并在数学上用灰色关联度来衡量这种相似程度。曲线越接近，相应序列之间的关联度就越大，反之就越小。

基本步骤如下：

① 特征量和影响因素集的确定：进行灰色关联分析时，首先应选取间接地表征系统行为的数据序列和影响系统主行为的有关因素的数据序列。

② 数据的预处理：因灰色关联分析要进行量化研究分析，所以需对系统行为特征映射量和各有效因素进行适当处理，使之化为数量级大体相近的无量纲数据，并将负相关因素转化为正相关因素。

③ 关联度的计算：灰色关联度是序列之间联系紧密程度的数量表征，在应用过程中，不同学者根据所研究问题的特性提出了一系列关联度的计算方法。

④ 结果分析：结果分析中，主要关心的是系统特征行为序列与各相关因素行为序列关联度的大小次序，而不完全是关联度在数值上的大小。根据关联度的大小次序，我们可以对各因素在系统中的地位做出判断。当选择多个系统行为数据序列和相关因素序列时，还可以运用灰色关联分析进行优势分析，具体思想和步骤参见相关书籍。

（2）灰色建模　灰色系统理论通过对原始序列进行某种生成，弱化其随机性，挖掘和显现其规律性。灰色本征系统建模是在分析各种因素间关联性、因果性等的基础上，从定性到定量，从粗到细，从灰到白的建模过程。具体来说是如下五步建模过程：

① 建立语言模型：这一步要深入地分析和研究事物的性质，明确问题涉及对象的因素、关系、目标和条件等等，并用简练的语言进行描述，建立起语言模型。

② 建立网络模型：将语言模型中的各种显露的和内涵的因素进行分析，找出因素间前因和后果的关系，并用框图作明确表示成为一个环节。依次找出各种环节，构成一个网络，即成为网络模型。

③ 建立量化模型：这是初步量化阶段，找出每个环节前因后果的数量关系，并将相应数字填入框图中，称之为量化模型。

④ 建立动态模型：寻找环节前后因素的动态关系，也就是将前因与后果的时间序列作生成处理后，建立动态模型。

⑤ 建立优化模型：这属于决策阶段。对动态模型进行分析，提出具体措施，将动态过程品质不令人满意的模型作参数、环节、结构方面的调整，使系统按照预期发展变化过程发展，最后得出优化模型。

在水土保持规划工作中灰色模型可以用于水土保持效益分析评价，在模型的基础上还可以通过灰色系统方法进行灰色预测。

（3）灰色预测　灰色系统理论认为原始数据本身就是一种多因素综合作用的结果，正是由于各种因素的综合作用，才最终产生这一结果。与其进行因素的多层剖析，不如以原始数据为依据进行预测。这是一种新的思想、新的角度。所以灰色系统理论主张用单因素模型 GM 作预测。

灰色预测包括 5 种类型，即数列预测、灾变预测（或称之为异常值预测）、季节灾变预测（也是一种异常值预测）、拓扑预测和系统预测。它们是针对不同情况而进行的预测。

数列预测是对系统行为特征量未来发展变化的预测，是按时间序列的行为特征值建立模型。一般产值、产量的预测都是数列预测。

灾变预测是对一定时间内是否发生灾变，或某种异常的数据可能发生在何时的预测，如对旱、涝、丰年和欠年的预测均可应用灾变预测。

季节灾变预测是对在特定时区发生的事件，作未来时间分布计算的预测。特点是灾变一般仅仅发生在一年的某个特定时段，如对春雨、早霜等的预测应用季节灾变预测。

拓扑预测是对变化波形的预测。将现有的数据做成曲线，在曲线上按某个一定的值找许多发生的时刻数据，然后用时刻数据分别建立 GM 模型以预测这些值未来出现的时刻，将各个未来发生的定值连成曲线，以了解整个数据曲线未来的发展变化，称之为拓扑预测。

系统预测是将某一系统各种因素的动态关系找出，建立一串相互关联的预测模型，来了解整个系统的变化和系统中各个环节的发展变化，一般属于系统的综合研究。

2.8　系统评价方法

目前国内使用的系统评价方法有很多，但大体上可分为以下几类：专家评价法、运筹学方法和其他数学方法。其中的每一类方法中又可分为许多具体的算法，本书仅选取了几种常用的评价方法进行介绍。

2.8.1　综合评价法

评价常常需要按照一定的标准（客观/主观、明确/模糊、定性/定量），对特定事物、行为、认识、态度等评价客体的价值或优劣好坏进行评判比较的一种认知过程，同时也是一种决策过程。综合评价根据多项指标，从多个不同侧面对有关现象进行全面的综合判断，其结果更具有说服性。进行综合评价的一般步骤为：①确定综合评价的目的；②确定评价指标和评价指标体系；③确定评价指标的同向化和无量纲化方法；④确定各个评价指标的权重；⑤求综合评价值——将单项评价值综合而成。

2.8.1.1　指标同向化转换和无量纲化

（1）指标同向化处理方法　将逆指标转换为正指标的方法通常有：①转换为对应的正指标；②倒数法，$X—1/X$；③对于适度指标，通常根据实际值与适度值（K）的差距的倒数 $1/（1+|X-K|）$ 来实现。

（2）无量纲化方法　指标的无量纲化就是把不同计量单位的指标数值，改造成可以直接加总的同量纲数值，常常也称为数据的规格化（意即使之成为同一规格）。即通过数学变换，消除计量单位对原数据的影响。

指标的无量纲化是综合评价的前提，无量纲化过程实际上就建立（单项评价指标的）评价函数的过程，即是把指标实际值转化为评价值的过程。单项评价值是个相对数，它表明：从某项评价指标来看，被评价对象（在总体中）的相对地位，即被评价对象相对于总体某一对比标准（最高、最低、平均或其它水平）的相对地位。一般常用的方法有：

① 阈值法：阈值即临界值，是衡量事物发展变化的一些特殊指标值，如极大值、极小值（此时又称极值法）、满意值、不允许值、标准值（如平均数）等。

阈值法的优点是对指标个数及指标的分布无要求；转换后的数据（单项评价值）相对数的性质很明显；数据转换需要的信息量不多。事实上阈值法只利用了极大值或极小值等阈值。但是这种方法丢失了大量的原始信息，因为评价值只参考了阈值。

② 平均数比率法（均值化）、比重法：从数学角度看，二者无实质区别。在实际工作中，常常把比率称为"指数"，把对各个比率综合成总评价值的方法称为"指数法"。

③ 标准化法：在运用多元统计方法进行综合评价时用得最多的无量纲化方法就是标准化法。标准化法的特点是数据与总体的全部数据都有关，需要的信息量大（因为用到平均数）；标准化法得到的评价值在 0 的上下，一般按照 3 倍标准差的分布原则，一般在（−3,3）之内。多用于评价对象个数较多时，即要求样本数据较多（数据多时作为对比标准的平均数更具有稳定性）；原始数据大体呈正态分布时，转换结果才比较可靠。

多数场合下，同向化处理过程与无量纲化过程是同时进行的。在综合评价时，必须做到两点：①使所有的指标都从同一角度说明总体，这就提出了如何使指标同向化的问题；②所有的指标可以相加，消除指标之间不同计量单位（不同度量）对指标数值大小的影响和不能加总（综合）的问题，即对指标进行无量纲化处理。

2.8.1.2　权数（重）的确定方法

一般权数（重）主要的确定方法有如下。

（1）主观赋权法　经常采用的有：①德尔菲法（专家法）；②相邻指标比较法（先按重要性将全部评价指标排序，再将相邻指标的重要性进行比较）；③层次分析法（AHP 方法）。

（2）客观赋权法　根据指标的统计性质来考虑，它是由客观数据决定。常见的客观赋权的统计方法有：

① 变异信息构权：变异信息构权方法指标的区分度越高，对排序的影响就越大。基于这种观点，以区分度（方差）信息量为权重。目前，主要有采用根据标准差大小来确定权数和主成分分析法（PC 构权法）确定权重。严格地说，它反映的是变量之间的相关信息，而非方差信息。

② 相关信息构权：采用复相关系数法和相关系数总和法。

③ 熵信息构权：熵有不同定义，相应有不同评价方法。它本质上仍然是离散程度大-

熵值小-权大。只是定义了一个新的测度变异情况的指标（偏差度）。由此，任一相对变异指标都可用来定权。

2.8.1.3 综合评价值合成方法

由单项评价值计算综合评价值的方法，包括：①算术平均法（加法合成、加减法合成）；②几何平均法（乘法合成、乘除法合成）；③混合合成法。

具体的计算方法如下。

（1）计分法（综合计分法）　按各个评价指标的经济重要性确定标准得分，即全部指标的标准得分的总和等于 100，单项指标的标准得分就是该指标的最高分（满分，也就相当于权数）；

确定各指标的对比标准；按三档记分——改善得满分，持平得一半的分，下降得零分；加总各评价指标的实际得分。其特点是简单易行，但过于粗糙。

（2）排队计分法　将评价单位的各项评价指标依优劣秩序排队，再将名次（位置）转化为单项评价值，最后由单项评价值计算各单位的综合评价值（总分）。

$$f(K) = 100 - \frac{K-1}{n-1} \times 100 = \frac{n-K}{n-1} \times 100 \qquad \text{（式 2.9）}$$

$$\overline{f} = \frac{\sum f(k)w}{\sum w} \qquad \text{（式 2.10）}$$

其优点是简便易行，勿须另寻比较标准；各单项评价值有统一的值域；适用范围广泛（可用于定序以上层次的数据）；缺点是原始数据信息的损失较大。

（3）加权指数法

$$\text{单项评价指数公式：} k_i = \frac{\text{实际值}}{\text{对比标准值（常用平均值）}} \qquad \text{（式 2.11）}$$

$$\text{综合评价指数公式：} \overline{K} = \frac{\sum k_i w_i}{\sum w_i} \qquad \text{（式 2.12）}$$

优点是意义直观明晰；缺点是各单项评价值没有统一的值域，影响评价指标的评价值之间的可比性。

（4）最优距离法

单项评价值采用实际值与最优值的相对距离（式 2.13）：

$$Z = \frac{\sum_{i=1}^{n}\left[100 - \frac{X_i}{X_i'} \times 100\right] \times w_i}{\sum_{i=1}^{n} w_i} \qquad \text{（式 2.13）}$$

式中：Z 为综合评价值；X_i 为第 i 项指标的实际值；X_i' 为第 i 项指标的最优值；w_i 为第 i 项指标的权数；100 为给定的参数；n 为评价指标的项数。

最优值距离法的特点是综合评价值为逆指标，越小越好（与最优值越接近）；各单项评价指标的值域统一在（0，100）之间；评价结果容易受极端值影响。

2.8.2　德尔菲法

德尔菲法又称为专家咨询法，是对某一项目进行评估及预测的重要工具。该方法依靠多个专家，充分发挥专家的集体效应，消除个别专家的局限性和片面性，在定性分析的基础上，以评分的方式作出定量评估，其评估结果具有数理统计特性。然后根据对专家意见概率分布的研究来发现专家的一致性意见。

德尔菲法实施的步骤可分为以下 9 步：

第一步，提出问题。提出要作出决策、进行预测或技术咨询的问题。这是很关键的一步，无论决策、预测或技术咨询问题都应当提得清楚、确切和简明扼要。如果提出了错误的问题，或者把正确的问题用错误的方式表达，都会使德尔菲过程得不到预期的效果。

第二步，选择并确定群中的成员（反应人）。在选择成员的要求主要有：①他们的代表性应相当广泛，在成员中一般应包括技术专家、管理专家、情报专家和干部等；②他们对于需要制定决策或进行预测的问题比较熟悉，有较丰富的知识和经验，有较高的权威性；③他们对提出的问题深感兴趣，并且有时间参加德尔菲的全过程；④成员人数要适当，人数过多，数据收集和处理工作量大，过程周期长，对结果的准确性提高并不多，一般以 20～50 人为宜。有时为了其他目的，例如使德尔菲的结果得到更广泛的支持，成员的人数可以稍微多一些。

第三步，制订第一个咨询表，并散发给群成员。这个咨询表只提出决策或预测的问题，包括要达到的目标。由群成员提出要达到目标的各种可能的方案，或各种可能发生的事件。咨询表没有统一的形式，应根据提出的问题去设计，但要求符合以下原则：①表格的每一栏目要紧扣决策或预测的目标，但又不应限制反应人的思考，使他们能够充分利用自己的知识和经验去发表意见；②表格应简明扼要；③填表方式要简单。

第四步，收集第一个咨询表，并进行分析。这需要把成员们提出的那些决策方法，或预测事件进行筛选、分类、归纳和整理。

第五步，制订第二个咨询表，并散发给群成员。这一轮除了要求反应人员对一览表中列的条目继续发表补充或修改的意见外，更主要的是要求他们对表中的每个方案或事件作出评估。

第六步，收集第二个咨询表，并对数据进行统计处理，再制定第三个咨询表。

第七步，制订第三个咨询表，并散发给群成员。要求他们审阅统计的结果，了解分歧的意见及各种意见的主要理由，再对方案或事件进行新的评估。

第八步，收集第三个咨询表，并对新的数据进行统计处理。即重新计算方案或事件的平均值、方差和四分位点，对成员间的辩论作出小结。至此，完成了德尔菲法的第三轮，并为第四轮准备了第四个咨询表。

第九步，进行第四轮咨询，它不只是第三轮的重复。在第四轮之末收集和整理了第四个咨询表的结果，准备最后的报告。

2.8.3　层次分析法

层次分析法（analytic hierarchy process，AHP）是一种定性和定量相结合的、系统化的、层次化的分析方法。层次分析法的基本过程，大体可以分为如下 6 个基本步骤。

（1）明确问题　即弄清问题的范围，所包含的因素，各因素之间的关系等，以便尽量掌握充分的信息。

（2）建立层次结构　在这一个步骤中，要求将问题所含的因素进行分组，把每一组作为一个层次，按照最高层（目标层）、若干中间层（准则层）以及最低层（措施层）的形式排列起来。这种层次结构常用结构图来表示，图中要标明上下层元素之间的关系。如果某一个元素与下一层的所有元素均有联系，则称这个元素与下一层次存在有完全层次的关系；如果某一个元素只与下一层的部分元素有联系，则称这个元素与下一层次存在有不完全层次关系。层次之间可以建立子层次，子层次从属于主层次中的某一个元素，它的元素与下一层的元素有联系，但不形成独立层次。

（3）构造判断矩阵　该步骤是层次分析法的关键步骤。判断矩阵表示针对上一层次中的某元素而言，评定该层次中各有关元素相对重要性的状况。

显然，对于任何判断矩阵都应满足：

$$\begin{cases} b_{ii} = 1 \\ b_{ij} = \dfrac{1}{b_{ji}} \ (i,\ j = 1,\ 2,\ \cdots,\ n) \end{cases} \qquad （式 2.14）$$

因此，在构造判断矩阵时，只需写出上三角（或下三角）部分即可。

一般而言，判断矩阵的数值是根据数据资料、专家意见和分析者的认识，加以平衡后给出的。衡量判断矩阵质量的标准是矩阵中的判断是否具有一致性。如果判断矩阵存在关系：

$$b_{ij} = \frac{b_{ik}}{b_{jk}} (i,\ j,\ k = 1,\ 2,\ 3,\ \cdots,\ n) \qquad （式 2.15）$$

则称它具有完全一致性。但是，因客观事物的复杂性和人们认识上的多样性，可能会产生片面性，因此要求每一个判断矩阵都有完全的一致性显然是不可能的，特别是因素多、规模大的问题更是如此。为了考察层次分析法得到的结果是否基本合理，需要对判断矩阵进行一致性检验。

（4）层次单排序　层次单排序的目的是对于上层次中的某元素而言，确定本层次与之有联系的元素重要性次序的权重值。它是本层次所有元素对上一层次而言的重要性排序的基础。

层次单排序的任务可以归结为计算判断矩阵的特征根和特征向量问题，即对于判断矩阵 B，计算满足：

$$BW = \lambda_{\max}W \qquad\qquad （式 2.16）$$

式中：$\lambda_{\max}$ 为 B 的最大特征根；W 为对应于 $\lambda_{\max}$ 的正规化特征向量。

通过前面的分析可知，当判断矩阵 B 具有完全一致性时，$\lambda_{\max} = n$。但是，在一般情况下是不可能的。为了检验判断矩阵的一致性，需要计算一致性指标：

$$CI = \frac{\lambda_{\max} - n}{n-1} \qquad\qquad （式 2.17）$$

式中：当 $CI = 0$ 时，判断矩阵具有完全一致性；反之，CI 愈大，则判断矩阵的一致性就愈差。

为了检验判断矩阵是否具有令人满意的一致性，则需要将 CI 与平均随机一致性指标 RI 进行比较。一般而言，1 或 2 阶判断矩阵总是具有完全一致性的。对于 2 阶以上的判断矩阵，其一致性指标 CI 与同阶的平均随机一致性指标 RI 之比，称为判断矩阵的随机一致性比例，记为 CR。一般地，当 $CR = \dfrac{CI}{RI} < 0.10$ 时，就认为判断矩阵具有令人满意的一致性；否则，当 $CR \geqslant 0.10$ 时，就需要调整判断矩阵，直到满意为止（表 2-2）。

表 2-2　平均随机一致性指标

阶数	1	2	3	4	5	6	7	8	9	10	11	12	13
RI	0	0	0.58	0.90	1.12	1.24	1.32	1.41	1.45	1.49	1.52	1.54	1.56

（5）层次总排序　利用同一层次中所有层次单排序的结果，就可以计算针对上一层次而言的本层次所有元素的重要性权重值，这就称为层次总排序。层次总排序需要从上到下逐层顺序进行。对于最高层，其层次单排序就是其总排序。显然，即层次总排序为归一化的正规向量。

$$\sum_{i=1}^{n} \times \sum_{j=1}^{m} a_j b_i^{j} = 1 \qquad\qquad （式 2.18）$$

（6）一致性检验　为了评价层次总排序的计算结果的一致性，类似于层次单排序，也需要进行一致性检验。为此，需要分别计算下列指标：

$$CI = \sum_{j=1}^{m} a_j CI_j \qquad\qquad （式 2.19）$$

$$RI = \sum_{j=1}^{m} a_j RI_j \qquad \text{（式 2.20）}$$

$$CR = \frac{CI}{RI} \qquad \text{（式 2.21）}$$

式 2.19 中：CI 为层次总排序的一致性指标；CI_j 为与 a_j 对应的 B 层次中判断矩阵的一致性指标。式 2.20 中：RI 为层次总排序的随机一致性指标；RI_j 为与 a_j 对应的 B 层次中判断矩阵的随机一致性指标。式 2.21 中：CR 为层次总排序的随机一致性比例。

同样，当 $CR < 0.10$ 时，则认为层次总排序的计算结果具有令人满意的一致性；否则，就需要对本层次的各判断矩阵进行调整，从而使层次总排序具有令人满意的一致性。

2.8.4 模糊评价法

模糊评价法是基于模糊数学的理论，给每一个评价因素赋予评语，将该因素与系统的关系用 0~1 之间连续值中的某一数值来表示。以社会经济发展评价为例。

2.8.4.1 建立评价因素集

指标因子集 $U = \{U_1$（社会因子），U_2（经济因子），U_3（环境因子）$\}$；

因子评语集 $V = \{V_1$（社会因子评语），V_2（经济因子评语），V_3（环境因子评语）$\}$，其中：V_1，V_2，$V_3 = \{V_1$（很好），V_2（较好），V_3（较差），V_4（很差）$\}$；

因子权重集 $A = \{A_1$（社会因子权重），A_2（经济因子权重），A_3（环境因子权重）$\}$，其中：

$$A_1 = (a_{11}, a_{12}, \cdots, a_{1n});$$
$$A_2 = (a_{21}, a_{22}, \cdots, a_{2m});$$
$$A_3 = (a_{31}, a_{32}, \cdots, a_{3i})。$$

2.8.4.2 确定模糊关系

模糊关系矩阵 $R = \{R_1$（社会因子模糊关系矩阵），R_2（经济因子模糊关系矩阵），R_3（环境因子模糊关系矩阵）$\}$，公式如（式 2.22）：

$$R_i = R_{i \times p}^1 \begin{bmatrix} r_{11} & r_{12} & \cdots & r_{1p} \\ r_{21} & r_{22} & \cdots & r_{1p} \\ \vdots & \vdots & \vdots & \vdots \\ r_{i1} & r_{i2} & \cdots & r_{ip} \end{bmatrix} \qquad \text{（式 2.22）}$$

式中：r 为指标因子 U 所得的 p 种不同评语的概率数。

2.8.4.3 分组综合评价

设评价集 $B = \{B_1$（社会生活水平评价值），B_2（经济发展水平评价值），B_3（生态环境质量评价值）}，其中（式 2.23）：

$$B_i = A_i R_i \qquad \text{（式 2.23）}$$

经矩阵运算后，$B_n \approx B_n + 1$，满足评价要求，则得到 i 组评价值，$B_i = (b_{i1}, b_{i2}, \cdots, b_{ip})$，则评判值 $b^* = \max(b_{i1}, b_{i2}, \cdots, b_{ip})$，$b$ 与评语集中的 v 相对应。

2.8.4.4　总体综合评价

给出因子 U 对系统发展的贡献权重 A'，计算总体综合评价值 H。

$$H = A'B = (a_1, a_2, \cdots, a_p) \begin{bmatrix} b_{11} & b_{12} & \cdots & b_{1p} \\ b_{21} & b_{22} & \cdots & b_{2p} \\ \vdots & \vdots & \vdots & \vdots \\ b_{i1} & b_{i2} & \cdots & b_{ip} \end{bmatrix} = (h_1, h_2, \cdots, h_p) \qquad \text{（式 2.24）}$$

则评判值 $h^* = \max(h_1, h_2, \cdots, h_p)$，此值所对应的评语集中的 r_i 即为最后的评价结果。

思 考 题

1. 进行水土保持规划时，需要应用哪些技术手段和方法？
2. 人地协调与可持续发展理论在水土保持规划中起什么作用？

本章推荐书目

1. 水土保持学（第二版）. 王礼先，朱金兆. 中国林业出版社，2005
2. 数据分析方法. 梅长林，范金城. 高等教育出版社，2006
3. 系统评价方法及应用. 陈晓剑，梁梁. 中国科学技术大学出版社，1993

第 ③ 章
水土流失综合调查与勘测

[本章提要]

本章主要阐述水土流失综合调查的内容、方法以及水土保持勘测的内容、方法等。

我国是世界上水土流失最严重的国家之一，由于特殊的自然地理环境和社会经济条件，水土流失已成为我国最主要的环境问题之一。为更好地开展水土保持工作，科学合理进行水土保持工程规划设计，有效防治水土流失，须进行水土保持调查与勘测，收集项目区及工程区地形地貌、地质、水文气象、土壤植被、社会经济、土地利用、水土流失与水土保持等资料。

3.1 综合调查的内容

水土流失综合调查是进行水土保持规划和设计的基础。其内容可从自然地理环境、自然资源、水土流失、水土保持、社会经济情况这几个方面加以概括。

3.1.1 自然地理环境

3.1.1.1 地质地貌

（1）地质、岩石 包括地质构造、地层、岩石种类、分布面积范围、风化程度、风化层厚度以及突发性和灾害性地质现象等。

（2）地貌

① 宏观地貌：作为大面积水土保持规划中划分类型区的主要依据之一，应了解山地（高山、中山、低山）、高原、丘陵、平原、阶地、沙漠等地形以及大面积的森林、草原等天然植被。中国山地、丘陵和平原等级分类见表3-1、表3-2。

表 3-1　中国山地和丘陵等级系统

名称	海拔高度（m）	相对高度（m）
极高山	>5000	极大起伏的 >2500
		大起伏的 1000～2500
		中起伏的 500～1000
		小起伏的 200～500
高山	3500～5000	极大起伏的 >2500
		大起伏的 1000～2500
		中起伏的 500～1000
		小起伏的 200～500
中山	1000～3500	极大起伏的 >2500
		中起伏的 500～1000
		小起伏的 200～500
低山	500～1000	中起伏的 500～1000
		小起伏的 200～500
丘陵		高丘陵 100～200
		低丘陵 <100

表 3-2　中国平原等级系统

分类指标	名称	海拔高度（m）	坡度（°）
按高度分	高平原	200～600	
	低平原	0～200	
	洼地	<0	
按形态分	平坦的		<2°
	倾斜的		>2°
	起伏的		>2°，相向或相背倾斜
	凹伏的		>2°，倾向中心
按成因分	侵蚀平原	三角洲、冲积平原、洪积平原、湖积平原、干燥堆积平原、风积平原、黄土堆积平原、岩溶堆积平原、冰碛平原、冰水平原、海积平原	
	剥蚀平原	侵蚀剥蚀平原、湖蚀平原、干燥剥蚀平原、风蚀平原、溶蚀平原、冰蚀平原、海蚀平原	

② 微观地貌：以小流域为单元进行地形测量；或利用现有的地形图进行有关项目的量

算，并在上、中、下游各选有代表性的坡面和沟道，逐坡逐沟地进行现场调查，了解以下情况：流域地理位置、面积、高程、高差、流域干沟、支沟长度、宽度、沟底平均比降、流域形状、地貌类型、坡面坡度、沟壑密度等。

3.1.1.2　土壤和地表物质

（1）宏观土壤调查　主要针对大的区域，土壤资料主要包括能反映规划区土壤有关特征的土壤普查资料、土壤类型分布图等。作为大面积水土保持规划中划分类型区的主要依据之一，在具体调查时，应注意以下几点：

① 根据山区地面组成物质中土与石占地面积的比例划分石质山区、土质山区或土石山区。划分的标准是：以岩石构成山体、基岩裸露面积大于70%者为石质山区；以各类土质构成山体、岩石裸露面积小于30%者为土质山区；介于二者之间为土石山区。着重了解裸岩面积的变化情况。对土层较薄、土地"石化""沙化"较严重的地方，需了解其土层厚度与每年冲蚀厚度，计算其侵蚀"危险程度"（土层被冲光年代）。

② 根据丘陵或高原地面组成物质中大的土类进行划分。如东北黑土区、西北黄土区、南方红壤区等。着重了解土层厚度的变化情况。

③ 根据地面覆盖明沙的程度确定沙漠或沙地的范围（如我国西北、华北、东北的风沙区，中部黄河故道的沙地和东南沿海的沙滩等）。着重了解沙丘移动情况和规律、沙埋面积、厚度及沙化土地扩大情况。

（2）微观土壤调查　除土壤普查资料、土壤类型分布等外，还需调查坡、沟等不同地貌部位的土壤情况，作为治理措施布局的依据。

① 调查坡沟不同部位的土层厚度、土壤质地、容重、孔隙率、氮、磷、钾和有机质含量，了解其对农、林、牧业的适应性，作为土地资源评价的依据之一。

② 对于坡耕地，重点调查其土层厚度是否能适应修建水平梯田。对于荒山荒坡，也应调查其土层厚度，以便规划中采取适应的树种和整地工程。

③ 对需要取土、取石作为修筑坝库建筑材料的地方，对土料场、石料场的情况应作详细调查。了解土料、石料的位置、数量和质量。

3.1.1.3　气象资料

气象资料主要包括多年平均降水量、最大年降水量、最小年降水量、降水年内分布、多年平均蒸发量、年平均气温、大于等于10℃的年活动积温、极端最高温度、极端最低温度、年均日照时数、无霜期、冻土深度、年平均风速、最大风速、大于起沙风速的日数、大风日数、主害风风向等。

3.1.1.4　水文资料

水文资料主要包括规划区域所属流域、水系、地表径流量、年径流系数、径流年内分配情况、含沙量、输沙量等水文泥沙情况。

3.1.1.5　植被资料

植被资料主要包括规划区植被分布图、主要植被类型和树（草）种、林草覆盖率以及有关的林业区划成果等。

3.1.2　自然资源

3.1.2.1　土地资源

（1）土地类型调查　土地类型是按土地在自然环境中形成、发育规律而进行分类的，是具有相同土地自然要素，如气候、植被、土壤、水文、地貌等特性的自然综合体，反映了土地自然特点的差异性。在水土保持调查中，一般按土地所在位置及其地貌特征划分土地类型。

（2）土地利用现状调查　按照国家标准进行土地利用现状分类调查，确定不同土地类型的土地利用方式、面积、土地的质量等。

3.1.2.2　水资源

水资源以调查地表水资源为主，同时调查地下水。主要内容包括：年径流量、暴雨量、洪峰流量、洪水过程线、年际及年内分布、可利用的水量等；地下水资源类型、储量、分布、可开发利用量等；地表水和地下水资源的水质，是否符合生活饮用水水质标准或农田灌溉用水水质标准。

（1）宏观调查　收集水利部门的水利区划成果和水文站的观测资料，结合局部现场调查验证，着重了解以下内容。

① 年均径流深的地区分布。根据河川径流和地表径流等值线图，按不同年均径流深将规划范围划分为不同的径流带，见表 3-3 所示。

表 3-3　径流带的划分

径流带	丰水带	多水带	足水带	少水带	缺水带	干涸带
年均径流深（mm）	>800	600～800	200～600	50～200	10～50	<10

② 了解各径流带分布范围与面积、人均水量（m^3/人）和单位面积耕地平均水量（m^3/hm^2）。尤其是调查人畜饮水困难地区的分布范围、面积、涉及的县、乡、村与人口、牲畜数量、具体困难程度和解决的途径。

③ 不同类型地区地表径流的年际分布（最大、最小、一般）与年内季节分布（汛期洪水占年总径流的比重）。

④ 河川径流含沙量（kg/m³，最大、最小、一般），河川径流利用现状、存在问题与发展前景。

（2）微观调查　以小流域为单元，在上、中、下游干沟和主要支沟进行具体调查。调查非汛期的常水流量和汛期中的洪水流量、含沙量。

3.1.2.3　气候资源

① 光能：主要包括太阳辐射和日照时数。
② 热量：农业界限温度稳定出现的始现、终止日期，持续日期，积温，无霜期，最热月和最冷月的平均温度等。
③ 降水：多年平均降水量及其分配情况；年均及最大、最小蒸发量，干燥度，主要暴雨特征值等。
④ 风：平均和最大风速，大风日数，风向，风季等。
⑤ 气象灾害：涝灾、旱灾、风灾、冻灾及病虫等灾害天气出现时间、频率及危险程度等。

3.1.2.4　生物资源

着重调查有开发利用价值的植物资源和动物资源，以植物资源为主。
（1）植物资源
① 森林：森林的起源，结构，类型，树种，年龄，平均树高，平均胸径，林冠郁闭度；灌草的覆盖度，生长势，枯枝落叶层等。
② 草地：草地的起源，类型，覆盖度，草种，生长势，草原高度，草场利用方式和利用程度，轮牧、轮作周期等。
③ 农作物：作物的种类，品种，播种面积，作物产量等。
（2）动物资源
① 野生动物：包括物种、数量、利用观赏价值等。
② 人工饲养动物：种类、数量、用途、饲养方式等。

3.1.2.5　矿产资源

矿产资源包括矿产资源的类别、储量、品种、质量、分布、开发利用条件等。
应着重了解煤、铁、铝、铜、石油、天然气等各类矿藏分布范围、蕴藏量、开发情况、矿业开发对当地群众生产生活和水土流失、水土保持的影响、发展前景等。对因开矿造成水土流失的，应选有代表性的位置，具体测算其废土、弃石剥离量与年均新增土壤流失量。

3.1.2.6　旅游资源

旅游资源的类型、数量、质量、特点、开发利用条件及其价值等。

3.1.3　水土流失

3.1.3.1　水土流失情况

水土流失的类型、分布、强度、潜在危险程度。着重调查不同侵蚀类型（水力侵蚀、重力侵蚀、风力侵蚀）及其侵蚀强度（微度、轻度、中度、强度、极强度、剧烈）的分布面积、位置与相应的侵蚀模数，并据此推算调查区的年均侵蚀总量。

水土流失危害包括对当地的危害和对下游的危害两方面。

（1）对当地的危害　对当地的危害着重调查降低土壤肥力和破坏地面完整。包括以下内容。

① 降低土壤肥力：在水土流失严重的坡耕地和耕种多年的水平梯田田面，分别取土样进行物理、化学性质分析，并将其结果进行对比，了解由于水土流失，使土壤含水量和氮、磷、钾、有机质等含量变低、孔隙率变小、容重增大等情况，同时，相应地调查由于土壤肥力下降增加了干旱威胁、使农作物产量低而不稳等问题。

② 破坏地面完整：对侵蚀活跃的沟头，现场调查其近几十年来的前进速度（m/a），年均吞蚀土地的面积（hm^2/a）。用若干年前的航片、卫片，与近年的航片、卫片对照，调查由于沟壑发展使沟壑密度（km/km^2）和沟壑面积（km^2）增加，相应地使可利用的土地减少。崩岗破坏地面的调查与此要求相同。

③ 调查由于上述危害造成当地人民生活贫困、社会经济落后，对农业、工业、商业、交通、教育等各业带来的不利影响。

（2）对下游的危害　对下游的危害主要调查如下。

① 加剧洪涝灾害：调查几次较大暴雨中，没有进行水土保持的小流域及流域出口处附近平川地遭受洪水危害情况，包括冲毁的房屋、田地、伤亡的人畜、各类损失折合为货币（元）。

② 泥沙淤塞水库、塘坝、农田：调查在规划范围内被淤水库、塘坝、农田的数量（座、hm^2）、损失的库容（m^2），按建筑物造价将每立方米库容折算为货币（元）；被淤农田（或造成"落河田"）每年损失的粮食产量（kg）折合为货币（元）。

③ 泥沙淤塞河道、湖泊、港口：

• 调查影响航运里程。调查其在若干年前的航运里程，与目前航运里程对比（注意指出可能还有其他因素）。

• 调查影响湖泊容量、面积及其对国民经济的影响。

• 调查影响港口深度、停泊船只数量、吨位等。

3.1.3.2　水土流失影响因素

（1）自然因素　规划范围内水力侵蚀地区有关地形、降雨、土壤（地面组成物质）、植被等主要自然因素；风力侵蚀地区风速、起沙风速的日数及分布、地表粗糙度、植被盖度和地下水位变化等自然因素对水土流失的影响。

（2）人为因素　以完整的中、小流域为单元，全面系统地调查流域内近年来（可从1980年开始）由于开矿、修路、陡坡开荒、滥牧、滥伐等人类活动破坏地貌和植被、新增的水土流失量，并结合水文观测资料，分析各流域在大量人为活动破坏以前和以后洪水泥沙变化情况。

3.1.4　水土保持

各项水土保持生态环境建设工作包括水土保持机构建设、配套法规和制度、重点项目、科技推广、水土保持监测、监督管理等现状、水土保持措施的数量、质量及其分布、投入定额、效益、经验和存在问题。

3.1.4.1　水土保持现状调查

（1）水土保持发展过程

着重了解规划范围内水土保持工作开始的时间（a），其中经历的主要发展阶段，各阶段工作的主要特点，整个过程中实际开展治理的时间（a）。

（2）水土保持成就

① 调查各项治理措施的开展面积和保存面积，各类水土保持工程的数量、质量。

② 在小流域调查中还应了解各项措施与工程的布局是否合理，水土保持治沟骨干工程的分布与作用。

③ 大面积调查中应了解重点治理小流域的分布与作用。

④ 各项治理措施和小流域综合治理的调水保土效益、经济效益、社会效益、生态效益。

3.1.4.2　水土保持经验和问题

（1）水土保持经验

① 水土保持措施经验：着重了解水土保持各项治理措施如何结合开发、利用水土资源建立商品生产基地，为发展农村市场经济、促进群众脱贫致富奔小康服务的具体作法。其中包括各项治理措施的规划、设计、施工、管理、经营等全程配套的技术经验。

② 水土保持领导经验：着重了解如何发动群众、组织群众，如何动员各有关部门和全社会参加水土保持，如何用政策调动干部和群众积极性的具体经验。

（2）水土保持中存在的问题

① 工作中的问题：着重了解工作过程中的失误和教训，包括治理方向、治理措施、经营管理等方面工作中存在的问题。

② 外部环境的问题：了解客观上的困难和问题，包括经费困难、物资短缺、人员不足、坝库淤满需要加高、改建等问题。

（3）今后开展水土保持工作的建议　根据规划区的客观条件，针对水土保持现状与存在问题，提出开展水土保持的原则意见，供规划工作中参考。

3.1.4.3　水土保持预防和监管调查

主要从预防保护和监督管理两大方面全面调查预防和监管工作情况，包括水土保持机构建设、配套法规和制度、取得的主要经验和存在的问题。

3.1.4.4　水土保持监测调查

包括水土保持监测工作的开展情况、监测网络的布设、监测机构、人员，监测的成果，生产建设项目监测工作情况。

3.1.4.5　水土保持科技推广情况调查

包括水土流失防治技术及重大科研项目成果推广情况、科技平台建立情况、科普宣传情况，公众认知情况，尤其是推广宣传的有效辐射范围、推广宣教途径和模式。

3.1.5　社会经济

3.1.5.1　人口和劳动力

（1）户数　总户数、农业户数、非农户数。

（2）人口　总人口、男女人口、人口年龄结构、人口密度、出生率、死亡率和人口自然增长率、平均年龄、老龄化指数、抚养指数、城镇人口、农村人口、农村人口中从事农业和非农业的人口等。

（3）劳动力　总劳动力、劳动力结构、劳动力使用情况等。

（4）人口质量　人口的文化素质（文化程度、科技水平、劳动技能、生产经验等）、人口体力等。

3.1.5.2　生产情况

（1）产业结构　农林牧副工商业的产值结构、产品结构、土地利用结构等。

（2）生产水平和技术

① 种植业：耕地组成、作物组成、各类作物的投入和产出状况、生产方式、生产工具和管理水平等。

② 林果业：林种、树种、产值、产品及投入产出状况、管理技术、作业工具、方式等。

③ 畜牧业：畜群结构、畜产品及产值、投入产出状况、饲养规模、水平等。

④ 副业：主要副业类型、投入产出状况等。

⑤ 渔业：人工养殖和天然捕捞的产品种类、利用或捕捞水面的面积、产品产值、投入

产出状况和技术水平等。

⑥ 其他产业：包括工业、建筑业、交通运输业、服务行业的产品、产值、发展前景等。

3.1.5.3　群众生活水平

（1）收入水平　人均收入、收入来源。

（2）生活、消费水平　人均居住面积、平均寿命、适龄儿童入学率、消费支出、消费结构、能源消耗的种类、来源等，人畜饮水困难和燃料、饲料、肥料缺乏情况。

3.1.5.4　社会经济环境

（1）政策环境　国家目前所采取的有关水土保持生态环境建设、资源保护、投资等方面的政策。

（2）交通环境　流域内外的交通条件。

（3）市场条件　包括市场的远近、规模、产品的需求等。

3.1.6　其他

3.1.6.1　规划区域分布、规划、管理办法相关资料

涉及的自然保护区、名胜风景区、地质公园、文化遗产保护区、重要生态功能区、水功能区划、重要水源地等分布、规划、管理办法等相关资料。

3.1.6.2　相关规划资料

包括主体功能区规划、生态功能区划、土地利用总体规划、水资源规划、城乡规划、环境保护规划、生态保护与建设规划、林业区划与规划、草原区划与规划、农业区划与规划、国土整治规划等资料。

3.1.6.3　人文景观资料

规划区内少数民族聚集区、文物古迹及人文景观等方面资料。

3.2　综合调查的方法

3.2.1　询问调查

询问调查是将拟调查事项，有计划地以多种询问方式向被调查者提出问题，通过他们的回答来获得有关信息和资料的一种调查方法。询问调查是一种广泛应用于社会和市场调

查的方法，也是国际上通用的一种调查方法。

询问调查主要应用于调查公众对水土保持政策法规的了解和认识程度，对水土流失及其防治的观点和看法，对水土流失危害和水土保持的认识与评价，以及公众对水土保持的参与程度；调查专家对水土保持政策、法规及水土保持科学技术的研究、推广和应用的认识、看法与观点；总结水土流失及其防治方面的经验、存在的问题和解决的办法。同时通过询问可进一步了解和掌握与水土保持有关的一些社会经济情况，弥补统计资料的遗漏与不足。

询问调查可分为面谈、电话访问、发表调查、问卷调查、邮送或网络调查等多种形式。

询问调查的最大特点在于整个访问过程是调查者与被调查者直接（或间接）见面，相互影响、相互作用。因此询问调查要取得成功，不仅要求调查者做好各种调查准备工作，熟练掌握访谈技巧，还要求被调查者的密切配合。

3.2.2　收集资料

收集资料是调查中最便捷的一种方法，它能够有效利用已有的各种资料，为水土保持规划和设计服务，其费用低、效率高。但在众多的资料中分析出有用的数据和成分是收集资料的关键。收集资料主要是指收集、取得并利用现有资料，对某一专题进行研究的一种调查形式。

收集资料应用于水土保持可调查的内容有：①项目区的水土流失影响因子，包括地质、地貌、气候、土壤、植被、水文、土地利用等；②与水土保持有关的一些社会经济指标，如人口、经济发展指标、土地利用情况等；③其他相关资料，如现场调查需要使用的图件、遥感资料以及区域水土保持规划、措施及防治效果和相关资料等。

3.2.3　典型调查

典型调查是一种非全面调查，即从众多调查研究对象中有意识地选择若干具有代表性的对象进行深入、周密、系统地调查研究。

典型调查可应用于：①水土流失典型事例及灾害性事故调查，包括滑坡、崩岗、泥石流、山洪等；②小流域综合治理调查，包括水土保持措施新技术推广示范调查及水土保持政策、经验调查；③全国重点流域治理、重点示范流域及示点城市和开发建设项目水土流失及防治调查，重点或示范流域的典型调查内容应根据每次调查的任务确定，包括自然条件、社会经济、土地利用、水土流失及其危害、水土保持等。

3.2.3.1　典型对象的选择

典型调查的首要问题是根据调查研究的具体要求选择具有充分代表性的典型对象。例如，为了总结推广先进经验，就应选择先进的典型；为了吸取失败的教训，就应选择后进的典型；如选择典型小流域，小流域的自然社会经济和水土流失就应能反映典型区域的一般情况，总之为了反映一般情况，应选择具有广泛代表性的典型。总之，典型调查应根据实际情况，灵活运用各种典型，达到调查研究的目的。

3.2.3.2 拟订典型调查方案

典型调查要有调查方案，调查方案应结合典型调查的特点拟订，方案中应包括：①搜集数字资料的表式和了解具体情况的提纲；②搜集典型资料的方式方法：应充分利用原始资料，采取小组座谈、开调查会、个别询问、实地查勘等多种方案进行典型调查。

3.2.3.3 调查方法

水土保持典型调查，可采用资料搜集、实地考察和测量、开调查会、访问等多种形式。可根据实际要求，布设样地或选择典型小流域、典型行政区域进行临时调查，也可设置固定连续观测点。重点或示范小流域综合治理典型调查，一般应采用 1：10000 或 1：5000 的地形图或航片，逐个图斑进行调查、绘制。中大流域可采用 1：10000 或 1：50000 的地形图或相应比例的航片，也可采用卫片或卫星数据资料，逐个图斑进行调查、判读、绘制。不同的工作阶段，调查内容的深度有不同要求。

（1）植被的调查 在可行性研究阶段（包括项目建议书）可采用线路调查、询问调查、典型调查、抽样调查或收集现有资料等方法，初步设计阶段应开展样方调查。

（2）土地利用现状调查 在可行性研究阶段（包括项目建议书）可在国土部门资料的基础上开展工作，初步设计阶段应进行现场调绘和核查。

（3）水土保持综合治理工程调查

① 项目建议书和可行性研究阶段以搜集资料和踏查为主，典型小流域应进行详细调查。

② 崩岗治理、石漠化治理、滑坡和泥石流治理工程等除开展一般调查外，还应开展专项调查。

③ 生产建设项目主体工程的平面布局、施工组织可采用收集相关资料及设计文件的方法。工程建设可能影响的范围应采用资料收集与实地调查相结合的方法。

3.2.4 重点调查

重点调查是一种非全面调查，它是在调查总体中选择一部分重点对象作为样本进行调查。重点调查对象的标志在总体标志总量中占的比重较大，因此能够反映总体情况或基本趋势。但重点调查的对象与一般对象有较大的差异，不具有普遍性，并不能以此来推算总体。

重点调查适用于全国或大区域范围内对重点治理流域、重点示范流域及重点城市和开发建设项目水土流失及其防治、水土保持执法监督规范化建设等项目的详细调查，以便掌握全国或大区域范围内的水土保持总体情况。采用方法可参照典型调查。重点调查可以是一次性调查，也可以定期进行调查。

3.2.5 抽样调查

抽样调查是一种非全面调查，是在被调查对象总体中，抽取一定数量的样本，对样本指标进行测量和调查，以样本统计特征值（样本统计量）对总体的相应特征值（总体参数）作出具有一定可靠性的估计和推断的调查方法。

抽样调查可用于：①抽样调查在监测样点布设不足的情况下，补充布设监测样点，开展对遥感监测的实地检验；②在一定区域范围内土地利用类型变动和土壤侵蚀类型及程度的监测；③综合治理和开发建设项目中水土保持措施质量的监测；④水土保持措施防治情况及植被状况调查。

3.2.6 普查

3.2.6.1 概述

普查也叫全面调查，指对调查总体中的每一个对象进行调查的一种调查组织形式。普查相比其他调查方法，取得的资料更全面、更系统。

普查可分为逐级普查、快速普查、全面详查、线路调查。逐级普查是按照部门分级，从最基层全面调查开始，一级一级向上汇总。快速普查则是根据需要以报表、网络、电话等多种形式进行快速调查汇总的一种方法。全面详查是对某一区域进行非常详尽的全面调查，如全国土地详查，由村一级起，采用万分之一的地形图野外调绘，结合室内航片判读进行。线路调查是地质、地貌、植被、土壤普查的一种特殊方式，是以线代面的一种调查方法。

3.2.6.2 水土流失（土壤侵蚀）普查

水土流失（土壤侵蚀）普查综合利用野外分层调查、遥感解译、统计报送、模型计算等多种技术方法和手段进行，主要工作环节包括野外调查资料准备、野外调查、数据处理上报、水土流失（土壤侵蚀）现状评价四部分。

普查内容包括调查水土流失（土壤侵蚀）影响因素（包括气象、地形、植被、土壤、土地利用等）的基本状况，评价水土流失（土壤侵蚀）的分布、面积与强度，分析水土流失（土壤侵蚀）的动态变化和发展趋势。

3.2.6.3 常用的水土流失普查方法

（1）抽样调查 按一定原则和比例在区域范围内抽查，调查抽样单元或地块的侵蚀因子状况，再利用土壤侵蚀预报模型估算土壤流失量，进而根据不同目的进行各层次管理或自然单元汇总。该方法以美国为代表，在 1977—1997 年间每隔 5 年进行 1 次，共进行了 5 次，从 2000 年开始每年进行。

（2）网格估算　按一定空间分辨率将区域划分网格（网格大小取决于可获得数据的空间分辨率），基于 GIS 技术支持，利用土壤侵蚀预报模型估算各网格土壤流失量，进而根据不同目的进行不同层次的单元汇总。该方法以澳大利亚和欧洲各国为代表，从 21 世纪初开始进行。

（3）遥感调查　基于遥感影像资料和 GIS 技术，选择一定的空间分辨率，利用全数字化的人机交互伴读方法，通过分析地形、土地利用、植被覆盖等因子，确定土壤侵蚀类型及强度与分布。该方法以我国为代表，从 20 世纪 80 年代至今进行了 3 次。

3.2.6.4　普查表设计与填报

在设计普查表时，首先应明确填表机构，即填报各类气象数据或野外调查信息的最基层单位。例如：以县为单位填报，则普查表首行需给出填报的县级行政区名称和代码。其次，需明确气象站或调查单位所在位置，即填报经纬度信息。再次，应包含所有的普查指标名称，明确其计量单位。例如：水利侵蚀调查信息包括土地利用和植物措施、工程措施及耕作措施，要明确类型和代码，对于特殊情况要备注标明。最后，应按照普查工作流程为填表人、复核人和审查人设计签名、盖章的位置，保证数据质量控制措施落实到具体的工作者和机构。

普查表的填报说明是普查表必不可少的组成部分。在编写填报说明时，应明确说明普查表中各个指标的含义和计量单位、填写要求，以及数据审核与控制的量化关系，避免概念与含义上的歧义，消除理解的不一致，排除不合理数据。

3.2.7　水土流失调查

水力侵蚀分布范围广、面积大，基本上涉及到农、林、牧等各业用地。在调查时，将水力侵蚀分为溅蚀和面蚀、沟蚀、山洪侵蚀 3 大类进行。溅蚀是面蚀的初期形式，溅蚀主要发生于裸露的地表，其进一步发展必然是面蚀。因此，在进行调查时溅蚀不单独作为一种土壤侵蚀形式，而将其归并到面蚀之内。

3.2.7.1　面蚀调查

溅蚀和面蚀是我国山区丘陵区中分布最广、面积最大的两种土壤侵蚀形式。由于面蚀发生的地质条件、土地利用状况和发展的阶段不同，面蚀又分为层状面蚀、砂砾化面蚀、鳞片状面蚀和细沟状面蚀 4 种形式。

（1）农耕地面蚀

在坡面农耕地上，面蚀形式主要有均质土（黄土地区）上的层状面蚀、粗骨土（土石山区）上的砂砾化面蚀，当以上两种面蚀发生较为严重时就转化为细沟状面蚀。

① 面蚀程度调查：农耕地面蚀程度调查主要以年平均土壤流失量作为判别指标，当实际的土壤流失量在允许的土壤流失量范围之内时，就可以认为没有面蚀发生。因目前还未制定出不同土壤侵蚀类型区允许土壤流失量的国家标准，表 3-4 中的值可作为实际应用中参考。

表 3-4　不同水土流失类型区允许土壤流失量

土壤侵蚀类型区	允许土壤流失量[t/(km²·a)]	土壤侵蚀类型区	允许土壤流失量[t/(km²·a)]
西北黄土高原区	1000	南方红壤丘陵区	500
东北黑土区	200	西南土石山区	500
北方土石山区	200		

常用现场剖面对比分析法，间接推算出土壤流失的数量，由此确定农耕地上的面蚀程度。

一般情况下表土流失的厚度，将面蚀程度分为 4 级，各级的耕作土壤情况及其程度划分标准见表 3-5。

表 3-5　农耕地面蚀程度与土壤流失量关系

面蚀程度	土壤流失相对数量
1 级无面蚀	耕作层在淋溶层进行，土壤熟化程度良好，表土具有团粒结构，腐殖质损失较少
2 级弱度面蚀	耕作层仍在淋溶层进行，但腐殖质有一定损失，表土熟化程度仍属良好，具有一定量团粒结构，土壤流失量小于淋溶层的 1/3
3 级中度面蚀	耕作层已涉及淀积层，腐殖质损失较多，表土层颜色明显转淡。在黄土区通体有不同程度的碳酸钙反应，在土石山区耕作层已涉及到下层的风化土沙，土壤流失量占到淋溶层的 1/3～1/2
4 级强度面蚀	耕作层大部分在淀积层进行，有时也涉及到母质层，表土层颜色变得更淡。在黄土区通体有不同明显的碳酸钙反应，在土石山区已开始发生土沙流泻山腹现象，土壤流失量大于淋溶层的 1/2

② 面蚀强度判定：面蚀强度是在不改变土地利用方向和不采取任何措施的情况下，今后面蚀发生发展的可能性大小。因此，农耕地面蚀强度是根据某些影响土壤侵蚀的因子进行判定而得到的。

一般情况下是根据农耕地田面坡度大小，对其发生强度进行判定。常将农耕地上的面蚀强度划分为 5 级，有时也可根据具体要求进行适当增减。农耕地田面坡度与其面蚀强度划分标准见表 3-6。

表 3-6　农耕地田面坡度与其面蚀强度划分标准

等级	面蚀强度	田面坡度
1 级	无面蚀危险的	≤3°
2 级	有面蚀危险的（包括细沟状面蚀）	3°～8°
3 级	有面蚀危险和沟蚀危险的	8°～15°
4 级	有面蚀危险、沟蚀危险的	15°～25°
5 级	有重力侵蚀危险的	>25°

（2）非农耕地面蚀

在非农耕地坡面上，由于人为不合理活动如过度采樵、放牧和自然原因，使植物种类减少，生长退化，覆盖率降低，导致发生鳞片状面蚀。鳞片状面蚀发生程度及其发展强度主要与地表植物的生长状况、覆盖率高低和分布是否均匀等因素有关。

① 面蚀程度调查：鳞片状面蚀程度调查，主要参照地表植物的生长状况、分布情况和其覆盖率的高低来确定。有植物生长部分（鳞片间部分），地表鳞片状面蚀没用或较轻微；无植物生长部分（鳞片状部分），地表有鳞片状面蚀或较严重。一般地常将鳞片状面蚀程度划分为 4 级，各级植物生长状况描述见表 3-7。

表 3-7　地表植物生长状况与鳞片状面蚀程度划分标准

等级	鳞片状面蚀程度	地表植物生长状况
1 级	无鳞片状面蚀	地面植物生长良好，分布均匀，一般覆盖率大于 70%
2 级	弱度鳞片状面蚀	地面植物生长一般，分布不均匀，可以看出"羊道"，但土壤尚能连接成片，鳞片部分土壤较为坚实，覆盖率为 50%～70%
3 级	中度鳞片状面蚀	地面植物生长较差，分布不均匀，鳞片部分因面蚀已明显凹下，鳞片间部分土壤丛尚好，覆盖率为 30%～50%

② 面蚀强度判定：鳞片状面蚀强度判定标准，主要是参照地表植物的生长趋势及其分布状况来进行的，通常将鳞片状面蚀强度判定分为 3 级，各级鳞片状面蚀强度与地面植物生长趋势，见表 3-8 所示。

表 3-8　地表植物生长趋势与鳞片状面蚀强度划分标准

等级	鳞片状面蚀强度	地表植物生长趋势
1 级	无鳞片状面蚀危险的	自然植物生长茂密，分布均匀
2 级	鳞片状面蚀趋向恢复的	放牧和樵采等利用逐渐减少，植物覆盖率在增加，生长逐渐壮旺，鳞片状部分"胶面"和地衣苔藓等保存较好，占 70% 以上未被破坏
3 级	鳞片状面蚀趋向发展的	放牧和樵采等利用逐渐增加，植物覆盖率在减少，生长日趋衰落，鳞片状部分"胶面"不易形成

3.2.7.2　沟蚀调查

沟蚀调查多以沟系为单位进行，一般情况下规模较大的沟系，沟蚀的程度较为严重，但其今后的发展将会逐渐减缓。反之，规模较小的沟系，尽管其沟蚀程度较轻微，但如果不进恰当的行防治，将来的发展趋势将会非常剧烈。因此，在沟蚀调查的主要内容为集水区面积、集水区长度、侵蚀沟面积及其长度、沟道内的塌土情况（包括重力侵蚀形式、数量及其发生位置等）、沟底纵坡比降、基岩或母质种类、集水区范围内的植物种类及其生长状况等。并据以上调查内容确定沟蚀的发生程度和发展强度（表 3-9）。

表 3-9　沟蚀发生程度及发展强度分级指标

沟壑占坡面积（%）	<10	10~25	25~35	35~50	>50
沟壑密度（km/km²）	1~2	2~3	3~5	5~7	7
程度分级	轻微	中度	强度	极强	剧烈
强度分级	剧烈	极强	强度	中度	轻微

3.2.7.3　山洪侵蚀调查

对山洪侵蚀进行调查，其一是查清以往发生山洪的条件、发生规模、发生频率、造成的危害范围及危害程度；其二是判定今后发生山洪危害可能性的大小。

（1）已发生山洪的情况调查　调查已经发生的山洪常使用的方法有洪痕调查法、访问当地群众和山洪资料查询等方法。实际中具体采用的方法应视可供调查的条件而定，有时也常几种方法结合使用并相互印证其结果。

调查的主要内容为集水面积、发生山洪时的降雨情况、集水范围内的植被、地质、地形、土壤和土地利用状况等，并分析山洪形成的原因、山洪历时、洪峰流量、淹没范围及其危害等。了解山洪对沟岸、河岸及沟（河）床的侵蚀情况、在山洪沟道下游及沟口开阔处，调查泥沙淤积量及淤积物组成等。

（2）今后山洪及其灾害预测　通过对历史上发生过的洪水灾害调查，预测当地可能发生山洪的气象条件、地质地形条件、植被条件及山洪灾害范围等，并提出相应的防治措施。

3.2.7.4　重力侵蚀调查

（1）重力侵蚀形式及程度　通过野外实测或遥感资料室内判读解译，调查重力侵蚀形式、发生的地貌部位和发生规模，调查不同重力侵蚀形式发生的气象（包括降雨量、降雨历时、降雨强度等）、地质（包括岩石种类、风化特性、透水性、硬度、层理等）、地形（包括坡度、坡型、坡长等）、水文条件（坡面水源和入渗情况、地下水埋深及储水结构等）、土壤（包括土壤类型、土壤厚度、土壤质地、孔隙度、含水量、内聚力等）、植被等条件和人为活动对重力侵蚀的影响，同时调查重力侵蚀导致的危害及危害程度等。可参照表 3-10 进行重力侵蚀程度的划分。

表 3-10　重力侵蚀程度分级指标

指标	<10	10~15	15~20	20~30	>30
强度	轻度	中度	强度	极强度	剧烈

（2）重力侵蚀发生发展强度　根据重力侵蚀发生形式、发生条件的调查，分析坡面土石体的稳定性和今后发生重力侵蚀的可能性，并提出相应的防治措施。

3.2.7.5　风力侵蚀调查

风力侵蚀调查包括风蚀发展历史与现状、风力侵蚀发生的程度并判定其发展强度、风蚀危害和造成风蚀的原因。风力侵蚀调查可通过野外定位、半定位量测来进行，或者采用不同时期的航片和卫片判读解译来完成。

常用的方法有标杆法、形态测量法。标杆法，是地面风蚀调查最简便实用的方法，利用 2m 高度的标杆埋入地面 1m 深，使杆顶与地面高差为 1m，经过一定时间以后进行观察，视地面与标杆之间垂直距离变化的数值，便可算出地面被吹蚀的深度，然后将每一个时期所得的数值再和同期风速相比较，就能得出它们之间的关系；形态测量法，是在每次大风之后，进行沙丘或沙地的大比例尺（1∶1000～1∶100）等高线地形测量，绘制地形图比较几次的测量结果，可计算出某个测点的风蚀深度，同时计算出某个测点的积沙厚度。

3.2.7.6　石漠化调查

石漠化调查应调查各级石漠化和潜在石漠化的分布、面积（表 3-11、表 3-12）。岩溶地区石漠化强度分级应以基岩裸露率为指标进行划分。

表 3-11　石漠化强度分级标准

级　别	基岩裸露率（%）	级　别	基岩裸露率（%）
无明显石漠化	<30	中度石漠化	50～70
潜在石漠化	<30	重度石漠化	>70
轻度石漠化	30～50		

注：无明显石漠化的土壤侵蚀强度为微度侵蚀，潜在石漠化的土壤强度为轻度侵蚀以上。

表 3-12　潜在石漠化危险程度分级标准

级　别	土壤侵蚀强度	级　别	土壤侵蚀强度	级　别	土壤侵蚀强度
较险型	轻度	危险型	中度	极险型	强烈以上

3.2.7.7　崩岗调查

（1）崩岗类型

① 活动型：崩岗沟仍在不断溯源侵蚀，崩壁有新的崩塌发生，崩岗沟口有新的冲积物堆积。

② 相对稳定型：崩壁没有新的崩塌发生，崩岗沟口没有或只有极少量新的冲积物堆积，崩岗植被覆盖度达到 75%以上。

（2）平均深度　一般测定崩岗侵蚀沟沟口和沟头 2 个点的高程 H_1、H_2，利用公式 $S = (H_2 - H_1)/2$ 求出平均深度。

（3）崩口宽度　测定崩岗崩口的宽度。

（4）崩岗面积　指崩岗的投影面积，不包括冲积扇面积。

（5）崩岗形态

① 瓢形崩岗：在坡面上形成腹大口小的葫芦瓢形崩岗沟。

② 条形崩岗：形似蚕，长大于宽 3 倍左右，多分布在直形坡上，由一条大切沟不断加深发育而成。

③ 爪形崩岗：一种为沟头分叉成多条崩岗沟，多分布在坡度较为平缓的坡地上，它由几条切沟交错发育而成，沟头出现向下分支，主沟不明显，出口却保留各自沟床；另一种为出口沟床向上分叉崩岗沟，由 2 条以上崩岗沟自原有河床向上坡溯源崩塌，但多条崩岗出口部分相连，形成倒分叉崩岗沟型地形。

④ 弧形崩岗：崩岗边沿线形似弓，弧度小于 180°。在河流、渠道、山坝一侧由于水流长期的沟蚀和重力崩塌（主要是滑塌）作用而形成。

⑤ 混合型崩岗（含崩岗群）：由 2 种以上不同类型崩岗复合而成。

3.2.8　小流域野外综合调查

一般采取路线控制调查方法，分以下几步进行。

3.2.8.1　调查路线的选择

在不产生遗漏的原则下，选择路线最短、时间最省、工作量最小的调查路线。

3.2.8.2　野外填图填表

① 按地形图的编排，分幅作调查填图工作，沿预定路线边调查边勾划行政界和地块界限，并着手编号。地块内的水土流失综合因子应基本相同。地块图斑最小面积不小于 0.5cm² （实地面积 7.5 亩[①]），小于 0.5cm² 的地块可并入相邻的地块中，但应单独编写顺序号，填入调查登记表，以便统计到相应地类中；地块图斑最大面积不大于 50cm²。

② 在地块内作水土流失综合因子调查，并将调查情况填入地块调查表格中。为减轻工作量，可利用已有的地质图、土壤图、植被图等资料来确定验证，或作补充修正。

③ 填图填表时应使用规定的图例、表格、符号、编码等。底图上的地形、地物有差错的要修正，没有的要补充。

3.2.8.3　样方（标准地）调查

（1）样方选择　随机抽样或系统取样。

（2）样方形状　方形或长方形。

（3）样方面积　草本群落 1～4m²，灌木林 10～20m²，乔木林大于 400m²。

---

① 1 亩＝1/15hm²。

（4）样方数　根据地块的大小和因子的均一程度自行确定，一般不小于 2 个。

（5）土壤剖面的调查　土壤剖面一般挖成 1m×1.5～2m 的长方形土坑，其深度因土而异，其个数依据调查精度而定并具有代表性。

3.3　调查程序与成果

3.3.1　调查程序

水土保持综合调查的一般程序为室内准备、外业调查和资料整理与调查结果分析等。其他内容与方法在已开设的专业基础课和有关专业基础课中已讲述，这里不再赘述。仅就资料整理的有关内容做一介绍。

3.3.1.1　室内准备

水土保持综合调查的室内准备包括组织准备、技术力量准备、资料准备和物资准备。

（1）组织准备　根据调查需要，按照省、地、县、站主管水保业务部分的技术力量和专业情况，抽调人员按专业特长分工分组、组成调查队伍，尽量争取有关部门的配合，统一思想认识，提高业务水平，同时做好工作计划。

（2）技术力量准备　在正式调查工作开展之前，进行技术培训和试点工作，以便使全体专业人员熟悉技术规范，明确调查方法，掌握操作要领，提高调查技术水平。

（3）资料准备

① 近期 1∶50000～1∶10000 地形图。

② 近期各种规格的航空照片或遥感影像。

③ 行政区图、交通图、水文地质图、土壤图和各种林业调查图、土地利用图等。

④ 地质、地貌、气象、水文、土壤、植被等有关资料。

⑤ 社会经济情况。

（4）物资准备

① 调查仪器：航片判读和测绘仪器，如立体镜、放大镜、绘图透明纸或聚酯薄膜、罗盘仪、视距仪、望远镜、全站仪等。

② 野外调查用具：计算工具、记录簿、各种调查表格。

3.3.1.2　外业调查

按照各种综合调查方法进行外业调查，如询问调查、重点调查、抽样调查、普查等。

3.3.1.3　资料整理

资料整理分为纸面资料整理和资料信息化。其中纸面资料整理的步骤分为资料检查、地块外业勾绘图的勾绘和调查资料的整理、面积量算与统计、图幅编制等。

（1）纸面资料整理　资料检查包括图面资料检查和文字资料检查两部分。

① 图面资料检查：主要检查相邻两个乡的地类、地形、地物界限是否衔接；地形图上各行政区划线、地类、地块界限是否调绘得完整无误、清晰，有无遗漏。图上符号标记是否符合要求。地块编号有无重叠遗漏现象。图上地块号应与调查卡片编号一致。

② 文字资料检查：主要检查调查表格上各项调查因子是否按要求填写，调查项目由无遗漏。初步规划意见是否切合实际。

（3）面积量算与统计

① 面积量算：地块面积量算，目前常用的人工方法如用求积仪是在透绘的外业工作底图或在航片转绘着墨的工作底图上进行。

对同一图斑的 2 次量算面积之差与面积之比应小于规定允许误差（表 3-13）。

表 3-13　规定允许误差

图上面积（mm²）	允许误差	备注
<100	1/30	
100~400	1/50	
400~1000	1/100	求积仪法 2 次量算差不超过最小分划值的 2~4 倍，面积过小可适当放宽
1000~3000	1/150	
3000~5000	1/200	
>5000	1/250	

量算地块面积的同时，还应量算村、乡或小流域范围内的沟壑面积，推算沟蚀面积的百分率，量算沟道长度，推算沟壑密度，量算滑坡、崩塌等重力侵蚀面积，推算重力侵蚀面积百分率，以及各土壤侵蚀类型、强度所占面积与总面积的百分比。同时，还应计算有效土层厚度的抗蚀年限，已确定土壤侵蚀潜在危险程度。

② 面积统计和有关表格填写：面积统计按土地利用类型（地类）及土壤侵蚀类型、强度等内容分别自下而上汇总，最后完成综合调查地块登记表的填写。

（4）图幅编制　根据水土保持综合调查和整编结果编制土地利用现状图和土壤侵蚀现状图。

3.3.2　资料信息化

3.3.2.1　基础数据空间信息数据库的建立

空间图形数据库是由描述不同要素空间分布特征的数据点、线、面，以不同的数据结构构成的集合。图形数据库中描述的是地理实体的空间位置信息，以及地理实体之间的拓扑关系。

图形数据库包括两种图形数据，一种是遥感数据资料；另一种是矢量化图形数据。其中矢量化数据又包括原始矢量化图件和派生矢量化图件。

3.3.2.2　基础数据非空间数据库的建立

属性数据又称为非空间数据、统计数据或专题数据。是指与空间位置没有直接关系的代表实体特定含义的数据，它描述地理实体的社会、经济、人文或其他专题的数据。

水土保持综合调查的属性数据主要有：①自然环境条件数据，包括气象数据（降雨）、水文、地质、土质、岩性等；②水土保持措施设计数据；③土壤理化性质数据。

属性数据库主要是矢量化数据的属性数据，不同的矢量数据需求不同的属性结构。

3.3.3　调查成果

3.3.3.1　调查报告

要求全面系统地反映上述调查成果，文字简明概要。一般调查报告包括以下主要内容。

（1）前言　调查的目的与要求，调查时间，流域的地理位置、范围和面积，调查人员的情况等。

（2）自然条件　地质、岩石、土壤、地貌特征、气象、植被等。

（3）自然资源　土地资源、水资源等的数量和质量。

（4）社会经济　人口和劳动力，农林牧副渔等各业生产及其结构情况，群众的经济收入和生活状况等。

（5）水土流失和水土保持　土壤侵蚀类型、强度和潜在危险程度的分布状况与面积，水土流失的危害，水土流失综合治理情况、措施、成绩、经验和问题等。

3.3.3.2　调查附表

调查中主要数据，需要纳入水保综合治理规划，作为规划中各项内容的现状。需附以下表格：自然情况与土地利用情况表、社会经济情况表、土壤侵蚀情况表（分沟道侵蚀、坡面侵蚀）、治理现状表等。

3.3.3.3　调查附图

大面积规划调查需要提出土壤侵蚀分区图（或水保工作分区图）、重点治理小流域分布图，比例尺需根据不同面积来确定，一般为 1∶100000～1∶50000。

小面积规划调查应提出土壤侵蚀分布图（包括侵蚀类型和侵蚀强度）、土地利用现状图（与水保措施现状图结合，包括治理骨干工程分布图）、各类专业图（人口密度图、土壤图、植被图、水土保持措施现状图），比例尺 1∶10000～1∶5000。

3.4　水土保持工程勘测

水土保持工程勘测，是为查明、分析和评价水土保持工程建设场地的地形地貌、地质地理环境特征而开展的查勘、测量和地质勘察工作。

3.4.1　测量

水土保持工程测量对象主要是针对小流域工程设计。测量内容主要是地形和断面的测量，具体包括小沟道及坡面治理工程测量，引洪漫地和引水拉沙工程测量，塘坝、沟道滩岸防护工程测量，淤地坝、拦沙坝工程测量，泥石流防治工程、大型渣场工程测量，及生产建设项目测量。以下将分别从各工程治理项目来介绍测量内容、方法及注意事项。

3.4.1.1　小沟道及坡面治理工程

① 沟头防护工程、小型蓄水工程及配套措施简易测量图以清晰表达为准。

② 谷坊工程应测量所在沟道比降，并在地形图上标注谷坊位置，谷坊处应测量沟深、沟底宽及开口宽。

③ 截洪排水工程集水面积及沟渠走线的地形测量比例尺应不小于 1∶10000，工程布置和设计的地形测量比例尺不低于 1∶2000。

④ 梯田及坡面水系工程测量范围应统筹考虑生产道路、连接道路、排水渠系、蓄水池及其连接段等情况适当扩大；骨干排水渠应进行纵横断面测量，根据地形起伏情况每 20～50m 测量一个横断面，比例尺 1∶500～1∶100。

⑤ 经济林园及果园工程测量范围应统筹考虑生产道路、连接道路、蓄水设施、灌排系统布置情况适当扩大。

⑥ 梯田及坡面水系工程、引洪漫地、引水拉沙、经济林园及果园工程测图中，宜采用不小于 1∶2000 的地形图，对于地形变化较小的区域，可采用分类典型图斑的测量方式，也可采用 1∶10000 放大图，并实测标注相应特征地物及特征点。

3.4.1.2　引洪漫地和引水拉沙工程

① 引洪漫地测量范围应统筹考虑拦洪坝、引洪渠（洞）、顺坝、格子坝、进出水口门布置情况适当扩大。拦洪坝、顺坝、引洪渠（洞）应按水利工程测量规范执行。

② 引水拉沙测量范围应统筹考虑水源地、沙丘、渠道、顺坝、格子坝、进出水口门布置情况适当扩大。顺坝、渠道应按水利工程测量规范执行。

3.4.1.3　塘坝、沟道（小河道）滩岸防护工程

（1）单项工程应采取实测，库区地形图 1∶5000～1∶2000，坝址地形图 1∶1000～1∶

500，坝址断面图 1∶500～1∶100。

（2）塘坝坝高 5m 以下参照小型水土保持工程执行，5m 以上参照小型水库规范执行。

（3）沟道（小河道）滩岸防护工程地形图测量范围为沟道中心线至耕地界以外一定范围，比例尺为 1∶2000～1∶500，并应测量必要的河道及堤防横断面，每隔 20～50m 一个断面，断面数不少于 5 个，比例尺 1∶500～1∶100。

3.4.1.4 淤地坝

（1）淤地坝坝址测量

① 大中型淤地坝坝址地形图测量范围应高出最终坝高一定范围，高出的范围根据地形起伏变化确定，同时应标出土、石料场的位置。上下范围应包括放水建筑物及溢洪道布置。

② 小型淤地坝可在坝轴线位置采用简易测量（条文说明中定义）坝轴线处沟道断面，包括沟底宽度和两岸坡度（量到一定范围）；如坝轴上下游坝体范围内两岸岸坡有较大变化时应在有变化处增测 1～2 个断面。

③ 测横断面图和纵断面图。纵断面沿坝轴线布置，比例尺 1∶500～1∶100；横断面测量范围为上下坝脚线外扩一定范围，每 10～20m 一个断面，断面不少于 5 个，比例尺为 1∶200～1∶100。（大中型 10 万以上）。

（2）淤地坝库区测量

① 中型淤地坝库区地形图测量范围应高出坝顶高程一定范围。

② 小型淤地坝采用简易测量法测出库区沟底比降和平均宽度。

③ 等高线法测算库容，库区地形图比例尺精度不应小于 1∶2000；采用断面法测算库容，应顺沟道方向每 10～50m 取一个断面实测。（小型淤地坝采用断面法测算库容）。

（3）提交成果 坝址 1∶5000～1∶2000 库区地形图，坝址 1∶1000～1∶500 以及相应的纵横断面图。

3.4.1.5 拦沙坝

① 拦沙坝测量：包括库区地形测量和坝址地形测量。坝址地形图测量范围应高出坝高 5～20m 范围，高出的范围根据地形起伏变化确定，坝上、下测量范围应包括放水建筑物及溢洪道布置；库区地形图测量范围应高出坝顶高程 10～50m 范围。

② 提交成果：坝址 1∶5000～1∶2000 库区地形图，坝址 1∶1000～1∶500 以及相应的纵横断面图。

3.4.1.6 泥石流防治工程

① 泥石流防治工程测量执行《泥石流灾害防治工程勘查规范（DZ/T0220）》有关规定。

② 形成区地形图比例尺宜采用 1∶10000～1∶5000；形成区中堆积物沟道地形图宜采用 1∶5000～1∶1000。测量范围与主要建筑物坝顶高程上延 5～10m。

3.4.1.7　大型渣场工程

① 测量范围应涵盖设计提供的弃渣场占地面积边缘（坑洼地边缘）以外 50m，并应根据安全防护距离适当扩大。并对场区周围的企业、村庄、河流、沟谷、道路做标示。

② 规划堆渣区根据地形情况进行断面测量，断面间距 10～50m，且断面个数不少于 5 个，断面比例尺宜为 1∶500～1∶100，断面测量范围与地形图测量相同。

③ 拦渣工程布置区地形测绘比例尺宜为 1∶2000～1∶500，局部地形复杂地段根据情况可适度放大。拦渣工程纵断面沿轴线布置，断面比例尺宜为 1∶200～1∶100；沿轴线方向每隔 10～50m 布置一个垂直于轴线的横断面，且断面数不少于 5 个，比例尺为 1∶100～1∶50。

④ 防洪排导工程等地形测绘比例尺宜为 1∶2000～1∶500，局部地形复杂地段根据情况可适度放大。防洪排导工程纵断面沿轴线布置，断面比例尺宜为 1∶500～1∶200；沿轴线方向每隔 10～50m 布置一个垂直于轴线的横断面，且断面数不少于 5 个，比例尺为 1∶200～1∶100。

3.4.1.8　生产建设项目

生产建设项目应在主体工程设计测量资料基础上补充以下内容：

① 开挖及回填区下游边坡采取水土保持防护措施的区域，若主体工程测量图无法满足布置要求的，应补充与主体工程相一致的地形图；

② 已形成边坡如需采取斜坡防护工程测量地形图比例尺宜为 1∶2000～1∶500。

③ 一般林草措施地形测量比例尺为 1∶10000～1∶2000。对于生活区和管理区等的绿化工程一般比例尺应达到 1∶500～1∶200。

3.4.1.9　测量成果

水土保持综合治理项目单项工程测量提交成果：库区地形图测量比例尺宜采用 1∶5000～1∶2000，坝址地形图测量比例尺宜采用 1∶1000～1∶500，坝址断面图测量比例尺宜采用 1∶500～1∶100。

小型水土保持工程测量提交成果：沟道（小河道）滩岸防护工程地形图测量比例尺宜采用 1∶2000～1∶500；河道及堤防横断面图，比例尺宜采用 1∶500～1∶100。

淤地坝测量提交成果：坝址库区地形图比例尺宜采用 1∶5000～1∶2000，坝址以及相应的纵横断面图比例尺宜采用 1∶1000～1∶500。

拦沙坝测量提交成果：坝址库区地形图比例尺宜采用 1∶5000～1∶2000，坝址以及相应的纵横断面图比例尺宜采用 1∶1000～1∶500。

滑坡防治工程测量提交成果参照《滑坡防治工程勘查规范（DZ/T0218）》执行。

泥石流防治工程测量提交成果参照《泥石流灾害防治工程勘查规范（DZ/T0220）》

有关规定执行，泥石流形成区地形图比例尺宜采用 1：10000～1：5000；泥石流形成区中堆积物沟道地形图宜采用 1：5000～1：1000。

大型渣场工程测量提交成果：拦渣工程布置区地形测量提交成果比例尺宜采用 1：2000～1：500，拦渣工程纵断面测量提交成果比例尺宜采用 1：200～1：100，横断面测量提交成果比例尺宜采用 1：100～1：50；防洪排导工程等地形测量提交成果比例尺宜采用 1：2000～1：500，防洪排导工程纵断面测量提交成果比例尺宜采用 1：500～1：200，横断面测量提交成果比例尺宜采用 1：200～1：100。

3.4.2 勘察

水土保持工程勘察的对象主要为大型淤地坝、拦沙坝和大型弃渣场，勘察主要内容包括工程区的基本地质条件、主要工程地质问题以及天然建筑材料的分布、储量、质量的勘察等。在开展勘察工作前，应收集和分析已有资料，结合工程设计方案和要求，编制工程地质勘察大纲。勘察大纲在执行过程中应根据客观情况变化适时调整。勘察工作应根据工程的类型和规模、地形地质条件的复杂程度综合运用各种勘察手段，在工程地质测绘基础上，合理布置勘察工作。以下将分别介绍大型淤地坝、拦沙坝、大型弃渣场的水土保持工程勘察要求、勘察内容、勘察方法及勘察成果。

3.4.2.1 地坝勘察

（1）大型淤地坝的工程勘察内容

① 收集库坝区区域构造与地震资料；了解库区地形封闭条件，汇水面积及与临沟分水岭的厚度等。

② 查明建筑物区地层岩性、覆盖层的层次，重点查明坝基软土层、粉细砂、湿陷性黄土、架空层等不良土层的分布情况。当基岩出露或浅埋时，应查明软弱层、基岩强风化层或强溶蚀层的厚度与工程特性。

③ 查明坝址基岩出露区或黄土区主要构造发育特征。

④ 在喀斯特地区，还应查明坝区喀斯特发育特征，主要喀斯特洞穴和通道的分布规律，提出对贯通上下游岩溶通道的封堵处理建议。

⑤ 查明坝基水文地质结构，地下水埋深，含水层或透水层和相对隔水层厚度变化和空间分布，岩土体透水性。重点查明可能导致强烈渗透变形的集中渗漏带。

⑥ 提出坝基岩土体的渗透系数、主要土体允许水力比降以及承载力、抗剪强度等参数。

⑦ 对地基及放水洞围岩的不均匀沉陷、湿陷、抗滑稳定、渗漏、渗透变形等问题作出评价，对坝肩边坡、隧洞进出口边坡以及溢洪道沿线边坡的稳定性作出评价，并提出处理的建议。

⑧ 根据需要评价地下水、地表水对混凝土及钢结构的腐蚀性。

⑨ 查明天然建筑材料地形地质条件、岩土结构、岩性，剥离层、无用层厚度及方量，有用层储量、质量、开采运输条件等。有用层储量不得少于设计需要量的 2.5 倍。

（2）大型淤地坝勘察方法

① 工程地质测绘：

• 库区一般不进行工程地质测绘，应以调查为主，调查方法和内容见调查有关章节。对建筑物与居民点有影响的滑坡、崩塌等应进行专门性问题的工程地质测绘。

• 坝址区工程地质测绘比例尺宜选用 1∶1000～1∶500，测绘范围应包括淤地坝、溢洪道与放水洞沿线等区域。

• 天然建筑材料工程地质测绘比例尺宜选用 1∶2000～1∶1000。

② 勘探：

• 大型淤地坝的勘探手段宜根据覆盖层的厚度与类型等地质条件选择，勘探方法主要有钻探、坑槽探与物探。均质黄土区以坑槽探、物探为主，根据需要可布置适量的钻探；其他地区以钻探为主，具体见表 3-14。

表 3-14　大型淤地坝勘探方法的适用性

覆盖层类型	建筑物类型	覆盖层与建筑物的关系	勘探方法		
			钻探	坑槽探	物探
均质黄土区	淤地坝	覆盖层厚度大于 1 倍的坝高	＋	√	＋
		覆盖层厚度小于 1 倍的坝高	＋	√	＋
		基岩出露	＋	√	－
	溢洪道	基岩埋深位于溢洪道底板以下	＋	＋	√
		基岩埋深位于溢洪道底板以上	＋	＋	√
		基岩出露	＋	√	－
	放水洞	基岩埋深位于放水洞底板以下	＋	－	√
		基岩埋深位于放水洞底板以上	＋	＋	√
		基岩出露	＋	＋	－
其他地区	淤地坝	覆盖层厚度大于 1 倍的坝高	√	－	－
		覆盖层厚度小于 1 倍的坝高	√	＋	＋
		基岩出露	√	＋	－
	溢洪道	基岩埋深位于溢洪道底板以下	√	－	－
		基岩埋深位于溢洪道底板以上	√	＋	＋
		基岩出露	＋	√	－
	放水洞	基岩埋深位于放水洞底板以下	√	－	－
		基岩埋深位于放水洞底板以上	√	＋	√
		基岩出露	＋	√	－

注："√"表示主要方法；"＋"表示辅助方法；"－"表示不适用的方法。

• 物探方法主要是采用电法、地震波法探测覆盖层厚度、基岩面起伏情况及断层破碎带的分布。物探剖面应尽量结合勘探剖面进行布置。

● 淤地坝的主勘探剖面应沿坝轴线布置，勘探点间距宜为 30～50m，且主勘探线上勘探点个数不少于 3 个；并布置垂直于主轴线的辅助勘探线，辅助勘探线的间距宜为主勘探线上勘探点间距的 1～2 倍，辅助勘探线上下游范围应延伸至坝体以外 10～30m，辅助勘探线上勘探点不宜少于 3 个，尽量利用主勘探剖面上的勘探点。

● 基岩与均质黄土区坝基的勘探以坑槽探为主，可根据需要布置少量钻孔，钻孔深度宜为坝高的 1/3～1/2。除均质黄土坝基外，其余覆盖层坝基钻孔深度，当下伏基岩埋深小于坝高时，钻孔进入基岩深度不宜小于 3m；当下伏基岩埋深大于坝高时，钻孔深度宜根据覆盖层透水性的具体情况确定，钻孔深度一般小于 1 倍的坝高。均质黄土区的坑槽探除揭示表层松散层外，还应利用坑槽采取试验样品。

● 溢洪道主勘探线沿轴线布置（包括下游冲刷区），勘探点间距 50～100m，且主勘探线上勘探点个数不少于 3 个；并布置垂直于主勘探线的辅助勘探线，辅助勘探线的间距宜为主勘探线上勘探点间距的 1～2 倍，辅助勘探线两侧应分别延伸至溢洪道开挖线以外 10～30m，辅助勘探线上勘探点不宜少于 3 个，尽量利用主勘探剖面上的勘探点。溢洪道钻孔深度宜进入设计建基面以下 3～10m。

● 放水洞勘探线沿轴线布置，勘探点间距 50～100m，且勘探点个数不少于 3 个；坑槽探主要在进出口部位布置；钻孔深度宜进入设计放水洞底板以下 3～10m。

● 天然建筑材料主要的勘探手段为坑槽探，辅助手段为钻探与物探；勘探布置根据地形地貌、地层分布的稳定性、有用层的埋深等具体情况确定。

（3）勘探试验

① 利用钻孔或探坑采取有代表性的原状土样，测定设计需要的物理、力学性质指标。坝基主要土层的物理力学性质试验累计有效组数不应少于 6 组。在黄土地区，还应取样进行室内湿陷性试验。

② 对松散堆积层宜进行标准贯入或动力触探试验等原位测试。

③ 对松散堆积层进行钻孔注水或试坑注水试验，必要时进行钻孔抽水试验。

④ 根据需要进行岩体物理力学试验。

⑤ 根据需要取地表与地下水样进行水质简分析，并增加侵蚀性测定内容。

⑥ 根据需要进行天然建筑材料相关试验。

（4）淤地坝勘察成果

① 大型淤地坝初步设计阶段的勘察报告。报告正文应包括以下内容：序言、区域构造与地震、库区地形地貌特征及封闭性、对建筑物与居民点安全有影响的库岸进行稳定性评价。坝址区工程地质和水文地质条件。各主要建筑物区工程地质条件与主要工程地质问题，对坝基沉陷、抗滑稳定、渗透稳定等作出评价；对各边坡稳定性作出评价，并提出建议开挖坡比；对放水洞围岩稳定性作出评价。工程所需天然建筑材料的类型、设计需求量、各料场的位置，并对料源质量、储量及开采、运输条件作出评价。提出工程勘查结论与地质建议。

② 提交供设计使用的各类工程地质图。

3.4.2.2　拦沙坝勘察

（1）勘察内容

拦沙坝勘察根据拦沙坝的类型的不同，勘察的内容也略有区别。主要包括土石坝和重力坝。

土石坝勘察的内容包括：

① 收集库坝区区域构造与地震资料；查明汇水面积及固体堆积物的来源、分布、储量等。

② 查明坝基基岩面形态，沟谷谷底深槽的范围、深度。

③ 查明坝区地层岩性，覆盖层的层次、厚度和分布。土质坝基应重点查明软土层、粉细砂、架空层、漂孤石层等不良土层的分布情况；岩质坝基应重点查明心墙、趾板等部位软弱岩体、断层破碎带、强风化层或强溶蚀层的厚度。

④ 查明坝基水文地质结构，地下水埋深，土体与断层破碎带、强风化层或强溶蚀层的透水性。重点查明可能导致强烈渗透变形的集中渗漏带，提出坝基防渗处理的建议。

⑤ 在喀斯特发育地区，还应查明坝区喀斯特发育特征，主要喀斯特洞穴和通道的分布规律，提出对贯通上下游岩溶通道的封堵处理建议。

⑥ 查明岸坡风化卸荷带的分布、深度，主要的构造发育特性，评价其稳定性。

⑦ 提出有关岩土体物理力学参数、渗透系数以及主要土体、断层破碎带等的允许水力比降参数。对坝基不均匀沉陷、抗滑稳定、渗透变形等问题作出评价。

⑧ 根据需要评价地下水、地表水对混凝土及钢结构的腐蚀性。

⑨ 查明天然建筑材料地形地质条件、土体结构、岩性，剥离层、无用层厚度及方量，有用层储量、质量、开采运输条件等。有用层储量不得少于设计需要量的 2.5 倍。

混凝土重力坝（砌石重力坝）勘察的内容包括：

土质坝基可参照土石坝的有关规定，当基岩埋藏较浅时应查明基岩面的倾斜和起伏情况。岩质坝基的勘察内容除应符合上述土石坝中①、②、④、⑤、⑥条外，还应包括以下内容：

① 查明坝址区地层岩性，应重点查明坝基强风化层、强溶蚀层、易溶岩层、软弱岩层、软弱夹层等的分布、性状、延续性及工程特性。

② 查明断层、破碎带、裂隙密集带的具体位置、规模和性状，特别是顺沟断层和缓倾角断层的分布和特征。

③ 查明坝基、坝肩主要结构面的产状、延伸长度、充填物性状及其组合关系。确定坝基、坝肩稳定分析的边界条件。

④ 确定可利用岩面的高程，评价坝基工程地质条件，并提出重大地质缺陷处理的建议。

⑤ 根据需要提出主要岩体物理力学参数、断层破碎带的渗透系数与允许水力比降参数、主要软弱夹层与结构面的力学参数等。

⑥ 查明地表水和地下水的物理化学性质，评价其对混凝土和钢结构的腐蚀性。

⑦ 查明天然建筑材料地形地质条件、料源类型，剥离层、无用层厚度及方量，有用层

储量、质量、开采运输条件等。有用层储量不得少于设计需要量的 2.5 倍。

（2）勘察方法

① 工程地质测绘：

• 库区一般不进行工程地质测绘，应以调查为主，对居民地、道路、桥梁等有影响的库岸变形段应进行专门性工程地质勘察处理。

• 坝址区工程地质测绘比例尺宜选用 1∶1000～1∶500，测绘范围应包括建筑物场地和对工程有影响的地段。

• 天然建筑材料工程地质测绘比例尺宜选用 1∶1000～1∶500。

② 勘探：

• 拦沙坝的勘探手段宜根据拦沙坝所处区域、覆盖层与坝高的关系等选择，勘探手段主要有钻探、坑槽探与物探。具体见表 3-15。

表 3-15　拦沙坝勘探方法的适用性

拦沙坝所处区域	覆盖层与大坝坝高的关系	勘探方法		
		钻探	坑槽探	物探
泥石流形成区	覆盖层厚度大于 1 倍的坝高	√	—	+
	覆盖层厚度小于 1 倍的坝高	√	+	+
	基岩出露	√	+	+
崩岗区	覆盖层埋深大于 1 倍的坝高	√	—	—
	覆盖层埋深小于 1 倍的坝高	√	+	+
	基岩出露	+	√	—

注："√"表示主要方法；"＋"表示辅助方法；"－"表示不适用的方法。

• 物探方法除采用电法、地震波法探测覆盖层厚度、基岩面起伏情况及断层破碎带的分布外，根据需要进行钻孔声波、孔内电视以及综合测井等方法探查结构面、软弱带的产状、分布、含水层和渗漏带的位置等。

• 土石坝的勘探剖面应结合坝轴线、心墙、斜墙和趾板布置，混凝土重力坝（砌石重力坝）的勘探剖面应结合坝轴线、坝趾、坝踵等部位布置，且在下游冲刷区应有勘探剖面。勘探点间距宜为 30～50m，地质条件复杂区勘探点应适当加密。

• 基岩坝基钻孔深度宜为坝高的 1/3～1/2，且应揭穿强风化层或表层强溶蚀层。覆盖层坝基钻孔深度，当下伏基岩埋深小于坝高时，钻孔进入基岩深度不宜小于 5m；当下伏基岩埋深大于坝高时，钻孔深度宜根据覆盖层透水性的具体情况确定，钻孔深度一般小于 1 倍的坝高。

（3）勘探试验

① 利用钻孔或探坑采取有代表性的原状土样，测定设计需要的物理、力学性质指标。坝基主要土层的物理力学性质试验累计有效组数不应少于 6 组。

② 对松散堆积层宜进行标准贯入或动力触探试验等原位测试。对地震动峰值加速度为

大于或等于 0.1g 的坝址区，应对可液化土层进行标准贯入等试验。

③ 对于松散堆积层宜进行钻孔注水或试坑注水试验。

④ 根据需要进行岩体物理力学试验，进行主要软弱夹层、主要结构面的变形与抗剪试验。

⑤ 根据需要取地表与地下水样进行水质简分析，并增加侵蚀性测定内容。

⑥ 根据需要进行天然建筑材料相关试验。

（4）拦沙坝勘查报告

① 拦沙坝初步设计阶段的勘查报告：序言；区域构造与地震，库区地形地貌特征，库区汇水面积及固体堆积物的来源、分布、储量；拦沙坝工程地质条件与主要工程地质问题，对坝基沉陷、抗滑稳定、渗透稳定等作出评价，对各边坡的稳定性作出评价，并提出地基处理与边坡开挖支护建议；工程所需天然建筑材料的类型、设计需求量、各料场的位置，并对料源质量、储量及开采、运输条件作出评价；提出工程勘查结论与地质建议。

② 附图：提交供设计使用的工程地质图册。

3.4.2.3　大型渣场勘察

（1）渣场的分级　渣场根据堆渣量与堆渣高度可分为 5 级（表 3-16）。

表 3-16　渣场级别

渣场级别	堆渣量 V（万 m^3）	堆渣高度（m）
1	$V \geqslant 1000$	$H > 150$
2	$1000 > V \geqslant 500$	$150 > H \geqslant 100$
3	$500 > V \geqslant 100$	$100 > H \geqslant 60$
4	$100 > V \geqslant 50$	$60 > H \geqslant 20$
5	$V < 50$	$H < 20$

注：根据堆渣量、堆渣高度确定的工程级别不一致时，就高不就低。

（2）大型渣场工程勘察内容

① 收集渣场区区域地质环境与地震资料。

② 查明规划渣场区以及渣场外围汇水区域地形地貌特征。

③ 查明规划渣场区、拦渣与防洪排导工程区地层岩性，重点查明覆盖层的厚度、层次与软土、粉细砂等不良土层的分布情况。

④ 查明规划渣场区与拦渣工程区基岩面的形态、斜坡类型。

⑤ 查明岩体构造发育特征，重点查明顺坡向且倾角小于或等于自然斜坡坡角的软弱夹层、断层。

⑥ 查明规划堆渣区域的水文地质条件和渣场上游汇水面积，评价渣场堆渣后是否存在泥石流等次生灾害，并提出渣场排水与防冲刷的工程措施建议方案。

⑦ 查明防洪排导工程区有无滑坡、泥石流等地质灾害，以及沿线工程地质条件。

⑧ 提出主要土层的物理力学参数及渗数系数，主要软弱夹层、断层的抗剪强度参数。

评价渣场堆渣后的整体稳定性；评价拦渣工程地基抗滑稳定、不均匀沉降、渗透变形等问题；评价防洪排导工程沿线地基稳定、尤其是排水涵（管）地基稳定性，排水洞围岩及进出口边坡稳定性等。对地基选择、地质缺陷处理、边坡与隧洞围岩开挖与支护等提出地质建议。

⑨ 根据需要评价地下水、地表水对混凝土腐蚀性。

（3）勘察方法

① 工程地质测绘

• 渣场区平面地质测绘比例尺可选用 1：2000～1：1000，范围与测量范围相同。

• 拦渣工程与防洪排导工程地质测绘比例尺可选用 1：2000～1：500，测绘范围应包括建筑物边界线外 50～200m，此外还应沿建筑物轴线进行剖面地质测绘，比例尺 1：200～1：100。对可能发生滑坡、泥石流等影响建筑物安全的区域应扩大范围进行专门性问题的地质测绘。

② 勘探

• 大型渣场的勘探手段宜根据渣场类型、级别等选择，勘探方法主要有钻探、坑槽探与物探。

• 物探方法主要是采用电法、地震波法探测覆盖层厚度、基岩面起伏情况及断层破碎带的分布。物探剖面应尽量结合勘探剖面进行布置。

• 渣场规划堆渣区域勘探线宜垂直于斜坡走向布置，勘探线长度应大于规划堆渣范围。勘探线间距宜选用 50～200m，且不应少于 2 条。每条勘探线上勘探点间距 50～200m，且不应少于 3 个，当遇到软土、软弱夹层等应适当增加勘探点。勘探方法根据渣场的级别与类型确定见表 3-17。

表 3-17 不同级别与类型的渣场勘探方法的适用性

渣场类型	渣场级别	勘探方法		
		钻探	坑槽探	物探
沟道型渣场	1	+	√	+
	2	+	√	+
	3	+	√	+
	4	+	√	—
临河型或库区型渣场	1	√	+	+
	2	√	+	+
	3	+	√	—
	4	+	√	—
坡地型渣场	1	√	+	+
	2	√	+	+
	3	√	+	+
	4	+	√	—
平地型渣场	1～4	—	—	—

注："√"表示主要方法；"＋"表示辅助方法；"－"表示不适用的方法。

• 拦渣工程主勘探线沿工程轴线布置，勘探点距离一般 20～30m，并布置垂直于主轴线的辅助勘探线，辅助勘探线的间距宜为主勘探线上勘探点间距的 2～4 倍。每条勘探线的勘探点一般不少于 3 个，地质条件复杂时可加密钻孔或沿勘探线布置物探对地质情况进行辅助判断。除平地型渣场外，其余类型渣场高度大于或等于 10m 的拦渣工程，在其主轴线上至少应有 1 个的控制性钻孔。拦渣工程的勘探方法主要根据工程规模选用（表 3-18）。

表 3-18　拦渣工程勘探方法的适用性

渣场类型	拦渣工程的高度（m）	勘探方法		
		钻探	坑槽探	物探
沟道型渣场	≥10	√	+	+
	5～10（包括 5）	+	√	+
	<5	−	√	
临河型或库区型渣场	≥10	√	+	+
	5～10（包括 5）	√	+	+
	<5	+	√	−
坡地型渣场	≥10	√	+	+
	5～10（包括 5）	+	√	+
	<5	+	√	+
平地型渣场	≥10	√	+	−

注："√"表示主要方法；"＋"表示辅助方法；"－"表示不适用的方法。

3.4.2.4　勘察成果

（1）勘察报告　勘察报告正文应包括前言、区域地质概况、工程区工程地质条件、各建筑物工程地质条件、天然建筑材料、结论与建议等。大型渣场初步设计阶段的勘查报告正文包括序言，区域构造与地震，规划渣场区工程地质和水文地质条件，对堆渣后场地稳定性以及泥石流等地质灾害进行评价；拦挡与防洪排导区工程地质条件与主要工程地质问题，对其地基、边坡的稳定性作出评价，如有排水洞，还应评价隧洞进出口边坡稳定性以及隧洞围岩稳定性；指出工程所需天然建筑材料的类型、设计需求量、各料场的位置，并对料源质量、储量及开采、运输条件作出评价；提出工程勘察结论与地质建议。

（2）工程地质勘察报告附件

① 附图：包括工程地质勘察报告附图。

② 附表：包括岩土试验成果汇总表，水质分析成果表，现场原位试验成果汇总表等。

思 考 题

1. 水土保持综合调查的自然和社会经济因素有哪些?

2. 水土保持综合调查方法常用的有哪些?

3. 水土保持工程勘测主要解决什么问题?

4. 小流域野外综合调查和水土保持综合调查的区别是什么?

本章推荐阅读书目

1. 土壤侵蚀调查与评价. 郭索彦等. 中国水利水电出版社, 2014

2. 生态环境建设规划 (第二版). 高甲荣, 齐实. 中国林业出版社, 2012

第 **4** 章
综合分析与评价

[本章提要]

　　本章主要阐述了综合分析与评价的内容，包括水土流失、水土保持、自然资源、自然条件、环境以及社会经济现状等方面需要分析和评价的内容和方法。

　　综合分析与评价对水土保持规划所涉及的水土流失、水土保持、自然资源、自然条件、环境以及社会经济等方面现状进行分析评价，同时分析不同阶段，水土保持目标的需求，提出规划目标。本章将详细论述各部分分析与评价的内容、原则和方法，既是对上一章水土保持综合调查的总结，又给水土保持区划与规划提供了划分依据。

4.1　水土流失分析与评价

4.1.1　水土流失系统分析

4.1.1.1　水土流失环境系统

　　水土流失环境系统是由影响土壤侵蚀的各种因素所组成，包括由地表形态和物质组成的地貌环境、由干湿状况组成的气候环境、由植被和土壤组成的生物土壤环境以及由各种人员流动组成的物质文化环境。

　　（1）地貌环境　地貌环境是影响水土流失最重要的因素之一，其中地貌类型，特别是地势起伏程度对水土流失影响显著，首先表现在侵蚀方式上，如对于黄土丘陵区而言，梁峁坡以面蚀为主，沟谷以滑塌，重力侵蚀为主；其次表现在侵蚀强度上。地貌坡度的大小对水土流失的影响呈幂函数关系，坡度在 45°以下，坡度与侵蚀速率呈正相关关系，坡度在 45°以上，情况复杂，但统计规律呈反相关关系。在同等的侵蚀力作用下地貌物质组成的粗细与土壤流失速率呈反相关关系，因为使土壤或土体发生明显位移的侵蚀力临界值与地貌物质的粗细呈正相关关系,对于一些由黏粒组成的地表来说,由于黏粒的内聚力作用,往往表现出侵蚀速率与黏粒的粗细呈反相关关系。

按照地貌形态可分为山地(按海拔可分为高山、中山和低山,按海拔高度划分,小于1000m者为低山,1000~3500m者为中山,3500~5000m者为高山,大于5000m者为极高山)、平原、盆地、高原和丘陵(以形态分析,丘陵海拔高度在500m以下,相对高度不大于200m,丘陵顶部圆坦,斜坡和缓,坡脚线不明显,呈高低起伏,没有明显的走向。丘陵的形成是在新构造运动相对和缓的断块山地经长期侵蚀而成。根据起伏高度,相对高度小于100m者一般称为低丘陵,而100~200m者一般称为高丘陵),见表3-1。

① 流域平均沟壑密度计算:

$$D=L/F \qquad\qquad (式4.1)$$

式中:D 为流域平均沟壑密度(km/km^2);L 为流域沟道总长度(km);F 为流域总面积(km^2)。

② 沟壑面积占流域总面积的比例

③ 沟道平均比降 $\overline{S}$

$$\overline{S}=\sum(H_{i+1}-H_i)/\sum L_i \qquad\qquad (式4.2)$$

式中:Q_i 为某干沟沟段或支沟的平均比降(%);H_i 为从下向上第 i 测点高程(m);H_{i+1} 为从下向上第 $i+1$ 测点高程(m);L_i 为第 i 和 $i+1$ 两个测点间的水平距离(m)。

④ 地面坡度:见表4-1。国际上,一般把坡度换算成百分数。

表4-1 依据坡度划分坡地

五级划分	六级划分(平缓坡较多时)
>35°	>35°
25°~35°	25°~35°
15°~25°	15°~25°
5°~15°	8°~15°
	3°~8°
<5°	<3°

⑤ 坡长:见表4-2。

表4-2 依据坡长划分坡地

坡长	长度(m)
长坡	>500
中坡	50~500
短坡	<50

(2)气候环境 水土流失的气候环境主要包括气候类型、气候特征及气候的空间分

布规律。光温提供了生物发展和物质分解所需的能量，从而直接或间接地影响水土流失。如若光能资源丰富，有利于开发太阳能，对植被稀疏的地区来讲，可解决部分能源，减轻对植被和牲畜粪便的信赖程度，间接减弱了人类活动对水土流失的加强作用；若冷暖变化剧烈，年日较差较大，会加强地表物质的破碎作用，为水土流失提供物质来源或通过对粗径组成的改变间接影响水土流失作用等。降雨量和降雨强度对土壤侵蚀的影响最大。干燥度说明了植被类型，间接地影响水土流失；风速、风力对水土流失的影响也很大，需根据流域的具体情况来分析。

① 年降雨量：最大年、最小年、多年平均和丰水年、枯水年、平水年各占的比例。

② 年降雨量的季节分布，包括农作物播种、出苗与不同生长期的雨量，汛期与非汛期雨量。

③ 暴雨出现的季节、频次、雨量、强度占年雨量的比重。

④ 年均气温、季节分布、最高气温、最低气温、大于等于 10℃积温。

⑤ 无霜期、早霜、晚霜起讫时间。

⑥ 水面年蒸发量、陆面年蒸发量。

⑦ 年蒸发量（陆面）与年降雨量的比值为干燥度（d）；d 值大于 2.0 的为干旱区；小于 1.5 的为湿润区；介于 1.5 与 2.0 之间的为干旱区。

⑧ 灾害性气候分析：如霜冻、冰雹、干热风、风暴、风沙等分布的地区、范围域面积、出现的季节与规律、灾害程度等具体情况。

（3）植被环境　植被是控制水土流失的主要因素之一，包括植被盖度、群落组成和植被结构，它是通过改变地表粗糙度、地表水分环境和各种动力场的时空变化来减弱水土流失动力强度的，从而起到控制水土流失的作用的。观测表明，植被群落组成和结构愈复杂，抗蚀性能愈好，如乔灌草复合的植物群落比单一的乔木、灌木或草本要好。植被盖度与土壤侵蚀呈反相关关系。对人工植被而言，由于作物的季度性，对土壤侵蚀的影响也显示出明显的季度性，风蚀和水蚀的影响不同。一般来讲，农作物生长季节与风力较弱时期对应，相反，农作物收割后，正值强风力时期，风蚀严重。但由于留茬的高低、地垄高低以及田块大小、田块延伸方向不同，对侵蚀的影响也不同。水蚀和风蚀相反，农田植被覆盖的季节正是水力侵蚀力强的季节。总的来看，农田植被是控制水土流失的主要因子，但这种作用具有地域差异性。在森林、灌木草原地区，农田植被对水土流失的控制能力不如原生地带的控制能力；而在荒漠地区，农田植被对水土流失的控制能力就较原生植被好得多。

① 林地的郁闭度和草地的盖度：

$$D = f_d / f_e \qquad\qquad （式 4.3）$$

式中：D 为林地的郁闭度（或草地的盖度）；f_d 为样方面积（m^2）；f_e 为样方内树冠草冠垂直投影面积（m^2）。

注：样方面积要求乔木林 20m×20m；灌木林草地 2m×2m。

② 植被覆盖度：

$$C = f / F \qquad\qquad （式 4.4）$$

式中：C 为林（或草）植被覆盖度（%）；F 为类型区总面积（km^2）；f 为林地或草地面积（km^2）。

　　注：纳入计算的林地或草地面积其林地的郁闭度或草地的盖度都应大于 30%。

　　（4）土壤环境　土壤性状、土壤类型、土体结构及土壤的空间分布规律作为水土流失的土壤环境，对水土流失强度有着显著的影响，它们通过对各种侵蚀力的抗性来实现对土壤侵蚀的增减作用。土层厚度影响土壤侵蚀的抗蚀年限。土壤物质的机械组成对水土流失的影响主要表现在抗蚀性能上。土壤结构影响土壤流失的强度，通常紧实的土壤比松散的土壤抗蚀性要强得多。土壤的各种化学性质，一方面通过对植被的影响间接地对土壤流失起作用，另一方面直接影响土壤侵蚀强度。例如，土壤有机质的多少对土壤的影响就显示出：有机质愈多，其上的植被生长愈好，抗蚀性愈明显。土壤的各种理化性状直接或间接地影响着水土流失防治方式和防治措施制定，它是在研究水土流失与土地生产力开发之间关系时，必须首先要考察的环境因素。

　　（5）物质文化环境　物质文化环境是融于流域系统的人类文化活动过程的物质景观表现。物质文化环境主要包括人口、聚落、土地利用和交通、矿区等方面，它是流域长期文化过程的产物。人口对水土流失的影响主要体现在对土地的利用程度上，人口密集地区对土地的利用改造程度比较大，在山区和丘陵区，人口密度与水土流失呈正相关关系。聚落不仅本身改变水土流失的环境，而且聚落形成过程，在一定程度上也是水土流失的一种动力过程，它是通过直接改变地表物质性质和相对位置来实现的。土地利用方式及其空间分布规律是影响水土流失最广泛、最深刻的因子。土地利用的合理性对水土流失的性质、强度影响显著，合理的林地、草地利用，对水土流失影响不大，人工林地和草场的建设是降低水土流失的有利用因素，也是限制水土流失的环境条件。耕地利用比较复杂，不同自然地带的耕地利用对水土流失的影响也不同。在荒漠地区，耕地为灌溉性的，它可以减低水土流失侵蚀力的作用。灌溉耕地要比旱作耕地抗蚀性能高。交通、工矿地对水土流失的影响比较复杂，除了通过改变地表水土流失环境影响水土流失外，还能直接改变动力场的空间分布和相对强度。交通、工矿用地往往改变地表风场，从而引起水土流失的加速或减弱，这主要取决于道路、工矿用地的性质规模以及风场方向之间的配置关系。

4.1.1.2　水土流失动力系统

　　水土流失动力子系统主要由水力、风力、冻融作用力、重力以及人类活动作用力组成。从水力对水土流失的作用来看，包括雨滴的溅蚀、坡面径流侵蚀（面蚀、细沟侵蚀、浅沟侵蚀）、沟道侵蚀（切沟侵蚀），在沟道侵蚀中又包括着重力侵蚀。人为活动作用力具有双重作用，即加速或延缓水土流失的发生。风力的作用引起的风蚀是指在气流冲击作用下，土粒、沙粒或岩石碎屑脱离地表，被搬运和堆积的过程。由于风速和地表组成物质的大小及质量不同，风力对土、沙、石粒的吹移搬运出现扬失、跃移和滚动三种运动形式。风蚀主要发生在干旱和半干旱地区，部分沿海地区也有发生，而以沙漠化及沙化影响的地区尤其严重。一般在比较干旱，植被缺乏的条件下风速大于 4～5m/s 时风蚀就发生。表土干燥疏松，颗粒过细时，风速小于 4m/s 也能形成风蚀。如果遇有特大风速，常吹起 1mm 粒径以上的沙石，形成"飞沙走石"的现象。重力侵蚀是斜坡上的土体或因地下水运动，或因雨后土壤水饱和引起坑剪强度减小，或因地震等原因，使土体因重力失去平衡，产生位移或块体运动，并堆积在坡麓的土壤侵蚀现象。其主要形态有崩塌、滑坡、泻溜等。

4.1.1.3　水土流失特征分析

水土流失的主要形式和分布特征，见表 4-3。

表 4-3　水土流失的主要形式和分布特征

水土流失营力	水土流失形式	发生范围	主要影响要素
降雨	溅蚀	坡面	坡长、坡度、坡型、坡向、植被、气候、土地利用
水流	面蚀、径流损失	坡面	
	浅沟侵蚀	坡面	
	切沟侵蚀	沟谷	构造、地质、岩性、沟谷类型、气候
	冲沟侵蚀	沟谷	
	山洪侵蚀	沟谷	
	河流侵蚀	河道	河型、水文、比降
重力	崩塌、崩岗、滑坡等	坡地、沟谷、河道	地质、地形、气候、植被、土地利用
水流和重力	泥石流	流域	地质、地形、气候、植被、土地利用
风力	风蚀	干旱、半干旱地区	土壤粒径组成、土地利用、植被
温度	冻融侵蚀	高寒地区	土壤水分

4.1.2　水土流失分析与评价

4.1.2.1　土壤侵蚀强度

土壤侵蚀强度是指某种土壤侵蚀形式在特定外营力种类作用和其所处环境条件不变的情况下，该种土壤侵蚀形式发生可能性的大小。主要根据不同类型区土壤允许流失量进行划分（表 3-4、表 4-4）。

表 4-4　土壤侵蚀强度分级标准

级别	平均侵蚀模数 [t/ (km² · a)]	平均流失厚度（mm/a）
微度	<200，500，1000	<0.15，0.37，0.74
轻度	200，500，1000~2500	0.15，0.37，0.74~1.9
中度	2500~5000	1.9~3.7
强度	5000~8000	3.7~5.9
极强度	8000~15000	5.9~11.1
剧烈	>15000	>11.1

注：流失厚度系按土壤容重 1.35g/cm 折算，各地可按当地土壤容重计算。

4.1.2.2　土壤侵蚀程度

土壤侵蚀程度是指任何一种土壤侵蚀形式在特定外营力种类的作用和一定环境条件影响下，自其发生开始，截至到目前的发展状况。

土壤侵蚀程度是指与原生土壤相比，土壤已经遭受损失与破坏的程度。其分级标准见表 4-5、表 4-6。

表 4-5　有明显的土壤发生层的侵蚀程度分级标准

侵蚀程度分级	指标	侵蚀程度分级	指标
无明显侵蚀	A、B、C 三层剖面保持完整	强度侵蚀	A 层无保留，B 层开始裸露，受到剥蚀
轻度侵蚀	A 层保留厚度大于 1/2，B、C 层完整	剧烈侵蚀	A/B 层全部剥蚀，C 层出露，受到剥蚀
中度侵蚀	A 层保留厚度小于 1/2，B、C 层完整		

表 4-6　按活土层残存情况的侵蚀程度分级标准

侵蚀程度分级	指标	侵蚀程度分级	指标
无明显侵蚀	活土层完整	强度侵蚀	活土层全部被蚀
轻度侵蚀	活土层小部分被蚀	剧烈侵蚀	母质层部分被蚀
中度侵蚀	活土层厚度 50%以上被蚀		

4.1.2.3　水土流失危险度（土壤侵蚀危险程度）

植被遭到破坏或地表扰动后，引起的或加剧水土流失的可能性及其危害程度的大小。水力侵蚀危险程度等级一般采用抗蚀年限或自然植被恢复年限和地面坡度因子来划分。主要是根据现有土层的抗蚀年限评定。

（1）水蚀区侵蚀危险度采用抗蚀年限分级　见表 4-7。

表 4-7　水力侵蚀危险程度等级划分（抗蚀年限）

级别	抗蚀年限（a）	级别	抗蚀年限（a）
微度	>100	重度	20~50
轻度	80~100	极度	<20
中度	50~80		

注：1. 抗蚀年限取值采用超过临界土层厚度的土层厚度与可能的年侵蚀厚度的比值。

2. 临界土层系指林草植被自然恢复所需最小土层厚度。与乔木林、灌木林相比，草被自然恢复所需的土层最薄，一般按 10cm 计。

（2）采用植被自然恢复年限和地表坡度的等级划分　见表 4-8。

表 4-8　水力侵蚀危险程度等级划分（植被自然恢复年限和地面坡度）

地面坡度（°）	植被自然恢复年限（a）				
	1~3	3~5	5~8	8~10	>10 或难以恢复
<5，<8	微度	轻度	中度	重度	极度
5~8，8~15		轻度	中度	重度	极度
8~15，15~25			中度	重度	极度
15~25，25~35				重度	极度
>25，>35					极度

注：地面坡度东北黑土区按<5°、5°~8°、8°~15°、15°~25°、>25°划分，其他土壤侵蚀类型区按<8°、8°~15°、15°~25°、25°~35°、35°划分。

（3）风力侵蚀危险程度（气候和地表形态）　风力侵蚀危险程度采用气候干湿类型和地表形态来划分，见表 4-9。

表 4-9　风力侵蚀危险程度等级

地表形态	植被覆盖度（%）	气候干湿地区类型				
		湿润区	半湿润区	半干旱区	干旱区	极干旱区
固定沙丘，沙地，滩地	>70	微度	轻度	中度	重度	极度
固定沙丘，半固定沙丘，沙地	50~70	微度	轻度	中度	重度	极度
半固定沙丘，沙地	30~50		轻度	中度	重度	极度
半固定沙丘，流动沙丘，沙地	15~30			中度	重度	极度
流动沙丘，沙地	<15				重度	极度

4.1.2.4　不同土壤侵蚀形式侵蚀强度分级

不同土壤侵蚀形式侵蚀强度分级

（1）面蚀　斜坡上的降雨不能完全被土壤吸收，地表产生积水在重力作用下形成地表径流，分散的地表径流冲走地表土粒称为面蚀。面蚀分级见表 4-10。

表 4-10　面蚀分级指示

地面坡度		5°～8°	8°～15°	15°～25°	25°～35°	>35°
		轻度	轻度	轻度	中度	中度
非坡耕地林草覆盖率（%）	60～75	轻度	轻度	中度	中度	强度
	45～60	轻度	中度	中度	强度	极强度
	30～45	中度	中度	强度	极强度	剧烈
坡耕地		轻度	中度	强度	极强度	剧烈

（2）沟蚀　集中的地表径流冲刷地表，带走土壤、母质及破碎基岩，形成沟壑的过程称为沟蚀。沟蚀分级见表 4-11。

表 4-11　沟蚀分级指示

沟谷占坡面面积比（%）	<10	10～25	25～35	35～50	>50
沟壑密度（km/km^2）	1～2	2～3	3～5	5～7	>7
坡耕地	轻度	中度	强度	极强度	剧烈

（3）重力侵蚀　以重力作用为主的土壤侵蚀形式。重力侵蚀强度分级见表 4-12。

表 4-12　重力侵蚀强度分级指示

崩塌面积占坡面面积比（%）	<10	10～15	15～20	20～30	>30
强度分级	轻度	中度	强度	极强度	剧烈

（4）风蚀　是指土壤颗粒或沙粒在气流冲击作用下脱离地表被搬运和堆积的一系列过程以及随风运动的沙粒在打击岩石表面中使岩石碎屑剥离出现擦痕和蜂窝的现象。风蚀分级见表 4-13。

表 4-13　风蚀强度分级

级别	床面形态（地表形态）	植被覆盖度（%）（非流沙面积）	风蚀厚度（mm/a）	侵蚀模数 $[t/(km^2 \cdot a)]$
微度	固定沙丘，沙地和滩地	>70	<2	<200
轻度	固定沙丘，半固定沙丘，沙地	70~50	2~10	200~2500
中度	半固定沙丘，沙地	50~30	10~25	2500~5000
强度	半固定沙丘，流动沙丘，沙地	30~10	25~50	5000~8000
极强度	流动沙丘，沙地	<10	50~100	8000~15000
剧烈	大片流动沙丘	<10	>100	>15000

（5）混合侵蚀（泥石流）　是指在水流冲力和重力共同作用下产生的一种特殊侵蚀类型。

黏性泥石流、稀性泥石流、泥流的侵蚀强度分级，均按单位面积年平均冲出量为判别指标，具体见表 4-14。

表 4-14　泥石流侵蚀强度分级

级别	每年每平方千米冲出量（万 m^3）	固体物质补给形式	固体物质补给量（万 m^3/km^2）	沉积特征	泥石流浆体容重
轻度	<1	由浅层滑坡或零星坍塌补给，由河床质补给时，粗化层不明显	<20	沉积物颗粒较细，沉积表面较平坦，很少有大于 10m 以上颗粒	1.3~1.6
中度	1~2	由浅层滑坡及中小型坍塌补给，一般阻碍水流，或由大量河床补给，河床有粗化层	20~50	沉积物细颗粒较少，颗粒间较疏松，有岗状筛滤堆积形态颗粒较粗，多位漂砾	1.6~1.8
强度	2~5	由深沉滑坡或大型坍塌补给，沟道出现半堵塞	50~100	有舌状堆积形态，一般厚度在 200m 一下，巨大颗粒较少，表面较为平坦	1.8~2.1
极强度	>5	以深沉滑坡和大型集中坍塌为主，沟道中出现全部堵塞情况	>100	有垄岗、舌状等黏性泥石流堆积形成，大漂石较多，常开成侧堤	2.1~2.2

4.2　水土保持分析与评价

　　水土保持评价主要通过对规划区内已实施的水土保持治理措施成果，治理经验以及水土保持预防、监督、管理等方面的现状来对水土保持工作的开展进行分析评价。

4.2.1　现行规划回顾评价

4.2.1.1　实施情况评价

　　对现有规划批准以来的实施情况进行评价，包括实施的主要工程、进度、投资、主要成效和存在的问题。具体内容可参考水土保持综合治理和监管评价的内容。

4.2.1.2　规划修编的建议

　　提出规划修编的方向、重点和改进的建议。

4.2.2　水土保持综合治理评价

4.2.2.1　水土保持治理成果分析

　　主要分析各项治理措施的综合配置是否合理、实施数量与分布、质量和效果、开展水土保持的主要过程。

　　（1）水土流失治理程度分析　　分析过去水土流失治理的面积，包括荒山荒地治理面积、水土保持林和经济林等林地面积、种草面积、基本农田及筑坝拦截面积等变化的趋势，可以用治理度来评价其好坏。治理度是指流域内已治理面积，即施行水土保持措施的面积，包括造林地、种草地、基本农田及筑坝拦截面积之和与产生水土流失面积的比值，称为治理度或治理面积率。反映流域内应治理的面积中有多少已被治理。其计算公式如下：

$$治理度(\%) = \frac{已治理面积}{需治理面积(水土流失面积)} \times 100 \qquad (式4.5)$$

　　（2）水土流失变化评价　　对区域内水土流失面积及土壤流失量的减少进行分析。

　　（3）治理措施分析　　对在水土流失治理过程中的工程量，包括生物措施、工程措施等措施的数量进行统计分析，同时分析治理措施选取的合理性，措施的配置和布局的合理性以及治理措施的保存情况进行分析等。

　　（4）水土保持效益分析　　主要从水土保持各措施所产生的生态、经济、社会效益对水土保持治理现状进行分析评价。

4.2.2.2　水土保持治理经验分析

（1）水土保持治理措施　着重分析流域治理模式、措施配置模式、侵蚀控制模式、径流调节控制模式、生态修复模式，以及水土保持林草种及其使用选择等。

（2）水土保持管理　着重分析如何发动群众、组织群众，如何动员各有关部门和全社会参加水土保持，如何用政策调动干部和群众积极性的具体经验；分析水土保持各项治理措施如何结合开发、利用水土资源建立商品生产基地，为发展农村市场经济、促进群众脱贫致富奔小康服务的具体方式方法。其中包括各项治理措施的规划、设计、施工、管理、经营等全程配套的技术经验，管理的手段和方法。

4.2.2.3　水土保持治理存在的问题分析

（1）过程分析　分析工作过程中的失误和教训，包括治理方向、水保措施配置、经营管理、林草种选择、治理效益发挥、政策和管理机制等方面工作中存在的问题。

（2）支撑能力分析　分析工作支撑能力方面的困难和问题，包括经费困难、物资短缺、人员不足等问题。

4.2.3　水土保持监测和督管评价

4.2.3.1　水土保持监测评价

水土保持监测机构是否健全；监测系统的布局是否合理，能否覆盖规划的所有区域；对水土流失的状况是否及时、准确、持续的监测；监测人员是否具备专业的知识技能；数据采集、信息管理、设施设备条件等监测技术是否具有合理的标准；是否建立水土保持定期公告制度，以及是否建立完善的水土流失本底库和动态数据库，为水土保持预防监督管理提供科学依据。

4.2.3.2　监督管理评价

（1）法律法规制度体系评价

① 法律法规体系完善情况：分析现有与《中华人民共和国水土保持法》配套的地方法律法规体系是否完善。

② 管理制度评价：从规划、预防、监测和监管日常管理制度是否完善方面进行评价。

（2）监管能力评价

① 监管机构：包括是否健全，包括部门设置、人员配置等方面。

② 监管手段和监管投入：分析现有监督管理手段和设备是否能够满足目前工作的需要以及用于监督管理的资金是否充足。

③ 监管人员能力：包括监管人员的素质和执行力，监督管理人员是否能够及时发现并制止不利于水土保持的行为。

4.3 自然资源分析

4.3.1 土地资源评价

土地包括地球表面的陆地部分及其附属物，以及内陆水域和沿海滩涂。根据生态学的观点，土地是一个由气候、地貌、岩石、土壤、植被、水文、基础地质，以及人类活动组成的土地生态系统，是自然和经济的综合体。土地本身是自然的产物，但它具有两重性，既是一切生产的物质条件，又是土地关系的综合体。土地数量（面积）是有限的，是由地球大小所决定的。从特性而言，土地和植被一样，是可更新的，经过合理的利用和管理，可以向好的方向转化，不适当的利用也可以使土地退化。由于地球与太阳的位置及其运动的特点，地球、陆地表面分布有各种类型的土地，如山地、丘陵、高原、盆地等，每块土地都具有特定的空间位置，只能在所处的地域内加以利用。土地评价是按照一定的目的，对土地的性状进行评价的过程，它包括地形、土壤、植被、气候和土地其他方面的调查研究的实施和调查资料的分析说明，以便按照适合于评价目的和方式，确定并比较有希望的土地利用种类。土地评价是对土地的自然属性和社会经济要素的综合鉴定，是对土地生物生产能力及其他生产能力的鉴定，是对土地功能的综合评价。

4.3.1.1 土地评价的目的和任务

土地评价的基本目的是预测土地变更后的结果。其内容包括土地对不同利用方式的适宜性；所需要的投入和管理实践；生产或其他效益以及这类变更对环境造成的后果。从宏观来讲，包括三个方面。

土地评价是土地资源调查的组成部分。土地资源调查过程中的土地评价是从区域宏观方面揭示土地适宜性，通过综合调查，对农林牧各业的土地适宜性提出定性分类，为区域开发和国土规划提供依据。

土地评价是土地利用规划的依据。土地利用规划的作用在于对土地利用作出合理的安排，使之在对资源的开发利用获得最大的效益，与此同时达到资源的永续利用而为将来保护资源和环境。为此必须以对自然和拟定的土地利用方式两者的了解为依据，并提供最合理的土地利用方式的比较，从而作为土地利用规划的基础，为规划决策提供最客观的依据。

土地评价为土地管理服务。土地评价不仅揭示了土地的生产潜力和适宜性，而且指出了土地改良和变更土地利用的后果。根据土地适宜性和土壤改良的经济效益分析、成本和收益的比较，确定土地利用变更和土地改良的决策以及投资水平。同时，土地评价为土地质量的动态监测提供了基础数据，便于掌握土地质量等级以及不同土地利用类型的动态化和规律，在不同时期对土地进行科学管理。

土地评价的任务是从经营管理方面分析目前的土地利用，指出土地利用中存在的问题；综合分析土地的自然特性和社会经济要素，根据特定的土地利用类型进行土地适宜性评价和每种利用方式的效益分析，并指出土地的潜在生产力；根据伴随每种利用方式所生产的对自然和经济的不良后果，提出土地管理和改良的途径和措施。

4.3.1.2　土地评价的原则

比较原则是土地评价中最基本的和最重要的原则。在评价过程中，一是比较土地利用的需求和数量，不仅要分析土地质量，而且要考虑土地利用类型的特性，分析作物对土地的要求；二是比较对土地的投入和生产的效益，以保证土地利用的合理性和经济有利性；三是比较不同的土地利用，进行多宜性评价，以便规划工作者根据土地的特征、国家计划的安排、人民生活的需要，决定优化的土地利用结构。

针对性原则，土地评价要针对特定的土地利用方式来进行。每一块土地利用都有其特殊的要求，如对土地水分、土壤价值及坡度等。土地质量的判定是对每种用途的要求比较而言的，如排水困难的冲积泛滥平原是适宜稻田的一等地，但对其他农业利用类型来说就不适宜了。土地的适宜程度只有针对特定的土地利用种类时才有确切的意义。

区域性和综合性原则，土地评价必须结合评价区域的自然、经济和社会条件，不同区域的土地评价应该有不同的评价依据，选取不同的评价指标，建立不同的评价体系，这是以该区域土地特征和不同土地利用类型的比较为基础的。为此，必须结合区域的特点，进行全面的综合评价。

可持续性原则，在针对某种土地利用方式作出评价时，必须确保不因这种利用而导致环境恶化或土地退化，使土地成为永续利用的自然资源。

4.3.1.3　土地评价的类型

根据土地评价的目的、对象、方法和手段，土地评价有不同的类型。按用地类型和评价对象，可分为耕地评价、林地评价、牧地评价和水面评价，以及非农业用地评价。按评价方法和手段，可分为定性评价和定量评价、直接评价和间接评价。根据评价的目的和任务，土地评价可分为土地潜力评价、土地适宜评价和土地经济评价。

（1）土地潜力评价　土地潜力评价是对土地固有生产力的评价。它是一种一般目的的土地评价，并不针对某种土地利用类型而进行，而是从气候、土壤等主要环境因子和自然地理要素相互表现出来的综合特征，揭示土地生物生产力的高低和土地的潜在生产力。

（2）土地适宜性评价　土地适宜性是指土地在一定条件下，对不同用途（农、林、牧及其他）的适宜程度。土地适宜性评价是指对土地为农作物、牧草、林木正常生长所提供的生态环境条件的综合鉴定，是按照土地对指定用途的适宜性，将特定地区的土地进行评价和归类。土地按其适宜用途分为多宜性（一块土地适宜于农、林、牧等用途）、双宜性（只适于两种用途）、单宜性（只适于一种用途）和不宜性（不能适宜于任何用途）。土地适宜性评价包括当前适宜性评价（指土地在目前未经过重大改良的现状下对某种用途的适宜性）和潜在适宜性评价（指当地必须对大型土地改良完成后，土地对特定用途的适宜性评价）。

（3）土地经济评价　土地经济评价是指对土地在某种规定用途的条件下可能取得的经济效益的综合鉴定。它依据土地上获得的效益与相应投入的人力、物力和资源两者之间的对比关系，以土地净收益作为评价标准，对土地的投入-产出效果进行评定。土地经济评价时，要考虑直接与土地生产力有关的各种因素，与产品销售有关的地理位置和交通条件，单位面积上产品的数量以及社会对该产品的需求和价格等因素。

4.3.1.4　土地评价的因子

土地评价的因子是指影响和构成土地生产力的各种因素。在土地评价中一般选取影响当地土生产力的主导因素和限制性因素。在具体的选择当中，还应根据评价的目的和要求，确定主要因子。

气候：日照时数、降水量、干燥度、积温、无霜期等。

地质地貌：地貌类型、岩石类型、沉积物质、海拔高度、坡度、坡向、侵蚀或切割程度等。

土壤：类型、质地、pH 值、有机质、氮、磷、钾、盐碱度、土层厚度、障碍土层等。

植被：组成、类型、覆盖度、产量等。

水文：水源保证率、地下水、地表积水、沼泽化程度、灌排能力等。

经济：产量、生产管理条件、交通条件、地理位置及其他等。

4.3.1.5　土地评价程序

土地评价程序一般可分为 3 个阶段。

（1）准备工作　制定计划、组织队伍、进行物资准备。

（2）野外调查　根据评价的目的，调查评价的各个因子。

（3）成果整理　划分土地单元，选定评价指标，编制土地评级表，采用不同的方法确定土地等级，进行各类评价，完成评价成果。

土地评价指标和评级可参考表 4-15。

表 4-15　土地资源指标及评价等级

评价指标	评价等级					
	一	二	三	四	五	六
地面坡度	<3°	3°～5°	5°～15°	15°～25°	25°～35°	>35°
土壤侵蚀程度	微度	微度	轻度	中度	强度	极强度
土壤质地	轻壤～中壤	轻壤～中壤	轻壤～中壤	中壤～重壤	重壤、粗沙	重黏土、粗沙、风化母质

（续）

评价指标	评价等级					
	一	二	三	四	五	六
有机质含量（%）	>1.0	0.8~1.0	0.5~0.8	0.3~0.5	0.1~0.3	<0.1
砾石含量（%）	<2	2~5	5~15	15~30	30~50	>50
pH 值	6.5~7.5	6.5~7.5	6.5~7.5	>7.5 <5.5	>7.5 <5.5	>7.5 <5.5

4.3.1.6 评价方法

评价方法可分直接方法和间接方法两大类。直接方法，是通过试验手段直接探测，了解土地质量对某种用途的影响大小，从而确定其适应性和适应程度。由于直接法受到资料不足的限制，不能反映生产力的高低，所以实际当中很少用。间接评价法，是根据对影响土地生产力的因子做出诊断，由此确定土地的质量和适宜性。间接法又分两大类，一类为定性评价法或分等法，又称归类法，该法以针对一定利用方式的土壤潜力和限制因素，作为评价土壤质量的依据，判断其生产力大小。亦即根据各类土地在生产实践上的相似性差别，对土地类型再次组合、分类和排队，并做出相应的解释和结论。定性评价法以专家、老农评价为主，即在专家、老农的帮助下，依评价目的，通过讨论、评议，选定评价因素和分级标准，然后对评价单元所具有的属性逐个分析、归类和分等定级。如美国的八级分类制。另一类为定量评价方法，它是先将评价因素的指标数量化，然后按一定的数学公式计算数量指标，把计算结果作为土地评价单元的定级依据。下面我们主要介绍几种有代表性的定量评价方法。

（1）指数法 指数法是一种综合定量比较方法，又称为多目标决策方法。它可以将定性比较转化为定量比较，即将不同的计量单位，转化为统一的计量单位，然后将多目标〔多标准、多指标、多因素〕转化为综合的单目标，再据其数值加以综合评价。具体说，应用指数法就是先对每个评价项目打分，再把每个评价单元的各处评价项目的分数，采用加法、减法、乘法、除法和最小二乘法加以处理，以求得综合评价分数，最后据以评价土地质量。由于评价因子的权重不同，指数计算时，分为等权和不等权两种情况。

实际中评价因子的不等权情况是普遍存在的，因此，不等权条件下的指数计算方法乃属常用方法。应用指数来评价土地质量时，最关键的是确定各个因子的权重，它对于评价成果的准确性有着直接的影响。直到目前为止，众多的评价实例的不同点均表现在确定权重方法的选择上。下面主要介绍两种权重确定方法。

① 经验法（专家评分法、老手法）：应用经验法来确定评价因子的权重，就是根据已占有的各专业调查资料和实际经验，在经过科学的分析和连贯的思考的基础上对评价因子分配权重。这种方法比较简单易行，便于推广应用，其不足之处在于数量不够精确。这种方法在国外又称特尔菲法。经验法的实质就是以专家〔或有经验的干部和农民〕为索取信息的对象，让专

家运用自己的知识和经验，直观地对各处评价因子在土地质量中所起的作用进行分析综合，提出自己的意见并充分陈述理由，然后将专家们的意见加以综合、整理、归纳，再反馈给各个专家，供他们进一步分析判断，提出新的结论。如此多次反复，使意见逐步趋于一致。

② 等差法：应用等差法确定土地评价因子权重时，首先应按不同地区把土地评价因子对于土地质量作用大小依次排列，称其为作用序列，然后按照等差原则分配权重，使两个相邻因子的权重相差一个公差 d。公差 d 可按等差级数公差公式求得，即：

$$d = \frac{a_n - a_1}{n-1} \qquad (式 4.6)$$

式中：a_n 为末项；a_1 为首项；n 为项数。

为了保证评价因子之间的可比性，把等差确定的因子权重加以适当处理，进行归一计算，即得各个评价因子的可比权重。后者即为计算评价因子综合指数时所需要的权重。

（2）模糊聚类分析法　聚类分析法是将性质相近的事物进行归类的一种方法。在土地评价中，若把评价单元看做聚类分析中的样本，把反映每个评价单元基本特征的各土地因素指标看做样本的指标或变量，那么就可以依据 5 个指标的接近程度，把多个评价单元分为尺类（等级）的模糊聚类分析问题。

（3）层次分析法　其原理和应用步骤参见系统评价一节。

4.3.1.7　评价分类系统

（1）美国土地潜力分类　美国农业部原水土保持局于 1961 年颁布了《土地利用可能性分级》（land capability classification）或称为《土地潜力分级》系统。按照土地利用的可能性和限制性，将土地利用潜力分为：潜力级、潜力亚级和潜力单元三个层次。

① 潜力级（capability class）：限制性或危害性的相对程度相同的若干土地潜力亚级的归并，共有八个潜力级（表 4-16、表 4-17）。

表 4-16　土地潜力级

土地潜力级	野生动物	林业	放牧			耕作			
			有限	中等	集约	有限	中等	集约	高度集约
I	√	√	√	√	√	√	√	√	
II	√	√	√	√	√	√	√		
III	√	√	√	√	√	√	√		
IV	√	√	√	√	√	√			
V	√	√	√	√	√				
VI	√	√	√	√					
VII	√	√	√						
VIII	√								

注：表格从左到右表示土地利用的集约程度增加；从上到下表示土地利用的限制性增大。

表 4-17　潜力级限制因素和农耕管理

潜力级	限制性	限制因素										农耕管理	
		坡度	侵蚀	排水	潮湿	洪涝危害	土层厚度	持水容量	肥力	含盐量	气候	作物选择	保持措施
I	非常少											无限制	不需要
II	很少	和缓	可能			偶尔	稍差			轻微	轻微	减少	中等
III	较少	中等	容易		潮湿	频繁	很差	低	低	中等	中等	减少	专门
IV	一般	陡坡	严重		过度潮湿	频繁	浅薄	低		多量	中等	受限制	特别
V	较严重			不良	过度潮湿	严重	障碍层				中等		
VI	严重	陡坡	严重	不良	过度潮湿	严重	薄多砾石	低		多量	不良		
VII	很严重	极陡	严重		过度潮湿	严重	薄多砾石	低		多量	严酷		
VIII	极严重	极陡	危险		过度潮湿		多砾石	低		多量	严酷		

② 潜力亚级（capability subclass）：具有相同的限制因素和危险性的潜力单元的组合，共分为四个亚级（对应四种限制因素）。

e 亚级：指侵蚀危害为土地利用中的主要问题的土地。

w 亚级：指水分过多为土地利用中的主要限制因素或危害的土地。

s 亚级：指根系层浅薄，或土地中含有大量石块、土壤持水容量低、含盐量高等限制的土地。

c 亚级：指气候为土地利用面临的主要问题的土地。

③ 潜力单元（capability unit）：根据限制因素限制程度的不同，将土地潜力亚级续分为土地潜力单元，限制程度可分限制程度轻微、限制程度中度和限制程度很大三级。

（2）联合国土地适宜性评价　根据联合国粮农组织的土地评价纲要（1976），土地适宜性分类采用的是四级分类体系（表 4-18）即土地适宜性纲（orders）、土地适宜类（classes）、土地适宜亚类（subclasses）和土地适宜性单元（units）。

表 4-18 土地适宜性分类的结构

纲	类	亚类	单元
适宜性纲：表示适宜性种类	适宜性类：表示在纲内的适宜程度	适宜性亚类：表示类内的限制性因素的差异	土地适宜单元：表示类内限制性因素的微小差异
S：适宜	S_1：高度适宜 S_2：中等适宜 S_3：勉强适宜	S_{2m} 表示水的限制，S_{2o} 表示通气性差，S_{2n} 表示养分状况差，S_{2e} 表示抗侵蚀差，S_{2w} 表示土壤耕性差，S_{2v} 表示扎根条件差等	S_{2e} 亚类为例：S_{2e-1}、S_{2e-2}；S_{2e-1}：表示 S_{2e} 这一亚类内可以区分两种抗蚀性能力不同的单元，但是这两个单元是在中等适宜的范围内
N：不适宜	N_1：暂时不适宜， N_2：永久不适宜	N_{1m}、N_{1me} 等	

① 土地适宜性纲：根据土地评价单元的土地质量对一定利用土地用途要求的满足情况将土地适宜性纲划分为两个，即适宜纲（S）和不适宜纲（N）。对于土地自然适宜性评价而言，适宜的基本含义是土地评价单元的土地质量能够满足土地利用的土地用途要求，且无破坏土地资源的危险，使土地能持续地利用，而对于土地经济适宜性来讲，其适宜的含义还需在前者的基础上，增加经济的含义，即通过土地的利用，其产出要能够补偿投入。

② 土地适宜性类：根据纲内限制性因素的强弱而划分的。

一般在适宜性纲内级的数目分为三类。

S_1 级：高度适宜，土地对一定用途及持续利用无限制性或只有轻微的限制；

S_2 级：中等适宜，土地对一定用途及持续利用有中等程度的限制性；

S_3 级：勉强适宜，土地对一定用途及持续利用有严重限制。

在不适宜纲内一般分暂时不适宜（N_1）和永久不适宜（N_2）二类。暂时不适宜指由于限制性因素的严重程度，使得在现实的技术水平下，土地不适于所考虑的土地利用，但是限制性是暂时的，土地的限制性因素可以通过土地改良的方法加以克服。而永久不适宜，则是指土地的限制性因素在即定的技术条件下也不能克服，因而其限制性是永久性的。

③ 土地适宜性亚类：根据适宜性级的限制性因素的种类划分的，它是由具有帮助记忆意义的小写字母作为下标来表示的，如 S_{2m}、S_{3me}，m 表示水分的限制性，e 表示侵蚀的危害性。

④ 土地适宜性单元：它是亚级续分单元，表示的是亚级内限制性因素的空间变异性，亚级内所有的单元均有相同的适宜性程度和亚级水平的相同限制性因素种类。适宜性单元的表示是在亚级符号的下标后面用连字符加一阿拉伯数字，如 S_{2e-1}、S_{2e-2} 等，在一个亚级内划分单元的数目视实际情况而定。

（3）中国土地潜力评价 1978 年中国科学院自然资源综合考察委员会组织编制全国 1：100 万土地资源图。其分类系统采取："土地潜力区—土地适宜类—土地质量等—土地限制型—土地资源单位"五级分类制。各级的内容和划分大致有以下依据：

① 土地潜力区根据大气水热条件的区域差异将全国划分为华南区、四川盆地—长江中

下游区、云贵高原区、华北—辽南区、黄土高原区、东北区、内蒙古半干旱区、西北干旱区和青藏高原区等九个土地潜力区。它反映了各区之间生产潜力的差异，即同一区内的土地大致有着相近的生产能力，包括适宜的农作物、牧草与林木的种类、组成、熟制和产量，以及土地利用的主要方向和主要措施。

② 土地适宜类是在土地潜力区内根据土地对农、林、牧业生产的适宜来划分的，它反映土地的主要适宜性和多种适宜性。按此共分为宜农土地类、宜农宜牧土地类、宜农宜林土地类、宜林宜牧土地类、宜林土地类、宜牧土地类及不宜农林牧土地类等八个土地适宜类。

③ 土地质量等在土地适宜类内按照土地对农林牧三方面的适宜程度和生产潜力的高低划分为一等宜农土地、二等宜农土地、三等宜农土地、一等宜牧土地、二等宜牧土地、三等宜牧土地、一等宜林土地、二等宜林土地、三等宜林土地。对多宜的土地适宜类则按其对农林牧三者各自的质量等予以排列组合表示。

④ 土地限制型在土地质量等范围内，按其限制因素及其强度来划分的。同一土地限制型的土地有相同的主要限制因素和相似的改造措施。同一土地质量等内的不同土地限制型之间只反映限制因素的不同与改造措施的差别，并无质量等级上的差别。土地限制型共分为无限制、水文与排水条件限制、土壤盐碱化限制、有效土层厚度限制、土壤质地限制、基岩裸露限制、地形坡度限制、土壤侵蚀限制、水分限制与温度限制等十个限制型。

⑤ 土地资源单位这是土地资源最低一级分类单位，它表明土地的自然类型或利用类型，是由一组具有较为一致的植被、土壤及中等地形或经营管理与改造措施上较相同的土地所构成。因此，土地资源单位的数量不限，在诸土地潜力区内很不一致。

4.3.1.8　土地适宜性评价的程序

（1）评价单元及土地特性、土地质量的确定

① 土地评价单元的确定：土地适宜性评价单元可有多种选择，如可选择土地类型制图单元、土地资源类型单元、土壤制图单元、土地资源详查地块、地理网格等为土地适宜性评价单元。根据土地资源质量均一性、评价的目的、评价完成的期限、评价的精度要求以及评价的工作量大小等具体选择合适的评价单元。

② 评价单元土地特性确定：土地特性（land characteristic）是一种可度量或测定的土地属性。例如坡度、降雨量、土壤质地、有效水容量、植被的生长量等。根据资源调查而绘出的土地单元一般都是以土地特性来描述的。

③ 评价单元的土地质量确定：土地质量是由土地特性组成的，要确定土地评价单元的土地质量，就要先收集与土地质量有关的土地特性，再从这些土地性质中提取或用这些土地性质去估计土地质量。

（2）土地利用对土地条件的要求　土地利用的类型和方式要达到土地利用的目的（农业中主要是粮食，畜牧业中主要是奶和肉，建筑用地中要求土地具有一定质量的承载力等），

就要求土地具备一定的基本条件。

（3）土地利用要求与土地质量匹配　土地评价单元的土地质量和可供选择的土地利用对土地条件的要求确定之后，就可将两者进行匹配（matching），通过匹配形成土地适宜性分类。

（4）提交土地适宜性分类成果　在确定土地适宜性分类后即可提交成果，包括编绘图件（如土地适宜性图等）和撰写报告（表4-19）。

表4-19　土地适宜性图的表式图例

土地制图单元	土地利用种类				
	A	B	C	D	E
1	S_1	S_1	S_3	S_1	N_2
2	S_2	S_1	S_2	N_1	S_2
3	S_3	S_2	S_2	N_2	S_3
4	N_1	N_1	S_3	N_2	S_2
5	N_2	N_2	N_2	S_3	S_1

4.3.2　水资源评价

我们通常所说的水资源是指具有经济利用价值的自然水，主要是可以恢复和更新的淡水。

水资源的存储形式，主要是地表水和地下水两种。地下水基本以承压水、潜水、上层滞水三种方式存在，它的数量和质量除降水量外取决于区域地质构造、岩性和地貌特征等地理因素；另外，也与地表植被盖度、植被类型等因素有关。

地表水包括地表径流、河川径流、水库、湖、人工蓄水设施等储存水，地表水易被直接利用，但也容易被污染。

4.3.2.1　水资源评价的原则

水资源分析与评价考虑区域的综合性，遵循以下原则：

（1）系统性　把水资源开发利用看成是许多部分组成的系统，而各部分又视为下一层子系统。系统之间存在着相互依赖，相互制约，相互依存的关系。

（2）多用途性　水资源也是一种能源，在水资源丰富的区域充分利用其能源优势，多途径开发利用。

（3）水资源服务的多目标性　水资源服务是多目标的，在提出解决问题的策略和利用资源优势时要统筹兼顾，全面规划，局部服从全局，目前服从长远，低层次目标服从高层次目标，各方面的矛盾互相协调。

4.3.2.2　水资源评价的内容及指标

水的质量和数量和其空间分布是被直接评价分析的对象，也是水资源诊断的重要指标。不同形式存在的水的分布特征、储量、开发利用难易程度，水资源前景等都是水资源评价内容。

其中地下水分析主要有集中分布的位置、储量、地下水埋深、矿化度、开采难易程度、投资情况、可能利用方向等内容。地表水分析主要包括水质、径流量、拦蓄等措施的必要性、可行性分析，现有可利用地表水的存在形式，距离居民区的远近等内容。上述水当中有多少可用于生活，有多少可用于生产，有多少尚不能利用。

4.3.2.3　水资源评价的程序

水资源评价需从水资源现状和水需求两个方面去分析，一方面分析水的绝对数量和质量；另一方面分析水供需平衡。水资源评价的程序用图 4-1 表示。

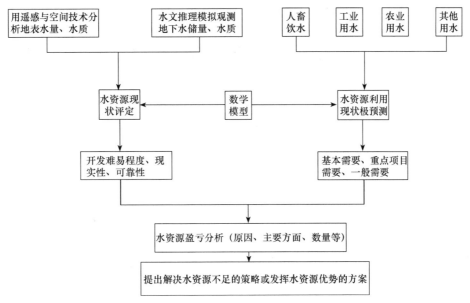

图 4-1　水资源评价程序

4.3.2.4　水资源利用现状评价

水资源利用现状的评价包括供需水量的计算，供水量计算包括蓄水工程（大、中、小型水库）目前的库容、蓄水量及可能提供的用水量；引水工程，如机井，可提供的可利用水量，按平均年份，以月为单位计算；需水量计算包括城镇居民生活用水、农村人畜饮水、工业用水、农业灌溉用水、河道内用水等。通过分析，提出水资源利用中存在问题、解决方法和开发利用方向。

4.3.2.5　水资源相关因素评价

（1）水资源丰缺程度评价　根据水资源的动态平衡分析，结合水资源相关规划，主要从水资源丰缺程度以及地表径流调控对农村生产和生活用水、生态用水的影响进行评价。

（2）饮用水源地面源污染评价　主要根据水质监测资料，水土流失分布、饮用水源地保护等相关规划，评价水土流失面源污染对水质的影响。

4.3.3　矿产资源分析和评价

4.3.3.1　矿产资源分析和评价的内容

① 矿产资源类型：不同类型的矿产决定了自身的价值及在工业部门的用途，也影响到其他相关产业的发展。

② 资源储量：在临界品位以上、集中埋藏的矿产资源的数量。它决定了是否有开采的价值和开采规模。

③ 质量：包括主要矿产资源的品位，杂质含量、提炼纯度、次要成分的含量等，它决定了开采价值。

④ 矿产资源区开采利用条件：地理位置、交通状况、工农业生产条件、经济条件、人口劳力状况、气候环境等。

⑤ 矿产资源开发对环境土地带来的影响及相应的防治措施。

4.3.3.2　矿产资源评价的步骤

① 勘测矿产资源的类型、储量和质量。
② 分析矿产资源区的条件。
③ 模拟开发资源区的条件。
④ 开发前景估测。

4.3.4　生物资源分析和评价

生物资源是自然资源的重要组成部分，它直接或间接地为人类提供木材、食品、肉类、果品、油料、毛皮、药材等各种生活消费品和工业原料。同时，生物是生态系统的核心，它是保护生态系统的正常功能，维护人们生活、工作适宜的生态环境的关键成分。

4.3.4.1　植物资源评价

植物资源评价包括林草资源和作物资源。

（1）林草资源评价

① 从生产和经济角度出发，分析植物所能提供的木材、薪材、果实、种子、油料、肥

料及其他材料的数量和质量，生产的难易程度，市场状况和产投比，从而分析该种植物的开发利用前景。

②从生态平衡角度出发，分析植物种的多样性、现有林草的覆盖度、优势种等，同时分析目前生态系统的植物对生态环境影响的程度，形成目前生态状况的原因。

③从环境保护角度出发，分析植物对不利的气候、土壤等环境的抗逆力，以及植物涵养水源、保持水土、防风固沙、改良土壤、净化环境的能力，从而分析其开发利用前景。

④从植物的特殊用途出发，分析评价其开发利用的可能性。如植物的药用价值，军工、航空工业的原材料，观赏价值等。林草资源的评价过程见图4-2。

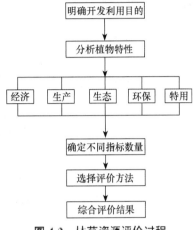

图4-2　林草资源评价过程

（2）作物资源评价

分析评价作物资源主要考虑以下方面：作物的生物学特性和生态学特性（它是农业生产的内在因素）；作物的产量（作物产量的上限、下限、一般水平）；作物品种与品质（不同品种的作物其营养成分含量不一样，也就决定了它的食用价值）；作物的经济价值（通过分析其产量、质量、投入量、经营管理状况来分析其经济价值的高低、加工前景、栽培后能否增值）；经营管理过程及其难易程度（栽培技术是否容易掌握、经营过程需要哪些环节、产品是否容易保存等）；作物的遗传性（考虑不同的作物品种的遗传特性，保护稀有作物的种源）。

4.3.4.2　动物资源评价

动物资源按其生存方式分为野生动物资源和饲养动物资源。

（1）野生动物资源评价　野生动物评价的内容包括：动物的种类、数量、生活习性、食物类型、特种用途、经济价值、欣赏价值、开发前景、市场状况等。分析它的目的是为了保护珍稀动物，驯养有利用价值的野生动物，为生产和生活服务。

（2）饲养动物资源评价

①用途：饲养动物的毛、皮、肉、骨及其他产品都有多种用途+有些动物器官具有药用等特殊用途，充分利用这些特点，为经济发展和人类生活服务。

②经济价值：畜产品的品质和产量决定了家畜的经济价值的高低，一般以单位时间（如一年）内的净产值来衡量其经济价值的高低。

③饲养难易程度：不同动物对生活的环境有不同的要求，饲养方法各有不同，如果动物在饲养过程中由于饲养方法不当或动物本身对环境要求较高而造成其死亡，将失去一切价值。所以，必须认识其饲养方法和难易程度，以免造成经济损失。

④动物的生活习性及要求：如温度、湿度、阳光、所需饲草饲料状况。

⑤市场需求及开发前景：现在的规模数量，繁殖速度，将来市场供需状况，发展的可

行性和必要性等。

4.3.5　光热资源

4.3.5.1　光照（能）资源

光照资源我们主要考虑两个指标：太阳辐射和日照时数。

（1）太阳辐射　总辐射量等于直接辐射量与散射辐射量之和。

$$Q=S+F \qquad\qquad\qquad （式4.7）$$

式中：Q 为总辐射量；S 为直接辐射量；F 为散射辐射量。

（2）日照时数　日照时数是日出到日落太阳照到地面上的实际光照小时数。

4.3.5.2　热量资源

热量资源对工农业生产有影响，特别是影响农作物的生育、产量和产品质量。其主要指标是日平均气温、积温和无霜期。

日平均气温≥0℃的始现期和终止期，是开始土壤解冻和开始冻结，田间耕作开始和结束的时间，其持续期为农耕期。日平均气温≥5℃的始现期和终止期，是各种喜冻作物（如小麦大麦、马铃薯、油菜等）及大多数牧草开始生长和停止生长的时间，其持续期为喜凉作物生长期。日平均气温≥10℃是一般喜温作物（如玉米、谷子、大豆、高粱、甘薯、水稻、花生、棉花等）生长的起始温度。多数植物在这个温度活跃生长，一般以 10℃以上的持续日数和积温作为喜温作物的生长期和热量状况。日平均气温≥15℃是喜温作物积极生长的温度，它的持续期是喜温作物的安全生长期。日平均气温≥20℃是喜温作物光合作用最适宜温度范围的下限，所以≥20℃的时期为喜温作物的安全成熟期。一般以达到上述温度指标以上的活动积温表示农作物对热量的要求，其保证率为 80%。最热月平均温度是衡量某一地区能否满足作物生育所需的高温条件，对于喜温作物更为重要。最冷月平均温度和极端最低温度，对越冬作物和多年生木本植物有决定性影响。无霜期的长短，决定了一般喜温作物生长期的长短。考虑规划范围内不同地貌条件下，热量分布特征和变化规律，对安排水土保持林草措施配置和农业生产有重要作用。

4.3.6　旅游（景观）资源

凡是以吸引旅游者参观游览的各种自然资源和人为景观资源都可称为旅游资源。按资源类型可分为自然风景旅游和人为景观旅游资源。旅游资源具有综合性、经济性、季节性、地域性、永续性、多样性、变动性、多效益性、垄断性等特点。

4.3.6.1　旅游（景观）资源评价的内容

① 旅游资源的客体景象艺术特征，依景物的种类、数量、特点、格调与组合，确

定其地位、价值和意义等。

② 旅游资源的历史文化价值。

③ 景象的地域组合、地理位置与可进入性。

④ 旅游功能和环境容量。

⑤ 旅游资源的开发利用条件，包括建设的施工量大小、投资、施工技术和物品供应状况。

4.3.6.2　旅游（景观）资源评价的步骤

① 旅游类型区划分。

② 旅游路线、网络设计。

③ 旅游软、硬环境。

④ 开发利用。

4.4　生态状况评价

生态状况评价主要是从水土资源利用和开发方面对生态的影响进行评价。

4.4.1　生态功能影响评价

这里主要对生态服务功能的影响，我国的生态服务功能包括生态调节功能、产品提供功能与人居保障功能。其中，生态调节功能主要是指水源涵养、土壤保持、防风固沙、生物多样性保护、洪水调蓄等维持生态平衡、保障全国或区域生态安全等方面的功能。产品提供功能主要包括提供农产品、畜产品、水产品、林产品等功能。人居保障功能主要是指满足人类居住需要和城镇建设的功能。生态调节功能主要指以下功能。

（1）生物多样性保护　主要是评价区域内各地区对生物多样性保护的重要性。重点评价生态系统与物种的保护重要性。

（2）水源涵养和洪水调蓄　区域生态系统水源涵养的生态重要性在于整个区域对评价地区水资源的依赖程度及洪水调节作用。因此，可以根据评价地区在所处的地理位置，以及对整个流域水资源的贡献进行评价。

（3）土壤保持　土壤保持的重要性评价要在考虑土壤侵蚀敏感性的基础上，分析其可能造成的对下游河床和水资源的危害程度与范围。

（4）沙漠化控制　在评价沙漠化敏感程度的基础上，通过分析该地区沙漠化所造成的可能生态环境后果与影响范围，以及该区沙漠化的影响人口数量来评价该区沙漠化控制作用的重要性。

（5）营养物质保持　从面源污染与湖泊湿地的富营养化问题的角度考虑，评价区域的营养物质保持重要性。其重要性主要根据评价地区 N、P 流失可能造成的富营养化后果与严重程度。

（6）海岸带防护功能　重点评价海岸防侵蚀区、防风暴潮区、红树林、珊瑚礁和其他重要陆生与海洋生物分布与繁殖区，以及其它对维护当地生态环境安全的重要海岸带、滩涂与近海区等。

4.4.2　生态脆弱性影响评价

生态敏感性是指一定区域发生生态问题的可能性和程度，用来反映人类活动可能造成的生态后果。我国生态敏感性的评价内容包括土壤侵蚀敏感性、沙漠化敏感性、盐渍化敏感性、石漠化敏感性、冻融侵蚀敏感性和酸雨敏感性 6 个方面。生态环境敏感性评价可以应用定性与定量相结合的方法进行。在评价中应利用遥感数据、地理信息系统技术及空间模拟等先进的方法与技术手段。

（1）土壤侵蚀敏感性　以通用土壤侵蚀方程（USLE）为基础，综合考虑降水、地貌、植被与土壤质地等因素，运用地理信息系统来评价土壤侵蚀敏感性及其空间分布特征。

（2）沙漠化敏感性　可以用湿润指数、土壤质地及起风沙的天数等来评价区域沙漠化敏感性程度。

（3）盐渍化敏感性　土壤盐渍化敏感性是指旱地灌溉土壤发生盐渍化的可能性。可根据地下水位来划分敏感区域，再采用蒸发量、降雨量、地下水矿化度与地形等因素划分敏感性等级。

（4）石漠化敏感性　可以根据评价区域是否喀斯特地貌、土层厚度以及植被覆盖度等进行评价。

（5）酸雨敏感性　可根据区域的气候、土壤类型与母质、植被及土地利用方式等特征来综合评价区域的酸雨敏感性。

4.5　社会经济分析

4.5.1　人口及劳动力分析评价

人口总是我国社会经济发展的一个重大问题，人口的发展必须与国民经济的发展相适应，与物质产品的生产能力相适应，与社会对劳力的需求相适应，与系统发展的总目标相适应。社会劳动力必须保持适度的水平，才能保证一定的经济发展速度和效益，促进经济发展和繁荣，促进科学文化发展和技术进步，加速推动劳动生产率的提高。若劳动者人数比例小，人口相对减少，非生产人口相对增多，导致消费的支出增大，教育发展受到限制，人口素质下降，人才缺乏，影响科技水平的提高，从而妨碍社会经济发展。因此，人口结构合理与否，对经济发展起着至关重要的作用。

4.5.1.1　人口数量结构分析

人口数量结构分析包括人口的年龄结构、性别结构和劳动力与非劳动力组成结构。

人口年龄结构如何，是决定未来人口发展的基础，合理的人口年龄结构为老中少比例恰当，社会负担系数小，人口老化程度低。要达到合理的人口结构，必须对人口进行控制，即通过计划生育措施，调控不同时间人口生育率，从而使人口的状态分布较为合理。从人口的年龄结构来分可简单地分为未成年人（0～15 岁），成年人口或劳动力人（国际标准 15～64 岁）和老年人。面对农村劳力人口的计算包括了整劳力人（18～49 岁）、半劳力人（16～17 岁，女劳力 50～55 岁，男劳力 50～60 岁）。劳动力抚养指数是指非劳力人口与劳动力人口的比值，一般大于 0.5 是较为合适的。

4.5.1.2　人口质量结构分析

人口质量结构分析包括人口的文化素质构成和人口的健康水平。文化素质构成主要考虑劳动力人口的文化程度构成；健康水平包括残疾和非残疾人口，非残疾劳动力可按体力状况来进行分析。文化素质构成分析主要考虑人口的文化程度构成，包括大学文化水平、大中专文化水平、高中文化水平、初中文化水平、小学文化水平和文盲半文盲人口。健康水平包括残疾人口，非残疾劳动力可按体力状况来进行分析。人口质量的高低直接影响区域今后的经济发展，人口素质差、人才缺乏、接受和学习新知识、新技术能力低，生产技术水平低，劳动生产率低，阻碍社会经济的发展。反之，对社会经济发展起着促进作用。

4.5.2　农业生产状况分析评价

4.5.2.1　产出结构

以价值指标表示，即以货币量作为产出的度量基准。基本计算公式为：

$$SVI = \frac{V_i}{\sum V_i} \times 100\%　　　　（式 4.8）$$

式中：SVI 为产出的价值结构指标；V_i 为第 i 项产出值；$\sum V_i$ 为总产出值。

4.5.2.2　投入结构

依据投入要素的不同来分别计算，主要有劳动就业结构、土地利用结构和资金分配结构。

（1）劳动就业结构（主要反映经济结构）

$$LSI = \frac{L_i}{\sum L_i} \times 100\%$$

（式 4.9）

式中：LSI 为劳动就业结构指标；L_i 为总体第 i 部分的劳动就业量；$\sum L_i$ 为总体合部分的劳动就业量之和，即劳动就业总量。

（2）土地利用结构（反映农业产业结构）

$$ASI = \frac{A_i}{\sum A_i} \times 100\%$$

（式 4.10）

式中：ASI 为土地利用结构图；A_i 为总体第 i 部分的土地占有量；$\sum A_i$ 为总体合部分的土地占有量之和。

（3）资金分配结构（反映资金在经济总体各部分间的投放情况）

$$KSI = \frac{K_i}{\sum K_i} \times 100\%$$

（式 4.11）

式中：KSI 为资金分配结构；K_i 为总体第 i 部分的资金投放量；$\sum K_i$ 为资金总投放量。

4.5.2.3　结构变化值

反映经济结构变化过程的指标，它等于报告期的经济结构指标值与基期的经济结构指标绝对离差的加总。其计算表达式为：

$$SCV = \overline{Z} \mid SV_{1i} - SV_{0i} \mid$$

（式 4.12）

式中：SCV 为结构变化值；SV_{1i} 为报告期的第 i 项结构指标值；SV_{0i} 为基期的第 i 项结构指标值。

除结构变值外，还有结构变化百分点和结构变化速度指标。

4.5.2.4　结构效应值

结构效应值反映变革结构的实际利益。其计算公式为：

$$SEV = \left(\frac{\sum F_1 Q_1}{\sum Q_1} - \frac{\sum F_0 Q_0}{\sum Q_0} \right) \times \sum Q_1$$

（式 4.13）

式中：SEV 为结构效应值；F_0 为结构变化前各种生产的单位要素生产水平；F_1 为变化后的生产水平；Q_0 为基期各种生产各自的规模；Q_1 为报告期的规模；$\sum Q_0$ 为基期各种生产的总规模；$\sum Q_1$ 为报告期的规模。

对于具体情况，生产的规模可以是种植面积、劳动力人数，也可以是资金投放量，与此相对应的单位要素生产水平即为单位种植面积产出，单位劳动力的产出，或单位资金作量的产出。另外也可以计算相对结构效应，来反映产出总增量中由于结构改变所增加的产出所占的相对份额。

4.5.3　农民生活和消费

恩格尔系数是指食品消费支出在生活消费支出中所占的份额，其表达式为：恩格尔系数＝（食品消费支出额/生活消费支出总额）×100%。式中，食品消费支出包括购买食品的开支和自产、赠送食品中用于消耗的折算价值。总消费支出包括各种消费（包括吃、住、行、衣等）的总价格，自有物品同样计算其价值。恩格尔系数的大小与人物收入水平的高低有内在的联系，分析恩格尔系数，可以考察一个国家或地区的经济发达程度。联合国曾确定了以恩格尔系数划分贫富的标准。具体见表 4-20。

表 4-20　恩格尔系数划分贫富的标准

恩格尔系数（%）	富裕程度
＞59	绝对贫困
50～59	勉强度日（温饱）
40～50	小康水平
20～40	富裕
＜20	最富裕

4.6　规划需求与目标预测

4.6.1　规划需求分析

需求分析应在经济社会发展预测的基础上，结合土地利用规划、水资源规划、林业发展规划、农牧业发展规划等，从促进农村经济发展与农民增收、保护生态安全与改善人居环境、利于江河治理和防洪安全、涵养水源和维护饮水安全，以及提升社会服务能力等角度进行分析。

4.6.1.1　经济社会发展预测

根据国民经济和社会发展规划、国土规划以及有关行业中长期发展规划为基础，对经济社会发展进行预测。

4.6.1.2　农村经济发展与农民增收对水土保持的需求分析

① 根据经济社会发展对土地利用的要求和土地利用规划，分析不同区域土地资源利用

和变化趋势，结合水土流失分布，从适应土地利用规划、维护土地资源可持续利用方面，分析提出水土流失综合防治方向和布局要求。

② 根据土地利用规划或相关文件，在符合土地利用总体规划目标和要求的基础上，分析评价土地利用结构现状及存在的问题，从抢救和保护土地资源出发，提出水土保持措施合理配置的要求。

③ 根据国家和地方粮食生产方面的规划、土地利用规划、规划区的人口及增长率、粮食生产情况、畜牧业发展等，分析提出水土保持需要采取的坡耕地改造及配套工程、淤地坝建设和保护性农业耕作措施等的任务和布局要求。

④ 分析制约农村经济社会发展的因素与水土保持的关系，以及水土保持在农民收入和振兴当地经济中的重要作用，提出满足发展农村经济、建设新农村以及农民增收对水土保持需求的水土保持布局和措施配置要求。

4.6.1.3　生态安全建设与改变人居环境对水土保持需求预测分析

① 根据全国水土保持区划三级水土保持主导功能，以及全国主体功能区规划等，分析其功能和定位水土保持的需求，明确不同区域生态安全的建设与水土保持的关系，从维护水土保持主导功能与重要生态功能需求出发，提出需要采取的林草植被保护与建设等任务和措施布局要求。

② 分析人居环境维护功能区域的水土流失分布情况，围绕城市水土保持工作，从改善和维护人居环境要求出发，侧重水系、滨河、滨湖、城市周边的小流域或集水区，提出水土保持建设需求。

4.6.1.4　江河治理与防洪安全对水土保持的需求预测分析

① 根据规划区水土流失类型、强度和分布与危害，结合山洪灾害规划、防洪规划，从涵养水源、消减洪峰、拦蓄径流泥沙等方面，分析控制河道和水库泥沙淤积对水土保持的需求，提出水土保持需要采取的沟道治理、坡面径流拦蓄等的任务和布局要求。

② 与相关规划协调，定性分析滑坡、泥石流、崩岗灾害治理及防洪安全建设对水土保持发展的需求，提出水土保持任务与布局要求。

4.6.1.5　水源保护与饮用水安全对水土保持的需求预测分析

① 在分析具有水源涵养功能的三级区情况的基础上，结合流域综合规划与区域水资源规划，分析有关江河源头区及水源地保护对水土保持需求，提出水土流失防治重点和要求。

② 在分析水质维护功能的三级区情况的基础上，根据饮用水源地安全保障规划，结合水资源丰缺程度和面源污染评价结果，提出水土保持需要采取的水源涵养林草建设、湿地保护、河湖库岸及侵蚀沟岸植物保护带等的人物和布局要求。

4.6.1.6　社会服务能力提升对水土保持的需求分析

根据社会公众服务需求，结合水土保持现状与管理评价，提出水土保持监测、综合监督管理体系和能力建设需求。

4.6.2　规划目标和任务分析

4.6.2.1　综合规划

① 综合规划目标应分不同规划水平年确定，应从防治水土流失、促进区域经济发展、减轻山地灾害、减轻风沙灾害、改善农村生产条件和生活环境、维护水土保持功能等方面，结合区域特点分析确定定性、定量目标。近期以定量为主，远期以定性为主。

② 综合规划任务应分析规划区特点，从经济社会长远发展需要出发确定规划任务，主要包括防止水土流失和改善生态与人居环境，促进水土资源合理利用和改善农业生产基础条件以及发展农业生产减轻水、旱、风沙灾害，保障经济社会可持续发展需求。

4.6.2.2　专项规划

① 专项规划目标应与主要任务相协调。

② 专项规划的任务可结合工程建设需要，从以下方面进行分析确定。

a. 治理水土流失，改善生态环境，减少入河入库（湖）泥沙；

b. 蓄水保土，保护耕地资源，促进粮食增产；

c. 涵养水源，控制面源污染，维护饮水安全；

d. 防治滑坡、崩塌、泥石流，减轻山地灾害；

e. 防治风蚀，减轻风沙灾害；

f. 改善农村生产条件和生活环境，促进农村经济社会发展；

g. 其他可能的特定任务。

4.6.2.3　规划规模

① 综合规划的规模主要指水土流失综合防治面积，包括综合治理面积和预防保护面积。根据规划目标和任务，结合现状评价和需求分析、资金投入分析等，按照规划水平年分近、远期拟定。

② 专项规划的规模主要指特定区域的水土流失综合防治面积（含综合治理面积和预防保护面积），或特定的工程的改造面积或建设数量，主要根据规划目标和任务、资金投入分析，结合现状评价和需求分析拟定。

4.6.3　预测方法

分为定性预测和定量预测两种方法。

（1）定性预测方法　根据调查研究，了解实际情况，根据实践经验、理论和业务水平，对社会经济发展前景的性质、方向和程度作出判断，进行预测。定性预测方法有市场调查法、专家评估法、主观概率法、交叉影响法等。

（2）定量预测方法　根据统计资料和社会经济信息，运用统计方法和数学模型，对社会经济未来发展的规模、水平和速度进行预测。主要方法有回归分析法、时间序列预测、趋势线模型预测、马尔科夫链预测等。

4.6.3.1　不同用地类型需求预测方法

（1）农用地需求一般可采用以下方法预测

① 目标产能法：根据农产品的产能目标和单产水平预测用地需求，主要用于耕地、园地和各种生产性林地、草地的预测。对相关规划已明确提出产能目标的，可直接采用作为预测的依据；对相关规划没有明确的，根据城乡居民消费需求的发展变化确定产能目标。

② 结构比例法：根据各类用地相对稳定的比例关系推算有关用地需求，可用于农村道路、农田水利等其他农用地的预测。

（2）建设用地需求一般可采用以下方法预测

① 以人定地法：主要用于城镇用地和农村居民点用地的需求预测，即根据未来人口和人均用地计算相应的用地需求。其中，人均用地需在现状水平的基础上，依据国家标准，综合考虑未来人口规模、产业结构、居住出行方式对集约用地的影响确定。

② 以产定地法：主要用于工矿用地的预测，即根据产业发展规模和产均用地计算未来用地的需求。产均用地应根据现状用地水平，依据行业用地标准，综合考虑技术经济发展水平、产业政策和供地政策确定。

③ 结构比例法：主要用于交通等用地的预测，即根据交通用地与城乡建设用地规模的比例，综合考虑自然条件、城乡人口格局、产业分布和区域交通发展战略确定。

④ 趋势分析法：可用于各类建设用地的预测，即通过研究各类建设用地规模的历史变化及其与人口增长、建设投资、产业结构、城镇化发展等的相互关系，运用回归分析等方法确定。

⑤ 定额法：可用于新增建设用地的预测。

4.6.3.2　总人口预测方法

（1）人口变动比较稳定地区的人口预测法　在人口变动比较稳定的地区，可采用自然平均增长法预测。计算公式如下：

$$P_n = P_0(1+K)^n \pm \Delta P \qquad\qquad （式4.14）$$

式中：P_n 为规划目标年总人口（人）；P_0 为规划基期年总人口（人）；K 为规划期间人口自然增长率（%）；n 为规划年限（年）；ΔP 为规划期间人口机械增长数（人）。

人口自然增长率应根据计划生育指标，分析人口年龄与性别构成状况予以确定。人口机械增长，宜按平均增长法计算，依公安部门统计的多年人口净迁入（出）量计算平均值，并分析影响机械增长的因素予以确定。

（2）人口变动不稳定地区的人口预测法　在人口变动不稳定的地区，应分析人口变动因素，采用适当方法测算。

人口自然增长率变化较大的，应分析人口自然增长趋势，按上述公式分段或逐年确定 K 值（人口自然增长率）计算；因建设重大项目引起人口变动的，可按劳动力带眷系数法，即根据新建工业项目的职工数及带眷情况计算人口机械增长。

（3）受资源、生态条件严重制约地区的人口预测方法　应按环境容量法确定适宜的人口规模。计算公式如下：

$$P_{max}=MIN\{P_{1max}, P_{2max}, P_{3max}, \cdots, P_{imax}, \cdots\} \qquad （式 4.15）$$

式中：P_{max} 为城市的极限人口；P_{imax} 为自然资源、生态条件供给能力和某项基础设施支持能力的最大值进行总人口预测时，除预测户籍人口外，还应预测城市范围内暂住人口数量，预测方法与总人口机械增长预测方法相同。经济发达地区还应考虑人口流动因素。

4.6.3.3 城镇与乡村人口预测

（1）一般预测方法　城镇人口是指市、建制镇建成区范围内常住人口。常住人口指实际居住在某地区一定时间（指半年以上）的人口，包括：除离开本地半年以上（不包括在国外工作或学习的人）的全部常住本地的户籍人口；户口在外地，但在本地居住半年以上者，或离开户口地半年以上而调查时在本地居住的人口；调查时居住在本地，但在任何地方都没有登记常住户口，如手持户口迁移证、出生证、退伍证、劳改劳教释放证等尚未办理常住户口的人。无常住人口数据时，可用户籍人口加暂住半年以上人口口径的方式处理。乡村人口是指村庄、集镇常住人口。非户籍常住人口中农村户籍务工人口比例较大的城市，预测城镇人口规模时，应根据地方实际，将该部分人口按一定比例进行折算。折算系数一般取 0.7。计算公式如下：

$$PC=P_c-P_n（1-K_c） \qquad （式 4.16）$$

式中：PC 为规划目标年城镇人口（人）；P_c 为按常住人口口径预测的城镇人口（人）；P_n 为预测的农村户籍务工人口规模（人）；K_c 为城镇人口折算系数。

（2）外出务工较多的乡村人口预测　外出务工较多的乡村地区人口预测，应将外出务工人员按一定系数折算。折算系数一般取 0.6。计算公式如下：

$$PR=P_r-P_w（1-K_r） \qquad （式 4.17）$$

式中：PR 为规划目标年乡村人口（人）；P_r 为预测的农村户籍规模（人）；P_w 为预测的外

出务工人口（人）；K_r 为乡村人口折算系数。

　　预测城镇与乡村人口规模时，人口计算范围应与城镇、村镇建设用地范围一致。预测城镇与乡村人口时应考虑城镇化发展进程，预测方法与总人口预测基本相同。

4.6.4　预测步骤

　　① 明确任务或目标。

　　② 确定预测的时间界限。

　　③ 掌握事物发展的规律和有关的数据、资料等信息，分析历史上发生的偶然事件，预估未来偶然事件发生的可能性。

　　④ 选择适当的预测途径和方法。

　　⑤ 建立适当地预测模型，如概念性的、结构性的、系统性的，使模型尽可能满足确切性、简洁性和适应性等要求。

　　⑥ 分析模型内部因素及相互关系、分析模型外部因素及想定情景。

　　⑦ 进行预测。

　　⑧ 对预测结果进行灵敏度分析、对多种预测结果进行评价，考虑是否满足原定任务或目标要求。

思 考 题

　　1. 水土流失分析评价的主要内容是什么？

　　2. 水土保持分析评价的主要内容什么？

　　3. 土地适宜性评价和土地潜力评价有何区别？

　　4. 人口及劳动力评价对水土保持规划的意义如何？

　　5. 规划需求应考虑哪些方面？

本章推荐书目

　　1. 生态环境建设规划（第二版）. 高甲荣，齐实. 中国林业出版社，2012

　　2. 水土保持规划编制规范（SL335-2014）

第 ❺ 章

水土保持区划和水土保持分区

[本章提要]

　　本章主要阐述了水土保持区划的概念、原理、目的、任务、内容、原则方法及实例；介绍了水土保持的分区情况，详细论述了水土流失重点防治区与水土流失易发区划分的原则、程序及方法。

5.1 水土保持区划概述

5.1.1 水土保持区划的概念

　　水土保持区划是一种部门经济区划，也是综合农业区划的组成部分。水土保持区划是在土壤侵蚀区划（或水土流失类型区划划分）和其他自然区划（植被地带区划、自然地理区划等）的基础上，根据自然条件、社会经济情况、水土流失特点及水土保持现状的区域分异规律（区内相似性和区间差异性），将区域划分为若干个不同的（根据情况可以进一步划分出若干个亚区）水土保持类型区，并因地制宜地对各个类型区分别提出不同的生产发展方向和水土保持治理要求，以便指导各地科学地开展水土保持，做到扬长避短，发挥优势，使水土资源能得到充分合理的利用，水土流失得到有效的控制，收到最好的经济效益、社会效益和生态效益。

　　水土保持区划，根据区划的任务，可分成两类：一是在水土保持总体规划中进行，水土保持区划作为水土保持规划一个必不可少的重要步骤和组成部分，其任务是根据某个规划范围内各地不同的自然条件、自然资源、社会经济情况、水土流失特点，划分不同类型区，并对各区分别采取不同的生产发展方向（或土地利用方向）和防治措施布局；二是水土保持区划作为水土保持规划的前期工作，即在开展规划之前，先期独立地进行水土保持区划，根据区划的成果，再选定其中某些类型区，分期分批地进行水土保持规划，以水土保持区划中所阐明的自然条件、自然资源、社会经济情况、水土流失特点为依据，研究确定其生产发展方向与防治措施布局。水土保持区划是水土保持的一项基础性工作，将在相当长的时间内有效指导水土保持综合规划和专项规划。

5.1.2 区划的类型

5.1.2.1 水土保持类型区划

水土保持类型区划是以我国的各地区的特点，水土保持的要求和水土流失的相似性和分异性特点而进行划分的。水土保持规划应根据项目区内的水土流失特点，进行水土流失类型区的划分。在水土保持综合调查的基础上，根据规划范围内各地不同的自然条件、自然资源、社会经济和水土流失特点，将水土流失类型、强度相同或相近的划分为同一水土流失类型区，以便指导规划与实施。

水土保持区划，根据区划的任务，可分成两类：一是在水土保持总体规划中进行，水土保持区划作为水土保持规划一个必不可少的重要步骤和组成部分，其任务是根据某个规划范围内各地不同的自然条件、自然资源、社会经济情况、水土流失特点，划分不同分类型区，并对各区分别采取不同的生产发展方向（或土地利用方向）和防治措施布局；二是水土保持区划作为水土保持规划的前期工作，即在开展规划之前，先期独立地进行水土保持区划，根据区划的成果，再选定其中某些类型区，分期分批地进行水土保持规划，以水土保持区划中所阐明的自然条件、自然资源、社会经济情况、水土流失特点为依据，研究确定其生产发展方向与防治措施布局。

5.1.2.2 水土保持功能区划

水土保持功能指某一区域内水土保持设施所发挥或蕴藏的有利于保护水土资源、防灾减灾、改善生态、促进社会经济发展等方面的作用，包括基础功能和社会经济功能。水土保持基础功能是指某一区域内水土保持设施在水土流失防治、维护水土资源和提高土地生产力等方面所发挥或蕴藏的直接作用或效能；水土保持社会经济功能是水土保持基础功能的延伸，指某一区域内水土保持设施对社会经济发展起到的间接作用。

水土保持功能区划，就是根据区域水土流失特征及影响水土流失的自然条件（地质、地貌、土壤、植被、水文气象等）和社会经济条件、土壤侵蚀敏感性和水土保持功能重要性空间分布规律及其相似性和差异性，将区域划分成具有特定的自然特征和能够以统一的模式进行水土保持生态工程建设、保护、开发的功能类型区的过程，并提出分区的水土保持方略、生态保护方向、土地合理利用与改造途径，以及提出水土保持具体措施布局与配置。

水土保持功能区划的根本目的在于分析区域水土保持的不同类型和特点，实现水土保持措施的合理布局以及资源的最优配置，促进地区水土保持生态环境及社会经济的协调发展，最终保证生态环境持续稳定健康发展。从政府管理角度看，水土保持功能区划的目的是为了便于对不同水土流失地区进行分层次、有重点地监控和管理，便于国家和地方水土保持的各项政策顺利实施，便于及时发现和解决水土保持工作中出现的问题。通过水土保持功能区划，以便了解各地水土保持的基本概况以及水土流失对生态环境建设和人民生活的有利方面和不利方面，从而为充分利用、改造各地的自然环境提供科学依据。

5.1.3　区划和规划的区别

规划是为了达到某一既定的目标而制定的一整套行动方案。广义上讲，规划涉及的内容包括我国目前的各类规划、项目建议书和可行性研究报告的内容，下一步为具体的设计与施工问题。狭义上讲，规划可以看作是一个宏观的、战略的、长期的行动计划，国家和省级的规划一般都属于这一类。

区划有全国性综合自然区划和部门区划 2 种，部门区划中又可分为部门自然区划和部门综合区划（主要理论基础是自然经济地域分异规律）。而水土保持专业常说的是水土保持规划和水土保持区划。水土保持区划是指根据自然和社会条件水土流失类型强度和危害，以及水土流失治理方法的区域相似性和区域间差异性进行的水土保持区域划分，并对各区分别采取相应的生产发展方向布局或土地利用方向和水土流失防治措施布局的工作。水土保持区划是水土保持规划的基础。

5.1.4　水土保持区划与水土流失类型分区的区别与联系

水土流失类型分区是根据土壤侵蚀类型、成因、强度以及影响土壤侵蚀的各种因素等的相似性和差异，对某一地区进行地域划分。水土流失类型分区反映土壤侵蚀的区域分异规律，是研究不同地区土壤侵蚀特征和水土流失治理途径的基础工作，为水土保持规划和分区治理提供科学依据。土壤侵蚀区划是高度概括性的工作，在进行区划之前，要总结各方面的土壤侵蚀研究成果，全面认识土壤侵蚀的发生、特性和分布规律。

水土保持区划与水土流失类型分区有联系，但是两个不同的概念，土壤侵蚀（或水土流失）类型分区属于综合自然区划的范畴。而水土保持区划是部门综合区划，是在土壤侵蚀（或水土流失）类型分区的基础上，根据自然条件、社会经济条件、水土保持技术等进行分区，确定水土保持总体布局、生产发展方向及相应的水土保持措施。水土保持区划在不同的时期由于社会的发展以及生态环境存在着一定的差异，其对区划的要求也有所不同，与土壤侵蚀分区等部门自然区划有着本质的区别。可见，土壤侵蚀（或水土流失）区划是水土保持工作的基础，是水土保持区划中的一项专业区划，属于一种自然分区，不是像水土保持区划具有经济、社会和生态等功能的综合分区。

5.2　区划的原则及特点

5.2.1　区划的原则

5.2.1.1　区内相似性和区间差异性的原则

区划过程中，应充分考虑自然地理、气候条件和人类活动特点等关键因素，综合把握区域自然社会条件、水土流失等特征，突出区内的相似性和区间的差异性；同时，同一区内对水土保持的功能定位及生产发展方向与防治措施布局应基本一致。

5.2.1.2　主导因素和综合性相结合的原则

水土保持区划具有人与自然的双重性，区划中不仅要考虑水土流失因素，同时还要考虑造成水土流失的上层因素的分异规律的综合性原则。重点考虑在众多水土保持区划因子中的主导因素，突出主导作用因素才能反映水土保持的本质和意义。水土保持区划必须坚持主导因素与综合分析相结合。

5.2.1.3　区域连续性与取大去小的原则

区域连续性是区划的基本原则，即区划结果中的各个分区单位必须保持完整连续，在地域上是相邻的，空间上是不可重复的。水土保持区划中非地带性因素往往会影响区域的地带性分布规律，因而在考虑空间连续性时，必须根据区划空间范围的大小进行取舍，以大范围的非地带性为主，保持区域的完整性和连续性。

5.2.1.4　自上而下与自下而上相结合的原则

分区的高级单位在于区分和认识大的区域差异，在区划方法上宜采用自上而下的演绎途径；而分区的低级单位是自然环境、水土流失和社会经济属性的综合，旨在为水土保持措施的配置、功能效益的最大发挥服务，应采用自下而上的归纳方法。在区划方法上还应做到定量与定性分析相结合原则，自上而下的定性分析可以提供宏观控制性框架，自下而上的定量分析可以提出明确的分区界线；自上而下与自下而上演绎归纳途径和定性与定量相结合的原则是完成全国水土保持区划方案的重要保障。

5.2.1.5　水土保持主导功能的原则

水土保持功能是水土保持区划的重要内容。水土保持功能主要体现在区域单元内生态环境特点和水土保持设施所发挥或蕴藏的有利于保护水土资源、防灾减灾、改善生态、促进社会经济发展等方面的作用。

5.2.1.6　其他原则

此外，还应考虑以地带性因素为主，兼顾非地带性因素的原则。区划中要结合我国已有的综合自然区划和专题（地貌、土壤、植被、经济、人口）区划成果，充分继承和应用已有的相关水土保持区划成果，考虑传统习惯，以便于区划成果的应用推广。考虑到我国水土流失的综合防治与水土资源的开发利用都是在行政区范围内决策实施的，还应保持县级行政边界基本完整原则，为便于分区成果的应用、管理和基础数据的获取。

5.2.2　区划的特点

5.2.2.1　区划与水土流失类型相结合

水土流失类型划分是水土保持区划的基础和根本，不同的水土流失类型也是水土保持的不同防治对象，水土流失作为水土保持的最主要的影响指标，其与自身的特点相结合。

5.2.2.2　区划与水土保持功能相结合

水土保持区划既考虑了自然因素的特征，如降水积温、土壤、植被地貌等特征和区划分异，又考虑了区域生态系统的功能，如水土保持服务功能。

5.2.2.3　区划与人类活动相结合

自然环境特征是我国进行的综合自然区划、气候区划、水文区划等主要考虑对象。人类是一切事物主体，人类活动是水土保持区划的重要因子，研究不同类型的水土流失与人类活动之间的相互制约与相互促进。

5.2.2.4　区划与社会经济相结合

水土保持区划是以自然环境结构为基础，重点考虑社会经济结构及其功能的地域分异规律，在区划指标的选取上，既有生态系统的服务功能，又有生态环境特征，且要考虑到区域的经济发展，将经济效益与生态效益结合起来，将发展生产与水土保持统一起来。

5.3　区划的内容及分级命名

5.3.1　区划的内容

5.3.1.1　类型区范围

主要介绍水土保持类型区的范围、边界、面积和所属的行政区。

5.3.1.2　类型区的自然社会经济条件

（1）类型区的自然条件

① 地貌地形指标：大地貌（山地、丘陵、高原、平原等）、地形（地面坡度组成、沟壑密度）。

② 气象指标：年均降水量、汛期雨量、年均温度、≥10℃的积温、无霜期、大风日数、风速等。

③ 土壤与地面组成物质指标：岩土类型（土类、岩石、沙地、荒漠等）、土壤类型（褐土、红壤、棕壤等）。

④ 植被指标：林草覆盖率、植被区系、主要树种草种等。

（2）类型区的社会经济情况

① 人口密度、人均土地、人均耕地。

② 耕地占总土地面积的比例、坡耕地面积占耕地面积的比例。

③ 人均收入、人均产粮等。

（3）各个类型区的水土流失特点

① 水土流失类型指标：水蚀（沟蚀、面蚀）、重力侵蚀、风力侵蚀、冻融侵蚀、泥石流。

② 土壤侵蚀状况：土壤侵蚀强度和程度。

③ 人为水土流失状况：开发建设项目规模与分布。

④ 水土流失危害：土地退化、洪涝灾害、河库淤积等。

（4）各个类型区的生产发展方向与措施布局

5.3.2　分级与命名

5.3.2.1　分级

根据区划的因素分为一级区划（类型区）、二级区划（亚区）、三级区划（小区）；一级区划以第一主导因素为依据，二、三级区划以相对次要的其他因素为依据；多数情况以地貌为第一主导因素，划分山区、丘陵、高原、平原等，二、三级区划则以微地貌、地面组成物质、降雨、植被、气候、耕垦指数等次要因素为依据。

5.3.2.2　命名

区划命名的目的是反映不同类型区的特点和应采取的主要防治措施，使之在规划与实施中能更好地指导工作。命名的组成由单因素、二因素、三因素、四因素四类，不同层次的区划，应分别采取不同的命名。目前我国水土保持区划的命名采取多段式命名法，即地理位置＋地貌类型＋水土流失类型和强度＋防治方案。

（1）单因素和二因素结合　一般适用于高层次区，如全国一级水土保持分区3个，即以水蚀为主的水土保持区、以风蚀为主的水土保持区、以冻融侵蚀为主的水土保持区；二级区有 9 个（地理位置和地貌特点），如有东北低山丘陵漫岗区、西北黄土高原区、南方山地丘陵区等。

（2）三因素命名　在上述二因素基础上，再加侵蚀类型和强度，其三因素组成，一般适用于次级分区。如黄土高原北部黄土丘陵沟壑剧烈水蚀防治、阴山山地强烈风蚀防治区等。

（3）四因素命名　在上述三因素基础上，再加防治方案。一般适用于更次一级区。如北部黄土丘陵沟壑剧烈水蚀坡沟兼治区、南部冲击平原轻度侵蚀护岸保滩区。

5.4　区划的目的、任务、步骤及成果

5.4.1　区划的目的和任务

水土保持区划的目的就是为分类分区指导水土流失防治和水土保持规划提供基础的科学依据。其任务就是在调查研究区域水土流失特征、防治现状、水土保持经验、区域经济发展对水土保持要求和存在问题的基础上，正确处理好水土保持与生态环境和社会经济发展的关系，提出分区生产发展方向、水土保持防治途径、任务和措施部署。

5.4.2　区划的步骤及成果

5.4.2.1　准备工作

组织队伍，试点培训，根据区划需要，按照省、地、县、站主管水保业务部门的技术力量和专业情况，抽调人员按专业特长分工分组、组成区划队伍，尽量争取有关部门的配合；然后选择试点，集中学习和现场训练，明确区划依据，统一思想认识，提高业务水平，同时做好工作计划、调查提纲、统计表格、工作底图、区划经费、交通工具、查勘仪器和办公用品等准备工作。

5.4.2.2　收集有关专业的区划成果及进行水土保持综合调查

根据水土保持区划的需要，按照影响水土流失的主要自然社经因素将有关的主要依据资料分述如下。

（1）气候水文因素　包括水系分布图、多年平均年降水量等值线图、暴雨量等值线图、多年平均年径流深等值线图、风力风向图等，以及水系特征，雨季降水量，一次最大暴雨量、历时及频率，最大暴雨强度、年暴雨日数和年内分配，暴雨情况下水土流失程度及水土保持措施拦蓄效益的记载资料，多年平均年径流量、输沙量、试验站观测的不同地类的

径流模数和侵蚀模数，最大风速、风向、风季，干燥度，历史上洪、旱、风灾的频率，成灾面积及损失，灌溉和人畜用水的水质、水源、分布范围及困难程度，≥10℃的积温、最高温度、最低温度等主要依据的文字资料。

（2）地形地貌因素　包括地形图、地貌类型图、坡度组成图等，以及不同地貌的种类、面积、坡度、相对高差、海拔高程等特征，有代表性的小流域综合自然特征，现代侵蚀沟的沟型、沟壑密度、切割深度、沟底比降、发育阶段、典型侵蚀的微地貌特征（如陷穴、盲沟、塌积体、冲积扇、泻溜、聚漱、沙丘等）、坡耕地的坡度组成等主要依据的文字资料。

（3）地质土壤因素　包括岩石分布图、地质剖面图、土壤分布图、土壤剖面图、土壤侵蚀模数等值线图，各地水土保持区划图和沙漠、戈壁、裸岩、滑坡、泥石流分布图等，以及地表组成物质的种类、分布范围、面积、厚度、成因、地质年代、新构造运动、风化破碎程度及理化特征，崩塌、滑坡、泥石流等的分布范围、数量、成因及特征，主要土壤的种类、质地、结构、肥力、熟化层厚度、酸碱度、通透性、抗蚀性，土壤侵蚀的发展趋向或潜在危险程度等主要依据的文字资料。

（4）天然植被因素　包括植被图、天然森林分布图、草原分布图、荒地分布图等，以及乔灌草各种天然植被的类型、范围、面积、覆盖度度、植物群落、优良水土保持树草种、利用价值（如蓄积量、采樵量、载畜量）等主要依据的文字资料。

（5）社会经济因素　包括行政区划图、人口密度分布图、土地利用现状图、水土保持现状图、天然植被界线变化图、综合农业区划图、水利区划图等，以及不同土地类型的等级、面积、比例、垦耕指数、耕地组成（按水、旱地分山、川、原、台地）及作物组成，经济构成及农林牧地单位面积产值，人均总收入和现金收入，人畜负担耕地面积、粮食平均亩产，人均产粮，主要农作物平均亩产，丰产田亩产，主要传统种植业和养殖业、滥垦、滥牧、滥樵、滥伐程度，"四料"余缺程度，历年给国家的贡献及国家救济粮款数量，年均人口增长率与产量增长率的对比，能量的投入与产出的对比（如平均综合治理一平方千米的实际投工、投资与经济效益的对比，各项水土保持措施的技工、投资额与经济效益的对比）等主要依据的文字资料。

将搜集到的成果资料，进行归类整编，如有不足，再进行实地调查。

5.4.2.3　资料分析与专题研究

对搜集到的各种图表和文字资料，要进行认真的分析研究，从中找出区划的主要的可靠的依据或指标，对一些关键的复杂的疑难问题，要发挥集体智慧，进行专题讨论，尽可能求得解决，保证区划的科学性。

5.4.2.4　典型区域（小流域）详查

参见水土保持综合调查。

5.4.2.5　进行区划

集中骨干力量，对各组分析的资料和专题讨论成果进行综合归纳，研究确定各级划区的主要综合指标、范围和界线，然后，绘制区划图表，编写说明书，提出区划全部成果。

5.4.2.6　区划成果的整理（报告、图、表）

水土保持区划主要成果是区划说明书，其主要内容包括：

（1）总论　主要通过水土流失和水土保持工作现状说明水土保持区划的必要性或目的性，说明区划产生的历史条件基础、规模、历时、方法；区划工作的影响作用，主要成果内容，不足之处和要求。

（2）分区　说明划区的主要依据，并根据主要依据的指标阐明各区的范围、总土地和水土流失面积，主要自然因素、主要人为因素，自然与社经优势，主要水土保持防治措施与生产发展方向。

（3）附表　凡供分析用的有关统计资料表，都要分类核实整理，装订成册，供查阅参考，说明书中的附表主要是水土保持区划汇总，见表 5-1。

表 5-1　某水土保持区划汇总

区划类型			范围	土地总面积	土壤侵蚀面积	主要自然侵蚀因素	自然与社会经济优势	主要水土保持防治措施与生产发展向
一级区	二级区	三级区						

（4）附图　说明书中的附图主要是水土保持区划图。

5.5　区划方法

5.5.1　区划指标体系构建

5.5.1.1　指标体系的意义

区划指标是划分区域单元和确定界线的重要依据。水土保持区划指标体系充分反映各基本地域单元水土流失及相关影响要素的特征，各个指标的选取应尽可能地体现区域的分异规律。指标体系的确定应遵循全面性和可操作性结合、普遍性与区域性结合、系统性与层次性结合、静态性与动态性结合的原则。

5.5.1.2　指标体系构建的原则

（1）全面性与可操作性相结合　首先体现水土保持区划的内涵和目标，必须全面考虑各类因素；同时，指标具有可测性和可比性，指标的设置简洁明了，避免繁杂。

（2）独立性与关联性相结合　指标体系必须考虑各要素及指标的独立性，反映各要素的主要特征指标。同时，也要考虑相互联系和相互协调性。

（3）系统性和层次性相结合　由于水土保持区划系统的多层次性，指标体系也是由多层结构组成，反映出层次特征。

（4）静态性与动态性相结合　水土保持区划需要在一定的时期内指导水土保持规划及相关工作，所以要求指标的内容在一定时期内应保持相对的稳定性；同时，指标体系适度考虑具有动态性的对时间和空间变化敏感的指标，以便于预测和决策。

（5）普遍性与区域性相结合　指标体系应在区域内具有普适性，同时考虑地域间进行横、纵向比较。

（6）数据的权威性与可获取性相结合　水土保持区划的指标数据应易于获取，且稳定可靠，考虑到数据获取的可能性、权威性和成本，尽可能采用国家及各地方或专业统计部门数据。

5.5.1.3　指标体系确定

（1）反映水土流失特征指标　主要应考虑属于什么形式的水土流失，如面蚀、沟蚀、风蚀、重力侵蚀或多种形式的重复侵蚀等，以及各种侵蚀的面积和所占比例等指标。

（2）反映水土流失程度指标　主要考虑各种类型区，单位面积的土壤侵蚀模数 [t/（km^2·a）]；单位面积内的侵蚀强度 [t/（km^2·a）]；反映侵蚀程度的多年时间内的侵蚀厚度（cm 或 m）；反映侵蚀广度的侵蚀面积总面积的百分数以及沟壑密度（km/km^2）等指标。

（3）耕地条件的指标　主要指坡耕地的坡度、受侵蚀农田的土层厚度、土壤有机质含量、土壤的抗冲抗侵蚀性能及耕地外的防护条件等方面的指标。

（4）反映生产活动的指标　主要指土地利用现状以及发展变化状况、开垦时间长短、每人平均占有耕地、劳力负担耕地、机械化程度、生产水平及收入情况。林牧区包括森林、草原面积的减少、破坏程度和造成的后果等指标。

（5）指标的综合　在考虑以上指标后，在区划时可能出现各指标界线重合的情况，很理想的划出了区划界线，这就说明区界是客观存在的，因上述指标相互间有着密切联系，所以才会产生这种重合，绝不是偶然现象，而是事物客观必然性的反映。

当然也会有各指标界线不完全重合的现象，这时就需要采用主导指标法，以某些主导指标的区界为基础。另一方面则分析各指标区界不相重合的原因，做一些必要的复查和历史资料对比工作，最后做出合理的结论。

5.5.1.4　指标筛选方法

科学的水土保持区划指标体系是合理进行水土保持区划的重要前提。初选的指标要尽可能的全面，但太多的指标容易造成重叠，从而干扰区划结果。这就需要在全面选择指标的前提下优化指标体系。优化指标体系不仅需要考虑指标的全面性与科学性，还需要考虑其层次性与可操作性。目前国内外学者针对指标筛选问题已经提出多种方法，其主要在统计和数学的基础上展开，根据其原理可以分为以下几种。

① 基于区分度的方法：如条件广义方差极小法、最小均方差法和极小极大离差法。
② 基于相关性的方法：如极大不相关法、相关系数法、粗糙集法。
③ 层次分析筛选指标法：如比较矩阵法。
④ 基于回归方程筛选指标：如复相关系数法、多元回归法、逐步回归法。
⑤ 基于代表性筛选指标：如聚类分析法、主成分分析法。
⑥ 基于专家意见的方法：如综合回归法、德尔菲法。

5.5.2　区划方法

区划方法有定性和定量方法两大类。水土保持区划应采用在定性分析的基础上进行定量计算分析的区划方法，实现定性分析与定量分析的结合。如全国水土保持区划，采用自上而下的、定性与定量相结合的分析方法。即在定性分析的基础上，结合目前国内外流行的统计分析软件（如 Matlba）为平台，运用层次分析法、系统聚类分析法等方法进行分区。区划时以县级行政区为分区单元，特定地理单元为分区基础，适当考虑流域边界、水资源分区界和省界，历史传统沿革，满足县级行政边界的完整性的要求，确定分区界线，并参阅全国已有的区划研究成果，结合地域一致性等原则对单纯定量区划的结果进行合理调整，这样，既体现了多因子的综合比较分析，相互平衡，又克服了单纯数学方法所造成的分区过于分散、不符合区域划分原则的不足，从而实现水土保持区划的科学性与实用性的统一。利用地理信息系统（GIS），建立信息资源库，为全国水土保持区划提供信息分析和决策支持，可提高区划的准确性和科学性，使水土保持区划上升到较高的层次。

5.5.2.1　常规方法

水土保持区划常规方法为参考各级区划，首先对搜集的资料与实地调查成果进行分析与专题讨论，然后对各组分析的资料和专题讨论成果进行综合归纳，研究确定各级区划的主要指标、范围、界线，然后绘制区划图表，编写说明书，提出区划全部成果。

5.5.2.2　数值方法

数值区划方法包括主成分分析法、聚类分析法、模糊数学法等，详见第 2 章。

5.5.2.3　GIS 方法

叠加分析是 GIS 中的一项非常重要的空间分析功能，是指在统一空间参考系统下，通过对两个数据进行的一系列集合运算，产生新数据的过程。这里提到的数据可以是图层对应的数据集，也可以是地物对象。叠加分析的叠置分析的目标是分析在空间位置上有一定关联的空间对象的空间特征和专属属性之间的相互关系。多层数据的叠置分析，不仅产生了新的空间关系，还可以产生新的属性特征关系，能够发现多层数据间的相互差异、联系和变化等特征。

在叠加分析中至少涉及到 3 个数据，其中一个数据的类型可以是点、线、面等，被称作输入数据（Demo 中称作被操作图层/地物）；另一个数据是面数据被称作叠加数据（Demo 中称作操作图层/地物）；还有一个数据就是叠加结果数据，包含叠加后数据的几何信息和属性信息。

根据 GIS 数据基本结构不同，将 GIS 叠置分析分为基于矢量数据的叠置分析和基于栅格数据的叠置分析两大类。

叠加分析有以下几种类型：

（1）视觉信息叠加　叠加是将不同侧面的信息内容叠加显示在结果图件或屏幕上，以便研究者判断其相互空间关系，获得更为丰富的空间信息。视觉信息叠加不产生新的数据层面，只是将多层信息复合显示，便于分析。包括：①点状图、线状图和面状图之间的叠加显示；②面状图区域边界之间或一个面状图与其他专题区域边界之间的叠加；③遥感影像与专题地图的叠加；④专题地图与数字高程模型（DEM）叠加显示立体专题图。

（2）点与多边形叠加　计算多边形对点的包含关系。还要进行属性信息处理。通常不直接产生新数据层面。例如一个中国政区图（多边形）和一个全国矿产分布图（点），二者经叠加分析后，并且将政区图多边形有关的属性信息加到矿产的属性数据表中，然后通过属性查询，可以查询指定省有多少种矿产、产量有多少；而且可以查询，指定类型的矿产在哪些省里有分布等信息。

（3）线与多边形叠加　是比较线上坐标与多边形坐标的关系，判断线是否落在多边形内。计算过程通常是计算线与多边形的交点，只要相交，就产生一个结点，将原线打断成一条条弧段，并将原线和多边形的属性信息一起赋给新弧段。叠加的结果产生了一个新的数据层面。

（4）多边形叠加　多边形叠加将两个或多个多边形图层进行叠加产生一个新多边形图层的操作，其结果将原来多边形要素分割成新要素，新要素综合了原来两层或多层的属性。一般的GIS 软件都提供了 3 种类型的多边形叠加操作，叠加的结果产生了一个新的数据层面。

（5）栅格图层叠加　这种作用于不同数据层面上的基于数学运算的叠加运算，在地理信息系统中称为地图代数。地图代数功能有 3 种不同的类型：①基于常数对数据层面进行的代数运算；②基于数学变换对数据层面进行的数学变换（指数、对数、三角变换等）；③多个数据层面的代数运算（加、减、乘、除、乘方等）和逻辑运算（与、或、非、异或等）。

5.5.3　水土保持区划实例

5.5.3.1　中国水土保持区划

运用主成分分析法结合 GIS 叠加分析法进行中国水土保持区划，具体方法参见第 2 章规划方法。

（1）中国水土保持区划的分级体系　水土保持区划是科学水土保持规划的基础和前提。宏观上应明确不同区域水土保持发展的战略目标、防治方向和途径，还要明确不同区域水土保持综合技术体系特征。根据区划对象、尺度、目的不同，将全国水土保持区划采用 3 级分区体系，一级区为战略格局区，二级区为区域协调区，三级区为基本功能区。

① 一级区反映水土资源保护、开发和合理利用的总体格局，保持各区在地势地质构造及气候带的相对一致性，以及水土流失成因的区内相对一致性和区间最大差异性。主要作为确定全国水土保持工作战略部署与水土流失防治方略。

② 二级区反映区域特征优势地貌、水土流失、植被区带分布特征等的区内相对一致性和区间最大差异性。作为确定区域水土保持布局，协调跨流域、跨省区的重大区域性规划目标、任务及重点。

③ 三级区反映区域水土流失及防治需求的区内相对一致性和区间最大差异性。作为确定水土保持主导功能和水土流失防治途径及技术体系，是重点项目布局与规划的基础。

（2）中国水土保持区划指标体系　中国水土保持区划的指标要素主要包括自然要素、水土流失要素、土地利用要素和社会经济要素。依据 3 级分区体系，根据我国的气候、地貌、水土流失以及人类活动规律等特征，在不同级别和同一级别的区划中分别选取共性指标和特征指标。

① 一级水土保持区主要依据我国大的地理单元和气候带来决定大尺度的分异。地形地貌和水热条件等自然环境条件作为一级区划分的主要指标。水热因子的综合作用决定了宏观水土资源的主要类型，如森林、草原等；同时地形地貌格局也进一步影响着大尺度下的水热因子分布。我国地貌三级阶梯界线基本控制了我国水土流失和水土资源的类型结构，以及土地利用格局的空间分异等；此外，年降水量 400mm 等值线，构成了水蚀和风蚀两种侵蚀类型的地域分异及我国农区与半农半牧区、牧区的地域分异，形成我国土地利用最明显的东西差异；年降水量 800mm 等值线，决定了我国土地利用的南北地域差异。因此，在全国水土保持分区中，以海拔、大于 10℃积温和年均降水量、水土流失成因为一级区划分的主导指标。

② 二级水土保持区在一级区的框架之下，依据中国地貌区划、土壤区划、植被区划和气候区划的二级分区，尽量保持区内的一致性。考虑到地貌格局进一步影响水热因子的分布，而水热因子的作用导致了区域内的植被、土壤以及土地利用的进一步分异，使得不同区域水土流失特点和危害呈现不同的分布格局，加之人类活动正反两方面的干扰以及自然资源禀赋不一，各区域辅助分异因子也不尽相同。综上所述，二级分区以地貌类型和侵蚀类型为主要分区共性指标，再根据不同一级分区单元的区域特征，配以若干辅助指标确定二级分区的界线。

③ 三级水土保持区是在二级区划下围绕水土保持的功能，即涵养水源、土壤保持、阻沙减沙、蓄水保水、防风固沙、农田防护等。结合地形地貌、人口密度等进行划分。综合考虑当地的自然和经济社会状况，重点突出水土流失特点以及土地类型的一致性。因此，三级区划以地貌特征指标（如：海拔、相对高差、特征地貌等），社会经济发展状况特征指标（如：人口密度、人均纯收入等），土地利用特征指标（如：耕垦指数、林草覆盖率等），土壤侵蚀强度，水土流失防

治需求和特点（如：坡耕地治理、小流域综合治理、崩岗治理、石漠化防治等）为主要分区指标。

综上所述，水土保持区划的要素主要包括自然要素、水土流失要素、土地利用要素和社会经济要素。根据水土保持区划指标体系结构，水土保持区划指标体系由四个层次构成（表 5-2），分别为目标层（A）、要素层（B）、因子层（C）和指标层（D）。

表 5-2　水土保持区划指标体系

目标层	要素层	因子层	指标层
水土保持区划指标体系	自然要素（B1）	地形因子（C1）	地貌：平原、高原、盆地、山地、丘陵等
			平均海拔
			地表起伏度
			平均坡面坡度
			沟壑密度
		气候因子（C2）	年均暴雨日数
			年均降水量
			年均温
			干燥度
			≥10℃积温
			大风日数
		水文因子（C3）	地下水位
			地表径流总量
		植被因子（C4）	林草覆盖度
			森林覆盖度
		土壤因子（C5）	土壤类型
			平均土层厚度
	土壤侵蚀要素	土壤侵蚀类型因子	水力侵蚀
			风力侵蚀
			冻融侵蚀
		土壤侵蚀强度因子	微度侵蚀
			轻度侵蚀
			中度侵蚀
			强烈侵蚀
			极强烈侵蚀
			剧烈侵蚀
		土壤侵蚀模数因子	土壤侵蚀模数

（续）

目标层	要素层	因子层	指标层
水土保持区划指标体系	土地利用要素	土地利用类型面积比例因子	耕园地比例
			坡耕地比例
			林地面积比例
			草地面积比例
			未利用地面积比例
		社会因子	人口密度
			年均人口增长率
			农村人口比率
			城镇化率
			农村人均日用水量
			人均耕园地
	社会经济要素	经济因子	人均 GDP
			人均可支配收入
			第一、二、三产业比例
			农村人均 GDP

（3）中国水土保持区划简况（以东北黑土区为例）　全国水土保持区划方案在继承全国水土流失类型分区等已有区划成果的基础上，根据以上水土保持区划的原则、指标体系、分区方法和命名规则，考虑到历史传统习惯和对已有区划成果的继承性，本方案将全国划分为 8 个一级区、41 个二级区、117 个三级区。具体分区情况以东北黑土区为例见表 5-3。

表 5-3　水土保持区划方案（东北黑土区）

一级区编码及名称	二级区编码及名称	三级区编码及名称
Ⅰ 东北黑土区（东北山地丘陵区）	Ⅰ-1 大小兴安岭山地区	Ⅰ-1-1hw 大兴安岭山地水源涵养生态维护区
		Ⅰ-1-2wt 小兴安岭山地丘陵生态维护区
	Ⅰ-2 长白山-完达山山地丘陵区	Ⅰ-2-1hz 三江中下游生态维护农田防护区
		Ⅰ-2-2hz 长白山山地水源涵养减灾区
		Ⅰ-2-3st 长白山山地丘陵水质维护保土区

（续）

一级区编码及名称	二级区编码及名称	三级区编码及名称
Ⅰ东北黑土区（东北山地丘陵区）	Ⅰ-3 东北漫川漫岗区	Ⅰ-3-1t 东北漫川漫岗土壤保持区
	Ⅰ-4 松辽风沙区	Ⅰ-4-1fn 松辽防沙农田防护区
	Ⅰ-5 大兴安岭东南丘陵沟壑区	Ⅰ-5-1t 大兴安岭东南丘陵沟壑土壤保持区
	Ⅰ-6 呼伦贝尔丘陵平原区	Ⅰ-6-1fw 呼伦贝尔丘陵平原防沙生态维护区

5.5.3.2　省级水土保持区划案例

（1）指标筛选及指标体系的建立　某省水土保持区划选择了 69 个指标作为初选指标，采用指标筛选方法、相关系数法、变异系数法以及主成分分析法分别对进行指标相关性、敏感性以及重要性分析，综合指标的相关性、敏感性以及重要性分析结果，最终筛选出 32 个指标进行某省水土保持区划，具体筛选结果见表 5-4。

表 5-4　某省水土保持区划指标体系

要素名称	指标名称	相关性	敏感性	重要性	最终入选
自然要素	平均海拔	√	√	√	√
	山地面积比例	√			
	平原面积比例				
	平均坡度	√	√	√	√
	0°~5°坡面面积比例		√		
	5°~8°坡面面积比例		√		
	8°~15°坡面面积比例	√	√	√	√
	15°坡面面积比例	√	√	√	√
	>25°坡面面积比例		√		
	干燥度	√	√	√	√
	多年平均气温	√	√	√	√
	1 月平均气温		√		
	7 月平均气温	√			
	无霜期	√	√		
	≥10℃年活动积温	√	√	√	√
	日均温≥10℃的天数		√		
	多年平均降水量	√	√	√	√

（续）

要素名称	指标名称	相关性	敏感性	重要性	最终入选
自然要素	多年平均汛期降水量		√	√	
	多年平均暴雨日数	√		√	
	多年平均蒸发量	√	√	√	√
	多年平均风速		√	√	
	森林覆盖度		√	√	
	林草覆盖度	√		√	
	红壤	√	√	√	√
	水稻土	√	√		
	紫色土			√	
	黄棕壤	√	√	√	√
	其他土壤		√	√	
	多年平均暴雨日数	√		√	
土地利用要素	坡耕地>5°面积比例		√		
	坡耕地>15°面积比例	√	√	√	√
	坡耕地>25°面积比例		√	√	
	耕地面积比例	√	√	√	√
	园地面积比例	√	√	√	√
	林地面积比例	√			
	草地面积比例	√	√	√	√
	水域面积比例	√		√	
	未利用地面积比例	√	√	√	√
社会经济要素	总人口	√	√		
	农村人口比例	√		√	
	劳动人口比例	√	√	√	√
	人口密度	√	√	√	√
	人口自然增长率	√	√	√	
	人均土地面积	√	√	√	√
	人均耕地面积	√	√	√	√
	人均园地面积	√		√	

（续）

要素名称	指标名称	相关性	敏感性	重要性	最终入选
社会经济要素	人均粮食产量	√	√	√	√
	粮食单产	√	√		
	国民生产总值			√	
	人均GDP	√	√	√	√
	农村人均纯收入	√	√	√	
	第一产业比例		√	√	
	第二产业比例	√	√	√	√
	第三产业比例	√			
	水土流失面积	√	√	√	√
	微度水土流失面积比例			√	
	轻度水土流失面积比例	√			
	中度水土流失面积比例	√	√		
	强度水土流失面积比例	√	√	√	√
水土保持要素	水土流失治理面积	√	√	√	√
	坡改梯面积	√		√	
	坡改梯配套道路	√		√	
	坡改梯配套引排水		√		
	小型蓄水工程	√	√	√	√
	水土保持造林面积	√	√		
	水土保持造林保存率	√	√	√	√
	经果林造林面积	√	√	√	√
	封育治理面积		√		
	水土保持种草面积	√	√	√	√

（2）区划结果　采用"自上而下"和"自下而上"的划分方法，结合定量与定性分析，在前人研究的基础上，利用以上筛选出的指标分别进行某省水土保持一级和二级的划分。首先，一级区采用平均海拔、土壤类型与≥10℃年活动积温为主导指标，年均降水量和干燥度作为辅助指标利用空间叠置将某省划分为4个一级区。其次，采用主成分分析与系统聚类相结合的方法进行指标的定量分析，根据聚类结果采用空间叠置方法，参考相关资料，

与一级区初步划分图进行比较修改,最终划分 4 个一级区,9 个二级区,形成某省水土保持区划。

5.6 水土保持分区

水土保持分区是水土保持规划的一项十分重要的内容,是确定水土保持工作重点和措施布局的基础。水土保持分区指水土流失重点防治区划分和易发生水土流失区的划分。

5.6.1 水土流失重点防治区

水土流失重点防治区是依据水土流失调查结果划定,并公告水土流失重点预防区和重点治理区。在综合调查的基础上,根据水土流失的类型、强度和主要治理方向,进行水土保持分区,确定规划范围内的水土保持重点预防区和重点治理区,提出分区的防治对策和主要措施,并论述各区的位置、范围、面积、水土流失现状等。

5.6.1.1 分区原则

(1)统筹考虑水土流失现状和防治需求 水土流失重点防治区划分要以水土流失现状综合调查为基础,立足于技术经济的合理性和可行性,与国家与区域水土流失防治需求相协调,统筹考虑水土流失潜在危险性、严重性后进行。

(2)协调平衡与已有成果和规划的对接 水土流失重点防治区划分借鉴原"三区"划分和全国主体功能区规划等成果,与已批复实施综合和专项规划相协调,保持水土流失重点防治工作的延续性。

(3)集中连片原则 水土流失重点防治区的划分不宜过于分散,需按照相对集中连片的原则突出重点、适当概化。以乡镇行政边界为成图单元,但是,当个别防治类型不一致的乡镇镶嵌其中,为成图方便可将其划入,边界上的个别乡镇,也可打破镇域的限制将半个镇域划入。

5.6.1.2 重点预防区

水土流失重点预防区是指水土流失潜在危险较大的区域。水土流失潜在危险较大的区域是指目前水土流失较轻、但潜在水土流失危险程度较高、对国家或区域防洪安全、水资源安全以及生态安全有重大影响的生态脆弱或敏感地区。这些地区一般人为活动较少,大多处在森林区、草原区、重要水源区、萎缩的自然绿洲区,主要包括江河源头区、水源涵养区、饮用水水源区等重要的水土保持功能区域。进一步来讲,"潜在危险较大",是指:①"潜在",当前侵蚀强度和程度未必严重,但一旦遭受扰动、破坏或遇到其他外力则使土壤侵蚀加剧甚至造成危害。②"危险较大",可能导致表土层的土地生产力下降、丧失、难以恢复或不可恢复,也可能对下游地区造成较严重的水土流失危害。这些区域一般人为活动较少，大多处在森林区、草原区、大江大河源头区、萎缩的自然绿洲区、水源涵养区、饮用水水源区以及水蚀风蚀交错地带，水土保持作用明显，人为活动容易对生态或环境造成不可逆的影响，需要重点预防保护，以维护生态系统的稳定。此类区域，目前水土流失相对较轻、林草覆盖度较高，但存在水土流失加剧的潜在危险，一旦遭到扰动和破坏，则极易加剧水土流失强度造成较大的危害。

（1）划分指标

① 定性指标：区域是否涉及水源涵养、水质维护、生态维护、防灾减灾等水土保持功能；土壤侵蚀潜在危险分级。

② 定量指标：土壤侵蚀强度、森林覆盖率、人口密度；

③ 辅助指标：集中连片面积。

（2）参考划分标准

① 现状水土流失轻微，土壤侵蚀强度在轻度以下。

② 集中连片，面积大于 $10000km^2$。

③ 森林覆盖率、人口密度见表 5-5。

国家重点预防区的标准如下。

表 5-5　国家重点预防区划分标准

全国水土保持区划一级分区	森林覆盖率（%）	人口密度（人/km²）	全国水土保持区划一级分区	森林覆盖率（%）	人口密度（人/km²）
东北黑土区	≥30	≤20	南方红壤区	≥40	—
北方风沙区	≥5	—	西南紫色土区	≥60	—
北方土石山区	≥35	—	西南岩溶区	≥40	—
西北黄土高原区	≥25	—	青藏高原区	≥5	≤15

注：人口密度仅作为东北黑土区、青藏高原区分区指标。北方风沙区可增加草地覆盖率指标（≥30%）。

5.6.1.3　重点治理区

水土流失重点治理区是指水土流失严重的区域。水土流失严重地区主要是指人口密度较大、人为活动较为频繁，自然条件恶劣、生态环境恶化、水旱风沙灾害严重，水土流失是当地和下游国民经济和社会发展主要制约因素的区域。

从"水土流失严重"来讲：一是现状水土流失强度或程度严重，急需开展综合治理；二是在当前技术经济条件下适宜治理，并可通过综合治理来控制水土流失强度和程度不再发展并逐步得到恢复。此类区域，现状水土流失严重，人口密度较大，人为活动较为频繁，自然条件恶劣，生态环境恶化，水旱风沙灾害严重，极易对当地和下游产生严重影响，是制约当地和下游地区生态建设和经济社会发展的主要因素。

（1）划分指标

① 定性指标：治理需求迫切，预期治理成效明显，水土流失治理程度较低。

② 定量指标：土壤侵蚀强度、水土流失面积比、中度以上水土流失面积比、坡耕地面积比。

③ 辅助指标：集中连片面积。

（2）参考划分标准

① 水土流失严重，土壤侵蚀强度为中度以上。

② 集中连片，面积大于 10000km^2。

③ 水土流失面积比、中度以上水土流失面积比、坡耕地面积比见表 5-6。

表 5-6　全国水土保持区划一级分区指标示意　　　　　　　　　　　　　%

全国水土保持区划一级分区	水土流失面积比	中度以上水土流失面积比	坡耕地面积比	全国水土保持区划一级分区	水土流失面积比	中度以上水土流失面积比	坡耕地面积比
东北黑土区	≥40	≥15	≥30	南方红壤区	≥25	≥10	≥10
北方风沙区	≥70	≥30	≥5	西南紫色土区	≥50	≥20	≥50
北方土石山区	≥40	≥20	≥20	西南岩溶区	≥40	≥15	≥50
西北黄土高原区	≥50	≥25	≥50	青藏高原区	≥10	≥30	≥10

5.6.2　水土流失易发区

水土流失易发区是指在"山区、丘陵区、风沙区"这"三区"外的新增的"水土保持规划确定的容易发生水土流失的其他区域"。水土流失易发区是通过科学的方法划定出来的部分区域。易发区的划定不仅要考虑引起水土流失的因素，还应尊重并符合新的水土保持法，同时也应考虑不同区域的区域特点、实际情况，考虑不同省、市、县水利主管部门的意见，因为水土流失易发区的划定不仅是水土保持规划的一部分，而且也是今后水利主管部门监督执法的依据。

5.6.2.1　划分原则

正确界定山区、丘陵区和风沙区的边界。本着有所为与有所不为相结合、宏观定性与微观定量相结合，与社会经济发达程度、人民群众对生活环境质量的要求相结合，与区域政治中心的重要性相结合、分级划分等原则，水土流失易发区的划分既要考虑划分方法的科学性、合理性，又要考虑实际的可操作性。结合实际，实行宏观和量化相结合，以宏观为主、量化为辅。遵循以下原则。

（1）法律性、科学性和因地制宜的原则　易发区的确定要以水土流失的发生规律和特点为标准来划分，要科学，要有说服力；要结合各地实际情况，根据各地的实际情况，考虑并提出的易发区的划分原则和影响因子。

（2）易发区划分应分析水土流失与当地社会经济发展的关系　一般社会经济发展水平越低、经济越贫困，水土流失就越严重。我国的水土流失区与贫困人口的空间分布具有地理耦合性，二者相互影响、互为因果，形成"贫困—人口压力—水土流失—生态恶化—贫困加剧"的怪圈。但随着城市化、工业化和交通基础设施建设进程的加快，经济发达地区的水土流失也会出现日趋严重的局面。如深圳市城市发展，大规模的城市开发造成严重的水土流失。

（3）易发区划分要分析社会经济和居民对环境和水土保持的需求　随着城市经济的不断发展和居民生活水平的不断提高，人们对生态环境的要求越来越高，优美、舒适的居住环境已经直接影响到人们的心理、生理以及精神生活。水土保持具有保护人居环境功能，因此水土流失易发区的划分应充分考虑该区域的水土流失是否会造成人居环境的破坏或功能的降低。

（4）易发区划分应考虑当地的微观自然环境条件、分级划分　"山区、丘陵区、风沙区"是一个宏观的区域划分，并不能涵盖所有的微观区域，水土流失易发区的划定还应考虑区域的特殊因子，如平原区大地貌下面也有地形起伏的存在，也会发生水土流失；比如国家级的平原-长江中下游平原，在国家级划分时可以适用，但是到市、县级就不适用了，因为很多地方不是平原，如安徽铜陵、马鞍山等地，有山有丘陵，因此需要有适合于市、县一级的划分标准。同时虽然造成水土流失的因素一般由自然因素和人为因素组成，但是地理空间或组成物质的差异会导致每个区域引起水土流失的因素是不同的。因此在划定水土流失易发区时，应考虑这种区域差异性。

（5）定性与定量相结合的原则　"山区、丘陵区、风沙区"之外的水土流失区域的边界界定，存在着一定的难度。如平原河网区，多大的河网密度就能够划为易发程度区，要划定河道两侧多大的范围，现在没人能说得清。同时，降雨、地形、土壤、植被等因子对径流、土壤侵蚀之间的关系，也必须注意所在研究区的气候、土壤、地形等条件，并在其他因素严格限定的条件下对所研究因子在不同的取值范围内进行分析。因此，在划定易发时，应以定性分析为主，对于可进行定量分析的区域则采用定量分析。总而言之，易发区的划定要以定性为主，定量为辅。

（6）易发区划分应考虑当地生产建设项目的布局、建设密度、频率等　在其他条件相同的情况下，单位面积土地上的生产建设项目越多水土流失就越严重；相同时间内，一定区域内的建设项目越多水土流失也就越严重。

5.6.2.2　划分因素

① 从水土流失发生的角度,一是现有条件下容易发生水土流失的区域,包括自然条件下容易发生水土流失的区域和人为扰动条件下加速土壤侵蚀容易发生水土流失的区域;二是将来容易发生水土流失的区域,例如城建区中的待建区等将要建设的区域,这些区域一旦开始建设,场地的"四通一平"和生产建设活动将会造成这些区域发生严重的水土流失。

② 从水土流失预防的角度,一是自然条件下发生水土流失可能性较小,人类活动较少,但是由于其功能重要,一旦发生水土流失其造成的水土流失危害是巨大的,例如一些自然保护区、引用水源保护区等;而是经济发达的区域,这些区域一旦造成水土流失,其造成的损失危害远大于经济不发达的区域,例如江苏省若发生水土流失,其造成的经济损失和城市恢复建设费用远大于西部山区发生水土流失的区域。

因此,从水土流失的影响因素来看,在划分水土流失易发区时,应考虑因素包括:

① 地形因素,尤其是微地形。

② 水土流失动力因素,如降雨因素、人为因素等。

③ 区域社会经济因素,如重要性、经济发展程度等。

5.6.2.3　水土流失易发区划分实例

以江苏省水土流失易发区划分为例,采用层次结构模型进行划分。

(1)指标体系的建立　分目标层、准则层和指标层 3 个层次构建易发区划分指标体系。

① 目标层:目标层是易发区划分指标体系的最高层,易发区划分的目标在于通过建立评价指标、采用评价方法得到水土流失易发区域,为编制水土保持规划提供基本的资料,为水土保持监督管理提供科学依据。

② 准则层:准则层是连接目标层和具体指标层的桥梁,是对目标层的解析,也是对下设指标层内容的综合。准则层包括自然因子、社会因子和经济因子。

③ 因素层:因素层是构成易发区划分指标体系的最基本单元,是对准则层三方面内容的具体评价指标,阐明各个分类指标的不同要素,以定量或定性指标进行易发区划分。整个指标体系由 1 个目标层、3 个准则层和 11 个因素层指标构成表 5-7。

表 5-7　水土流失易发区划分指标体系

目标层	准则层	因素层	解　释
		土壤质地	定性指标
		坡度	定量指标,单位"°"
易发区划分指标体系	自然因子	降雨量	定量指标,单位"mm"
		植被覆盖率	定量指标,单位"%"
		土壤侵蚀模数	定量指标,单位"t/(km² · a)"

（续）

目标层	准则层	因素层	解　释
易发区划分指标体系	社会因子	人口密度	定量指标，单位"人/km²"
		生产建设项目密度	定量指标，单位"个/hm²"
		建设用地比例	定量指标，单位"%"
	经济因子	地区生产总值	定量指标，单位"万元"
		人均纯收入	定量指标，单位"元/年"
		居民幸福指数	定性指标

（2）易发区划分方法　主要采用定性与定量分析相结合的方法，依据定性与定量指标，采用主成分分析、系统聚类统计分析和 GIS 空间叠置分析相结合的方法，对江苏省平原区水土流失进行划分，得到江苏省容易发生水土流失的区域，并结合实际情况、水土保持工作特点以及各市县意见，对划分结果进行个别调整和归并，最终获得江苏省水土流失易发区划分结果。

思 考 题

1. 水土保持区划和土壤侵蚀区划的相同点和异同点是什么？
2. GIS 方法应用于水土保持区划的优缺点是什么？
3. 如何正确划分水土流失易发区？

本章推荐阅读书目

1. 水土保持原理. 关君蔚. 中国林业出版社，1996
2. 全国水土保持区划. 水利部

第 6 章
水土保持综合规划

[本章提要]

　　本章主要阐述水土保持综合治理规划、监测规划、综合监管规划、预防规划，小流域综合治理规划的原则、内容、方法途径及规划成果。

　　水土保持规划是国民经济和社会发展规划体系的重要组成部分，实际上是对水土保持工作的时序和土地的空间配置进行合理安排的计划，其概念可以表述为：以行政区或流域为单元，根据区域或流域自然与社会经济情况、水土流失现状及水土保持需求，对预防和治理水土流失，保护和利用水土资源做出的总体部署。其内容涵盖预防、治理、监测、监督管理等。

6.1　总体布局

　　水土保持综合规划的总体布局包括区域布局和重点布局。

6.1.1　类型

6.1.1.1　综合规划

　　在区划和防治分区的基础上，结合现状评价、需求分析、规划的目标，进行预防和治理水土流失，保护和合理利用水土资源的整体部署。

6.1.1.2　专项规划

　　专项规划是根据专项规划的目标任务，遵循整体部署，进行专项部署。

6.1.1.3　县级规划

　　按照上位规划（省或流域），结合县域自然条件和社会经济条件，进行总体布局。

6.1.2　内容

6.1.2.1　区域布局

（1）综合规划　各分区水土流失防治方向、战略和基本工作要求。

（2）专项规划　以维护和提供水土保持主导功能为基本原则，分区提出水土流失防治对策和技术途径。

6.1.2.2　重点布局

（1）综合规划　分析确定水土流失防治重点格局和范围，提出水土流失防治途径和主要技术体系。

（2）专项规划　根据总体布局，按照轻重缓急，提出重点布局方案。

6.2　预防规划

预防规划应突出体现"预防为主、保护优先""大预防、小治理"的原则，主要针对重点预防区、重要生态功能区、生态敏感区，以及主导基础功能为水源涵养、生态维护、水质维护、防风固沙的区域，提出预防措施和重点工程布局。

预防规划应明确预防范围、保护对象、项目布局或重点工程布局、措施体系及配置等内容。

6.2.1　预防范围、对象及项目布局

6.2.1.1　预防保护的范围

预防范围宜保持行政区、自然单元及流域的完整性，其范围如下。

① 崩塌、滑坡危险区和泥石流易发区：崩塌、滑坡、泥石流具有突发性、历时短、危害严重等特点。在崩塌、滑坡危险区和泥石流易发区取土、挖砂、采石，极易导致应力变化，引发崩塌、滑坡和泥石流等，给群众生命财产带来巨大损失，严重危害公共安全。

② 水土流失严重、生态脆弱的地区：生态脆弱地区是指生态系统在自然、人为等因素的多重影响下，生态系统抵御干扰的能力较低，恢复能力较弱，且在现有经济和技术条件下，生态系统退化趋势得不到有效控制的区域，如戈壁、沙地、高寒山区以及坡度较陡的山脊带等。由于这些区域的生态环境对外界干扰极为敏感，破坏后极难恢复，易造成严重的水土流失灾害和生态影响，因此，要限制或者禁止可能造成水土流失的生产建设活动。

③ 生态敏感区域：如重要饮用水源保护区、自然保护区、世界自然遗产、国家地质公园等。

④ 侵蚀沟沟坡和沟岸，河流两岸以及湖泊和水库的周边。

⑤ 容易发生水土流失的其他区域。

6.2.1.2　预防保护的对象

① 天然林、郁闭度高的人工林以及覆盖度高的草原、草地。

② 植被或地形受人为破坏后，难以恢复和治理的地带。

③ 侵蚀沟沟坡和沟岸，河流两岸以及湖泊和水库周边的植被保护带。

④ 水土流失严重、生态脆弱地区的植物、沙壳、结皮、地衣。

⑤ 水土流失综合防治的成果及其他水土保持设施。

6.2.1.3　预防保护的项目布局

（1）原则

① 保障水源安全、维护区域生态系统稳定；

② 生态、社会效益明显，有一定示范效应；

③ 当地经济社会发展急需，有条件实施。

（2）布局　根据社会经济发展趋势、水土保持需求和轻重缓急程度提出项目或工程布局。

6.2.2　预防措施体系及配置

预防措施包括封禁保护、植被恢复、抚育更新、农村能源替代、农村垃圾和污水处理设施、人工湿地与其他面源污染控制措施，以及局部水土流失治理措施等。

6.2.2.1　配置原则

① 江河源头和水源涵养区注重封育保护和水源涵养植被建设。

② 饮用水源区以生态清洁小流域建设为主，配套建设植被过滤带、沼气池、农村垃圾和污水处置设施及面源污染控制设施。

③ 发生水土流失的局部区域采取综合治理措施。

④ 应根据国家主体功能区的要求，采取提高和维护相应的水土保持功能的措施。

6.2.2.2　措施体系配置

选择典型小流域或典型片区，进行分析，确定相应的措施布局。

预防措施体系根据预防对象及其特点，进行措施配置。所选择的措施应能够有效缓解区域潜在水土流失问题，并具有明显的生态效益和社会效益。

6.3 治理规划

治理规划应明确治理范围、对象、项目布局或重点工程布局、措施体系与配置等内容。综合规划中的治理规划应突出综合治理、因地制宜的原则，提出治理措施和项目布局；县级水土保持规划应直接提出治理措施和重点工程布局。

6.3.1 项目布局

6.3.1.1 治理范围

水力侵蚀为主的区域，治理范围宜保持流域或自然单元的完整性，适当兼顾行政区；风力侵蚀为主的区域，治理范围宜保持行政区的完整性。

治理范围的划定主要考虑以下几方面因素：

① 以政府公告的水土流失重点治理区为主要治理范围。

② 水土流失严重、具有重要的土壤保持、拦沙减沙、蓄水保水、防灾减灾、防风固沙等水土保持主导基础功能的区域。

③ 水土流失严重的老、少、边、穷区域。

④ 水土流失程度高、危害大的其他区域。

6.3.1.2 治理对象

治理对象主要包括以下内容：

① 坡耕地、四荒地、水蚀坡林（园）地。

② 规模较大的重力侵蚀坡面、崩岗、侵蚀沟道、山洪沟道。

③ 沙化土地、风蚀区和风蚀水蚀交错区的退化草地。

④ 石漠化、砂砾化等侵蚀劣地。

⑤ 县级及以下水土保持规划还应包括侵蚀沟沟坡、规模较小的重力侵蚀坡面、崩岗、侵蚀沟道、山洪沟道、支毛沟等其他需要治理的水土流失严重地区。

6.3.1.3 项目布局

治理规划根据治理范围、对象、社会经济发展趋势和水土保持需求，提出治理项目布局，项目布局应有利于维护国家或区域生态安全、粮食安全、饮水安全和防洪安全。

6.3.2　措施体系及配置

6.3.2.1　治理措施体系

治理措施体系应包括工程措施、林草措施和耕作措施。工程措施包括梯田、沟头防护、谷坊、淤地坝、拦沙坝、塘坝、治沟骨干工程、坡面水系工程、小型蓄排引水工程、土地平整、引水拉沙造地、径流排导、削坡减载、支挡固坡、拦挡工程等；林草措施包括营造水土保持林、建设经果林、水蚀坡林地整治、网格林带建设、灌溉草地建设、复合农林业建设、高效水土保持植物利用与开发等；耕作措施包括沟垄、坑田、圳田种植、水平防冲沟、免耕、等高耕作、轮耕轮作、草田轮作、间作套种等。

6.3.2.2　治理措施配置原则

治理措施配置根据治理对象及其水土流失特点进行配置，一般以典型小流域进行分析，进行措施配置。小流域措施配置的原则包括：①根据土地利用现状，结合当地社会经济发展、产业结构调整、结合当地民众意见，进行土地适宜性分析评价；②根据土地利用规划、土地适宜性评价、水土流失分布和水土保持功能需求，确定措施体系；③以地块为单位进行措施配置与设计，并依据小流域的结果，确定措施的比配和数量。

6.3.3　各项治理措施规划

6.3.3.1　坡耕地治理措施规划

① 梯田（梯地）规划应包括修梯田地段选定、类型确定、道路规划、地块布设、田埂利用等内容。陡坡区（15°以上）与缓坡区（15°以下）应有不同要求，因地制宜地区别对待。

② 保土耕作规划应包括改变微地形的保土耕作（沟垄种植、抗旱丰产沟等），增加地面覆被的保土耕作（草田轮作、间作套种等），提高土壤入渗与抗蚀能力的保土耕作（深耕、深松等），应根据不同条件因地制宜地配置。

6.3.3.2　荒地治理措施规划

本部分所称荒地是指除耕地、林地、草地和其他用途用地（村庄、道路、水域）以外一切可以利用而尚未利用的土地。包括荒山、荒坡、荒沟、荒滩、河岸，以及村旁、路旁、宅旁、渠旁地（简称"四旁"）等；同时也包括退耕的陡坡地、轮歇地域残林、疏林等需要人工干预才能防治水土流失并获得经济效益的土地。

荒地治理措施规划包括水土保持造林规划、水土保持种草规划以及封禁治理措施规划。

① 水土保持造林应主要在水土流失的土地上实施，应做到适地适树，既能保持水土、

防止侵蚀、改善生态环境，又能解决群众的燃料、饲料、肥料，并增加经济收入。

②　水土保持种草应主要在水土流失的土地上实施，同时结合畜牧业的发展，选种抗逆性强的优良饲草。

③　封禁治理规划应包括封山育林与封坡育草两方面。对原有残存疏林应采取封山育林措施；对需要改良的天然牧场可采取封坡育草措施。

6.3.3.3　沟壑治理措施规划

沟壑治理措施规划主要包括沟头防护工程规划、谷坊工程规划、淤地坝与小水库（塘坝）工程规划和崩岗治理措施规划等。

沟壑治理规划以"坡沟兼治"为原则。

①　沟头防护工程规划应根据沟头附近地形和来水情况，因地制宜地布设蓄水型或排水型沟头防护工程，防止水流下沟，制止沟头前进。

②　谷坊工程规划应根据沟底地质和附近的建筑材料情况，因地制宜地布设土谷坊、石谷坊、柳谷坊；合理安排谷坊高度与间距，减缓沟底比降，制止沟底下切。

③　淤地坝与小水库（塘坝）工程规划首先应进行坝系规划，在主沟和支沟中全面、合理地安排淤地坝、小水库和治沟骨干工程，并确定各项工程的实施顺序。其次根据淤地坝、小水库、治沟骨干工程三者的不同要求，正确选定每项工程的坝址，确定工程规模。

④　崩岗治理措施规划应针对崩岗的特点与发展规律，应采取预防与治理并重的方针，对可能产生崩岗的荒坡，应采取预防保护措施；对已产生的崩岗，根据不同的地貌部位，如崩口、崩壁采取相应的综合治理措施。

6.3.3.4　小型蓄排引水工程规划

小型蓄排引水工程规划主要包括坡面小型蓄排水工程规划、"四旁"小型蓄水工程规划及引洪漫地工程规划。

①　坡面小型蓄排水工程包括截水沟、排水沟、沉砂池和蓄水池等，截、蓄、排合理配置，暴雨时保护坡面农田和林草不受冲刷，并可蓄水利用。

②　"四旁"小型蓄水工程包括水窖、涝池（蓄水池）和塘坝等，主要布设在村旁、路旁、宅旁、渠旁，拦蓄暴雨径流，供人畜饮用，同时可减轻土壤侵蚀。

③　引洪漫地工程包括引路洪、坡洪、村洪、沟洪和引河洪工程。后两种需进行规划设计。引沟洪工程包括拦洪坝、引洪渠、排洪渠等，主要漫灌沟口附近小面积川台地；引河洪工程包括引水口、引水渠、输水渠、退水渠、田间工程等，主要漫灌河岸大面积川地。

6.3.3.5　风沙区治理规划

风沙区治理规划措施包括沙障固沙、固沙造林、固沙种草、引水拉沙造地、防治风蚀的耕作等。

我国北部、中部、东南沿海三地风沙区治理各有不同的规划要求。

北方沙化地区南沿，应以防风固沙为主，采取保护农田、道路、城镇等的沙障固沙，营造防风固沙林带、固沙草带，引水拉沙造田以及防止风蚀的耕作技术等综合措施。

中部主要是黄泛区古河道沙地，应先治理风口，堵住风源，采取翻淤压沙、造林固沙等措施，将沙地改造成果园或者农田。

东南沿海风沙危害区，应带、网、片相结合，建设以海岸防风林带为主的综合防护体系。

6.4　监测规划

监测规划应在监测现状评价和需求分析的基础上，围绕监测任务和目标，提出监测站网布局和监测项目安排，明确监测内容及方法。

6.4.1　监测规划的任务和内容

6.4.1.1　监测规划任务

① 观测与收集水土流失本底数据，积累长期监测资料。

② 调查分析一定时段区域的水土流失类型、面积、强度、分布状况和变化趋势。

③ 调查评估水土流失综合治理与生产建设项目水土保持等工程实施质量与效果管理。

6.4.1.2　监测规划内容

监测规划的内容包括：①提出监测站网布局；②提出监测项目、监测内容和方法。

6.4.2　监测站网规划

监测站网规划应包括监测站网总体布局、监测站点的设施设备配置及监测内容。

6.4.2.1　站网总体布局

（1）监测站点布设原则

① 区域代表性原则：监测点要能够代表不同区域的水土流失状况和主要特征，能够反映出区域内地貌类型、土壤类型、植被类型、气候类型等影响水土流失因素的特征。

② 分区布设的原则：依据水土保持区划成果进行布设。监测点在开展一般性常规监测

的同时，针对区划单元发挥的生态维护、土壤保持、防风固沙、水质维护等水土保持基础功能开展相应的监测任务。

③ 密度适中的原则：监测点在水土流失重点预防区、水土流失重点治理区、生态脆弱区和生态敏感区适当加密，在平原区等水土流失不严重的区域适当降低布设密度。

④ 利用现有监测站点的原则：充分利用现有的水土流失监测点和滑坡泥石流预警点，相关大专院校、科研院所布设的监测点，注重与水文站网的结合，实现优势互补和资源共享，避免重复投资和重复建设。

⑤ 分层布设的原则：重要监测点和一般监测点布设应区分不同尺度，分层布设。

（2）常规监测点

① 场地面积应根据监测点所代表的水土流失类型区、试验内容和监测项目确定。

② 各种试验场地应集中，监测项目应结合在一起。

③ 应满足长期观测要求：有一定数量的、专业比较配套的科技人员；有能够进行各种试验的科研基地；有进行试验的必要手段和设备；交通、生活条件比较方便。

（3）临时监测点

① 为检验和补充某项监测结果而加密的监测点，其布设方式与密度应满足该项监测任务的要求。

② 开发建设项目造成的水土流失及其防治效果的监测点，应根据不同类型的项目要求设置。

③ 崩塌滑坡危险区、泥石流易发区和沙尘源区等监测点应根据类型、强度和危害程度布设。

6.4.2.2　监测站点设施设备配置

设置水土保持监测点及设施设备前，应调查收集有关基本资料，如地质、地貌、土壤、植被、降水等自然条件和人口、土地利用、生产结构、社会经济等状况；水土流失类型、强度、危害及其分布；水土保持措施数量、分布和效果等。

监测点数量及其设施设备布置要满足该流域监测内容要求，根据监测内容，布设监测点，建立必要的地面监测设施，并配置相应的设备。根据项目区地形地貌和监测任务，确定监测设施数量。具体设施设备配置情况见 6.4.4 中的遥感监测和地面监测。

6.4.2.3　监测站点（常规监测点、临时监测点）

根据监测区域的不同布设常规监测点或临时监测点。不同的地区的监测点类型如表 6-1。

表 6-1　不同监测区域的监测点类型

监测区域	监测点类型
植被或地貌人为破坏后，生态脆弱的区域	长期、临时结合的监测点
天然林、植被覆盖率较高的人工林、草原、草地	长期、临时结合的监测点
自然景观与名胜古迹	长期监测点
侵蚀沟的沟坡和沟岸、河流的两岸以及湖泊和水库周边的植物保护带	区域固定监测点
重要的水土流失综合防治区域	长期、临时结合的监测点
山区居民主要生产、生活聚集地	长期监测点
农牧渔业用地区域内与周围林地	临时监测点

6.4.3　监测项目、内容和方法

水土保持监测项目包括水土流失定期调查项目，水土流失重点预防区和水土流失重点治理区、特定区域、不同水土流失类型区、重点工程项目区和生产建设项目区等动态监测项目。

6.4.3.1　定期调查项目

① 监测内容包括气象、土壤、地形、植被、土地利用和水土保持措施等影响土壤侵蚀的各项因子。

② 监测方法包括统计、抽样调查、遥感解译、空间分析、模型判断等。

6.4.3.2　水土流失重点防治区

① 监测内容包括区域土地利用状况、水土流失状况、生态环境状况、各类水土保持措施及其效益情况等；并根据预防和治理对象和区域特征，增加相应的监测内容。

② 主要采用遥感监测和野外调查复核相结合的方法，并进行必要的地面观测和抽样调查。

6.4.3.3　特定区域

① 监测内容包括水土保持措施、水土流失状况、河流水沙变化、小流域水质、生物多样性等。

② 监测方法以遥感监测和定位观测为主，调查统计为辅。

6.4.3.4　监测站点

监测站点的监测内容一般概括为以下几个方面。

① 影响水土流失的主要因子监测：主要包括流失动力、地形地貌、地面组成物质、植被、水土保持措施等。

② 水土流失状况监测：主要包括流失类型、强度、程度、分布和流失量等。

③ 水土流失灾害监测：主要包括河道泥沙、洪涝、植被及生态环境变化，对周边地区经济、社会发展的影响等。

④ 水土保持措施监测：主要监测水土保持措施的数量和质量。

⑤ 水土保持效益监测：包括水土保持的基础效益、生态效益、社会效益和经济效益。

⑥ 其他效益监测：包括生态修复、生产建设、城市水土保持等方面的一些水土保持效益与相关内容的监测。

根据监测范围的大小和内容的差异性，可以分为宏观监测和微观监测。宏观监测包括区域监测和中小流域监测；微观监测是在小区域、小尺度的监测。

6.4.3.5　重点工程区

① 监测内容主要包括项目实施前后项目区的基本情况、土地利用结构、水土流失状况及其防治效果、群众生产生活条件等。

② 监测方法包括定位观测、典型调查和遥感调查相结合的方法。

6.4.3.6　生产建设项目

① 监测内容包括生产建设区水土流失影响因子、扰动面积、弃土弃渣量、弃渣场和料场变化等情况，水土保持防治效果、防治目标达标情况及水土流失危害等。

② 监测方法一般采用遥感监测、实地调查和定位观测相结合的方法。

6.4.4　主要监测方法

6.4.4.1　遥感监测

遥感监测的优点是对大范围水土流失及其防治状况进行监测且以较频繁的间隔重复，实现动态监测。

遥感监测主要是通过遥感信息和其他信息监测土壤侵蚀类型、强度及空间分布，以及水土流失防治措施与效果。

（1）监测区域级别、比例尺和周期

① 监测区域级别：按面积大小分为全国与大江大河流域、省（自治区、直辖市）与重点防治区、县（县级市、旗）与小流域（包括大、中型建设项目、水土保持措施）等4个级别。

② 各种监测区域的最小比例尺：全国与大江大河流域不小于1∶250000；省（自治区、直辖市）与重点防治区不小于1∶100000；县（县级市）不小于1∶50000；小流域（包括大中型生产建设项目、水土保持措施）不小于1∶10000。

③ 监测周期：全国与大江大河流域和省（自治区、直辖市）监测周期为5～10年，重点防治区、县和小流域（包括大型开发建设项目区）监测周期根据具体情况确定。

（2）遥感信息的选择与使用

①信息源与使用：按照监测区域的大小和制图比例尺，选择相应的航天、航空遥感信息。

②时间跨度：全国与大江大河流域、省（自治区、直辖市）和重点防治区遥感信息的时间跨度不得超过 2 年；县和小流域的时间跨度不得超过 6 个月。

③时相选择：根据工作区域和任务不同进行选择。

（3）监测程序

确定计划任务→组织培训监测人员→野外考察→建立解译标志→遥感图像解释→野外校核→图形编辑与面积量测→检查与验收→成果资料管理。

6.4.4.2　地面监测

地面监测特别适用于只有从地面才能获得最好信息的对象，它能提供地面真实测定结果、率定和解译遥感数据。

小流域监测应采用地面观测方法，同时通过询问、抽样调查等获取有关资料。

适用观测项目应包括水土流失及其防治效果的观测，包括水蚀、风蚀、重力侵蚀及防治效果等。基本侵蚀要素应包括降水量、降水强度、风速、风向、径流、泥沙、土壤质地、土壤结构、土壤有机质和土壤可蚀性等。

6.4.4.2.1　水蚀观测小区

（1）小区分类

①标准小区：选取垂直投影长 20m、宽 5m，坡度 5°或 15°不同土地利用方式、不同耕作制度和不同水土保持措施的小区。无特殊要求时，小区建设尺寸应参照标准小区规定确定。

②一般小区：按照观测项目要求，设立不同坡度和坡长级别、不同土地利用方式、不同耕作制度和不同水土保持措施的小区。无特殊要求时，小区建设尺寸应参照标准小区规定确定。

（2）小区布设

①小区布设应选择在不同水土流失类型区的典型地段，尽可能选取或依托各水土流失区已有的水土保持试验站，并考虑观测与管理的方便性。

②坡面横向平整，坡度和土壤条件均一，在同一小流域内应尽量集中。

（3）水蚀小区观测　水蚀小区观测时应采用自记雨量计、人工观测雨量筒观测降水总量及其过程。每场暴雨结束后应观测径流和泥沙量。泥沙量可采用取样烘干称重法测定。在有条件的情况下，应观测径流、泥沙过程。对每个小区，每半年应进行一次有机质含量、渗透率、土壤导水率、土壤黏结力等测定；每 3～4 年应进行一次机械组成、交换性阳离子含量、土壤团粒含量等测定。

6.4.4.2.2　水蚀观测控制站

（1）控制站布设选址

①应避开变动回水、冲淤急剧变化、分流、斜流、严重漫滩等妨碍测验进行的地貌、

地物，并应选择沟道顺直、水流集中、便于布设测验设施的沟道段。

② 控制站选址应结合已有的水土保持试验观测站点及国家投入治理的小流域，并应方便观测及管理。

③ 控制站实际控制面积宜小于 50km²。

（2）水蚀控制站观测　包括水位观测、泥沙观测和气象观测。

水位观测包括自记观测和人工观测；泥沙观测主要通过采样来进行分析；气象观测应包括日照、降水量、降水强度、气温、湿度、蒸发、风向、风速等气候指标的变化过程。

6.4.4.2.3　风蚀观测

（1）风蚀观测内容　包括风蚀强度、降尘、土壤含水量、土壤坚实度、土壤可蚀性、植被覆盖度、残茬等地面覆盖、土地利用与风蚀防治措施等。

（2）观测方法

① 降尘量观测采用降尘管（缸）法。

② 风蚀强度观测采用地面定位插钎法，每 15d 量取插钎离地面的高度变化。有条件的站可采用高精度地面摄影或高精度全球定位系统技术方法。

③ 土壤含水量和土壤紧实度的测定可采用土壤物理学方法，并与风蚀强度观测同步进行。

④ 植被覆盖度、土地利用和风蚀防治措施调查应采用地面调查或遥感影像解译方法，应与风蚀强度观测同步进行。

6.4.4.2.4　滑坡监测

滑坡监测对变形迹象明显、潜在威胁大的滑坡体和滑坡群进行监测。监测项目应包括降雨量、地面裂缝、位移、地表水、地下水和其他变形迹象。

① 降雨观测采用雨量计法。

② 地表变形与位移观测：采用排桩法，从滑坡后缘的稳定岩体开始，沿滑坡变形最明显的轴向等距离设一系列排桩，由滑坡后缘以外的稳定岩体开始测量其到各桩之间的距离。汛期每周观测 1 次，非汛期半个月或 1 个月观测 1 次。

③ 地表裂缝观测：在滑坡体周界两侧选择若干点，在动体和不动体上埋设标桩，定期用钢尺测量两桩间的水平距离。汛期每周观测 1 次，非汛期半个月或 1 个月观测 1 次。

④ 地下水观测：在地表变形明显的滑坡体附近，观测地下水变化，观测项目包括地下水位、泉水流量、浑浊度和水温等。

⑤ 地表巡视：观察滑坡体的各种变形征兆，包括裂缝变形、位移加快程度、动物活动异常、温度和流量变化等。

6.4.4.2.5　泥石流监测

包括监测泥石流暴发时的流态、龙头、龙尾、历时、泥面宽、泥深、测速距离、测速时间、流速、流量、容重、径流量、输沙量、沟床纵降、流动压力、冲击力等。

（1）断面观测　在泥石流沟道上设立观测断面，利用测速雷达、超声波泥位计，实现泥石流运动观测。

（2）动力观测　采用压电石英晶体传感器、遥测数传冲击力仪、泥石流地场测定仪等方法实现泥石流动力观测。

（3）输移和冲淤观测　在泥石流沟流通区布设多个固定的冲淤测量断面，采用超声波泥位计、动态立体摄影等进行观测。

6.4.5　综合监管规划

综合监管规划主要包括水土保持监督管理、科技支撑及基础设施与管理能力建设等内容。

6.4.5.1　水土保持监督管理规划

水土保持监督管理规划包括生产建设活动和生产建设项目监管、水土保持综合治理及其重点工程建设的监督管理、水土保持监测工作的管理、违法行为查处和纠纷调处以及行政许可和水土保持补偿费征收等。

6.4.5.1.1　监督管理的任务

① 生产建设活动和生产建设项目的监督应满足预防规划提出的预防目标和控制条件及指标；同时生产建设项目的监督应满足水土保持方案编制、审批、实施和验收的要求，水土保持监测成果质量评价、考核的需要。

② 水土保持综合治理和重点工程建设的监督管理应满足工程建设评价好管理的需要。

③ 水土保持监测工作的管理应满足水土流失动态监测、水土保持公告、地方政府水土保持目标责任制考核的需要。

④ 违法行为查处和纠纷调查以及行政许可和水土保持补偿费征收等项目的监督管理应满足考核各级监督执法机构履行法定职责的需要。

6.4.5.1.2　监督管理的内容

（1）监督管理机制　国家、流域和省级水土保持规划中应包括此方面的内容，具体包括：①流域与区域管理的事权划分的建议及要求；②协商议事、联合决策、合作框架的跨部门的管理机制；③公众参与、信息共享、科普教育、应急管理等综合允许机制。

（2）监督管理制度　包括水土保持监督管理制度建设及完善的内容，如配套法规、规范性文件和制度建设；县级水土保持规划还要包括对不同监督管理对象的监督管理制度和要求；具体包括规划管理制度、工程建设管理制水土保持度、生产建设项目监管制度、监测评价制度、水土保持目标责任制和考核奖惩制度、水土保持生态补偿和水土保持补偿制度等。

（3）管理机构和能力建设　包括监督管理机构体系、执法规范化、执法人员培训、监管成果的管理等。

如水土保持监督、执法人员定期培训与考核，制定监管能力标准化建设方案。以全过程监管为核心，加强政务公开，增加监管透明度，提高实时即时监控和处置能力，有效管控生产建设项目水土保持的设计、施工、监测、监理、验收评估等市场行为。国家着力抓好流域机构的监管能力建设，配套调查取证等执法装备。

（4）其他方面　规划中应明确有关基础设施建设、矿产资源开发、城镇建设、公共服务设施建设等方面的规划在报请审批前应征求本级人民政府水行政主管部门意见的内容。

6.4.6　科技支撑规划

科技支撑规划包括科技支撑体系，基础研究与技术研发、技术推广与示范、科普教育以及技术标准建设等。

6.4.6.1　科技支撑规划的任务

对于综合性水土保持规划，科技支撑规划的任务包括：①提出水土保持科研机构、队伍和创新体系建设的目标和内容；②提出水土保持领域科技攻关的关键理论、技术和内容；③提出分区水土保持科技示范园等基础平台建设的布局和内容；④提出科技推广和科普教育的方向和内容；⑤提出完善水土保持技术标准体系的建议。

6.4.6.2　科技支撑规划实例——中国的水土保持科技支撑规划

（1）重点研究领域

① 基础理论：重点研究水土流失区退化生态系统植被恢复机理、水土流失监测与预报模型方法、水土保持与江湖水沙关系、水土保持环境综合效应、水土保持与全球气候变化耦合关系、中小河流水土保持防洪减灾机理、水土保持对碳氮循环的影响机制以及土壤侵蚀动力学过程等8项基础理论。

② 关键技术：重点研究坡耕地水土资源保育和高效利用、侵蚀劣地植被重建与生态修复、降雨-径流调控与高效利用、水土流失区面源污染生态防控、工程建设人为水土流失快速测算与高效防治、城市水土保持新材料与新技术、生态清洁型流域高效构建以及土壤侵蚀动力学参数与指标快速监测设施等8项关键技术。

（2）示范与推广

① 应用技术：由旱作保墒、少耕免耕、等高耕作、垄作轮作等单项技术在内水土保持农业技术体系；由梯田修筑、梯壁整治、地埂利用、径流调控、地力恢复等单项技术构成的坡耕地综合整治技术体系；由淤地坝快速施工、淤地坝放水建筑结构优化、淤地坝合理规划与布局、生物与工程谷坊修筑等单项技术在内的沟道侵蚀防治技术体系；由集雨抗旱造林、坡-沟系统植被对位配置、立陡边坡植被绿化、退化植被封禁修复、残次纯林更新改造等单项技术构成的植被恢复与构建技术体系；由农林复合经营、草-畜-沼-果经营、粮-饲兼用作物培育与种植等单项技术构成的高效生态农业技术体系。

② 示范推广：在不同类型区应根据区域水土流失特点、危害及治理需求，重点示范推

广。在东北黑土区针对保护水土资源、保障粮食安全的双重要求，推广坡耕地保护性耕作与工程防治、坡耕地地埂植物带高效构建与经营、侵蚀沟道立体生态防治、盐碱土综合治理与生态修复等技术成果。在北方风沙区针对防风固沙、荒漠治理的需求，推广风蚀生物防控技术、农田防护林网高效构建技术、退化草地更新与修复技术等。在北方土石山区针对土层瘠薄、径流冲刷等水土流失问题，推广坡耕地保土耕作栽培技术、石质山地造林技术、埂坎经济利用技术等。在西北黄土高原区针对沟—坡土壤侵蚀分异特征，推广干旱半干旱地区抗旱造林技术、沟道侵蚀坝系防控技术、适度干预的生态修复技术、坡耕地减蚀保墒技术、塬—梁—峁农林复合高效经营技术等。在南方红壤区，针对崩岗侵蚀和红壤退化等水土流失问题，推广崩岗生态治理与经济开发技术、红壤退化阻控和定向修复治理技术、退化纯林更新与林下植被恢复技术等。在西南紫色土区针对超渗产流的特点以及非点源污染、滑坡、泥石流等灾害，推广坡面径流调控工程配套技术、面源污染生态防控技术、滑坡泥石流工程防治技术、高效生态农业种植技术等。在西南岩溶区和青藏高原区，应推广针对土地石漠化和冻融侵蚀防治的技术成果。

（3）基础平台建设

① 标准体系建设：一是完善西南紫色土区水土流失综合治理技术标准、青藏高原区水土流失综合治理技术标准等一级分区规划设计或水土流失综合治理类技术标准；二是补充水土流失监测小区建设标准、生产建设项目水土流失量测算规范、水土保持试验观测技术规范等不同类型水土流失监测预测技术标准；三是丰富水土保持信息分类分级规范、水土保持数据加工处理技术规范、水土保持电子地图图式规范等水土保持信息化建设技术标准；四是加强水土保持小型库坝工程技术标准、水土保持林草工程设计标准等单项治理措施的技术标准，以及水土保持工程质量检测技术标准、水土保持科技示范园建设技术标准等辅助配套性技术标准。

② 科技示范园建设：一是各分区有序建设、平衡发展。加快西南紫色土区、北方风沙区、东北黑土区和青藏高原区的国家级园区建设，提升西北黄土高原区国家园区基础建设水平，强化北方土石山区、南方红壤区国家园区自主创新能力。二是各园区完善设施、提升水平。在已命名的国家级园区内，通过国家投资、地方配套和自主创收等方式，完善水土保持科研观测设施，提高硬件自动化和现代化水平，丰富宣传解说、科普教育等设施与活动，提升科普教育和示范宣传能力。三是各园区加强成果转化、扩大示范效应。以园区为平台，加强与高等院校和科研院所的协作攻关，形成针对区域生态建设需求的技术成果和推广应用途径，开展基层和一线技术人员的培训，面向广大群众和中小学生进行宣传教育。四是各园区加强协同联动，形成整体效应。建立国家级园区交流机制，加强各园区间，以及园区与管理、科研、生产等间的沟通与协作，促进科技合作交流，形成上下合力，发挥整体效益。

结合国家级园区动态管理，推动省级园区建设，形成区域科技示范网络，重点要加强 3 个方面工作：一是做好建设规划。组织制定省区内水土保持科技示范园建设规划，明确任务、布局和部署。依据规划有序建设，增强园区建设的典型代表性、定位准确性、功能完备性、效益显著性，避免不平衡和重复性建设等问题。二是丰富建设内容。园区建设应涵盖水土流失、综合治理、预防监督、生态修复、监测预报、科普教育、科研科技、特色产业和休闲观光等内容，更好发挥科技支撑、典型带动和示范辐射作用，突出区域特色。三是创新管理机制。借鉴和学习国外先进经验，形成有效的运行机制，增强园区可持续发展的能力，提升数据采集的规范化、标准化，档案管理的电子化、信息化，逐步实现园区网络的信息共享。

6.4.7　基础设施与管理能力建设

基础设施与管理能力建设规划主要包括科研设施建设、监督管理能力建设、监测站点标准化建设、信息化建设和法律法规建设。

6.4.7.1　基础设施与管理能力建设的任务

① 提出科研基地、重点实验室等建设内容。

② 提出水土保持监督管理机构体系、执法设备等建设内容和提高监督管理水平的建议。

③ 提出不同监测站点的标准化建设内容。

④ 提出信息管理体系、信息管理平台和综合监管信息化应用系统等建设内容。

⑤ 提出需要制定或修订的法律、规章和制度。

⑥ 提出建设的重点项目。

6.4.7.2　基础设施建设

① 科研基地建设。

② 重点实验室建设。

③ 野外科研基地和试验设施建设。

④ 学科体系建设。

⑤ 监测站点标准化建设。

6.4.7.3　机构和能力建设

（1）建立健全水土保持管理机构　各级水行政管理（协调机构）、监督管理、监测、社会服务等各类机构。

（2）监督管理队伍建设　根据规划区区面积、水土流失状况、生产建设强度、重要程度等因素，推算监督执法、监测评价等工作的任务量，提出需要配备的相应的人员建议数量。

（3）配套监督执法装备　提出不同数量人员需要配备的交通工具、执法取证设备、办公设备的数量。

（4）培训与再教育　各类人员培训的内容、投入要求。如从业人员技术与知识更新培训，行业协会技术服务能力。

6.4.7.4　信息管理

建设互联互通、资源共享的信息管理体系，包括水土保持各项工作和管理内容，如基础信息、预防、治理、监测、监管等。

（1）信息管理平台　依托国家及水利行业信息网络资源，统筹区域现有水土保持基础信息资源，建设互联互通、资源共享的区域水土保持信息平台，主要包括建立小流域基础数据库、完善数据采集设施设备、加强数据存储、完善信息传输网络系统、开发信息共享与服务平台等，实现水土保持信息网络的互联互通。

（2）综合监管信息化　综合监管信息化的目的是实现预防监督的"天、地一体化"动态监控，综合治理"图斑"的精细化管理，监测工作的即时动态采集与分析，面向社会公众的信息服务。

主要包括水土流失预防监督管理系统、国家重点治理工程项目管理系统、水土保持规划协作系统、水土保持高效植物资源管理系统、水土保持科研协作支撑系统等建设内容。

6.4.7.5　法律法规及其他

（1）需要制定或修订的法律、法规和制度　根据生态文明建设和《水土保持法》的要求，提出需要制定或修订的相关法律、法规和制度。

（2）重点项目　提出规划期内需要开展的相关项目，包括监管制度、监管能力、重点监测项目、监测能力、科技支撑、社会服务、宣传教育、信息化等。

6.5　小流域综合治理规划

6.5.1　小流域综合治理的概念

6.5.1.1　小流域的定义

流域（watershed，catchment）是指某一封闭的地形单元，该单元内有溪流（沟道）或河川排泄某一断面以上全部面积的径流。小流域是相对于大流域所对应的概念，就面积大小来说，美国水土保持学界把面积小于 $1000km^2$ 的流域称为小流域；欧洲阿尔卑斯山区国家把面积 $100km^2$ 以下的山区流域称为小流域；在我国指在以水力侵蚀为主的地区，流域面积在 $5\sim30km^2$，最大不超过 $50km^2$ 的集水单元。

6.5.1.2　小流域综合治理规划的概念

小流域综合治理是指在一个流域系统内山、水、田、林、路全面规划的基础上，合理安排农、林、牧各业用地，因地制宜、因害设防地布设综合措施，从坡面到沟道，从上游到下游，通过各项措施（耕作措施、林草措施、工程措施）实现的最佳配置模式，既在总体上，又在某些措施配置上能最大限度地控制水土流失，从而在流域内形成有效的水土流失综合防护体系，达到保护、改良和合理利用流域内的水土资源，充分发挥综合治理的生态效益、经济效益和社会效益的目的。

6.5.2　小流域综合治理规划

小流域综合治理规划是以小流域为单元，依据水土流失规律和社会经济发展要求，合理调整土地利用结构和农村产业结构，山、水、田、林、路统一规划，科学配置各项工程、林草和农业技术水土流失治理措施，形成完整的小流域综合防治体系的具体部署和实施安排。

6.5.2.1　土地利用调整规划

土地利用调整规划是进行小流域规划的基础，在土地适宜性评价的基础上，按照综合平衡法进行。综合平衡法是以国家、地区和个人对土地的需求的预测为依据,结合考虑其他社会经济条件，土地的自然生态条件，在单项用地计算的基础上采取逐步逼近总面积的方法确定各项用地的面积。在综合平衡时要遵循以下原则：

① 按照"整体控制，局部推进"的原则，首先配置对土地要求严格的部门用地，以保证这些部门得到最好的土地。

② 配置各地用地时要以土地评价为基础，把土地评价中认为合理的那部分土地先配置上去。

③ 对某些明显不适宜或有争议的那部分土地，对照流域的生产方向，用地需求量的预测，再次分析对比后进行配置,直至全部土地配置完毕。

④ 在调整时要考虑主体功能和水土保持功能的要求。

6.5.2.2　小流域水土保持措施布局

措施布局应包括措施空间布局与时间顺序安排两个方面。

（1）措施空间布局原则

① 以小流域四周分水岭为界，不受行政区划限制，从分水岭到坡脚，从沟头到沟口，从支毛沟到干沟，从上游到下游，全面规划，建成完整的防御体系。

② 在不同利用的土地上分别配置相应的治理措施,如在宜农的坡耕地配置梯田（梯地）与保土耕作措施,在宜林宜牧的荒地上配置造林种草与育林育草，根据需要在坡耕地和荒地配置各类小型蓄排工程，在各类沟道配置各项治沟措施，做到治坡与治沟、工程与林草相结合，协调发展，互相促进。

③ 治理保护与开发利用相结合，根据各类土地防治水土流失的需要，布置各类治理措施

必须满足群众生产、生活和国家的需求，并与当地社会经济发展相衔接。

④ 小流域各项治理措施必须逐项到位，落实到措施规划图上，明确反映各项措施的具体位置和数量，并作出典型设计，便于实施。

（2）时间顺序安排原则

① 先治坡面，后治沟底；先治支沟，后治干沟；先治上游，后治下游。

② 先易后难，一般应是投入少、见效快、收益大的先治；有的措施虽然投入较多、见效较慢，但对治理全局有重大影响的，经科学论证也应优先安排，如梯田、道路。

③ 对实施顺序上相互影响的措施，应根据其相互关系妥善安排，如建基本农田、退耕陡坡、造林种草三者紧密结合，逐年交错进行。

（3）措施布局立体配置　根据小流域的地貌特征和水土流失规律，由分水岭至沟底分层设置防治体系。如黄土丘陵沟壑区梁峁顶和梁峁坡设置梯田粮果带，沟坡设置灌草生物措施带，沟底设置谷坊、坝库等沟道工程体系。在黄土高原沟壑区的现代侵蚀沟沿线附近，设置沟头防护工程和沟边埂工程，防止沟头延伸和沟岸扩张。

（4）水平配置布局　以居民点为中心，以道路为骨架，建立近、中、远环状结构配置模式。村庄房前屋后发展种植、养殖庭院经济和四旁植树。居民点附近建立以水平梯田、水田为主的粮食生产和经济果木开发区。远离居民点的地带建设以乔灌草相结合的生态保护区和燃料、饲料基地。中间地带粮、林、草间作，水土保持防护措施和耕作措施相配合。

6.5.3　坡面系统生物工程措施布局规划

6.5.3.1　坡耕地治理措施规划

（1）梯田（梯地）的规划　包括修梯田地段的选定、梯田类型的选定、梯田区道路规划、地块的布设、田埂的利用等内容。陡坡区（15°以上）与缓坡区（15°以下）各有不同要求，因地制宜区别对待。

（2）保土耕作的规划　包括改变微地形的保土耕作（沟垄种植、抗旱丰产沟等）、增加地面被覆的保土耕作（草田轮作、间作套种等）、提高土壤入渗与抗蚀能力的保土耕作（深耕、深松等），根据各地不同条件因地制宜地配置。

6.5.3.2　荒地治理措施规划

（1）水土保持造林的规划　水土保持造林主要在水土流失的土地上实施，包括经济林和果园，要求做到适地适树，既能保持水土、防治侵蚀、改善生态环境，又能解决群众的燃料、饲料、肥料并增加经济收入。

（2）水土保持种草的规划　水土保持种草主要在水土流失的土地上实施，同时应结合畜牧业的发展，选种抗逆性强的优良饲草。

（3）封禁治理规划　包括封山育林与封坡育草两方面。对原有残存疏林应采取封山育林措施，对需要改良的天然牧场采取封坡育草措施。

6.5.3.3　坡面小型蓄排工程规划

包括截水沟、蓄水池、排水沟三项措施，截、蓄、排三者合理配置，暴雨中保护坡面农田和林草不受冲刷，并可蓄水利用。

6.5.4　沟道系统生物工程措施布局

（1）沟头防护工程规划　根据沟头附近地形和来水情况，因地制宜地布设蓄水型或排水型沟头防护工程，防止水流下沟，制止沟头前进。

（2）谷坊工程规划　根据沟底地质和附近的建筑材料情况，因地制宜地布设土谷坊、石谷坊与间距，减缓沟底比降，制止沟底下切。

（3）淤地坝与小水库（塘坝）工程规划　首先应进行坝系规划，在干沟和支沟中全面、合理地安排淤地坝、小水库和治沟骨干工程，并确定各项工程的实施顺序。然后根据淤地坝、小水库、治沟骨干工程三者的不同要求，正确选定每项工程的坝址，并确定工程规模。

（4）崩岗治理措施规划　崩岗是风化花岗岩地区沟壑发展的一种特殊形式，其治理布局原则与沟壑治理相似。

在工程布局配置和设计中，注重对径流的调控和利用。郭廷辅、段巧甫提出了径流调控的工程体系，可供参考（图 6-1）。

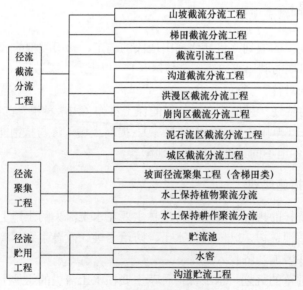

图 6-1　径流调控工程体系

6.6　生态清洁小流域规划

6.6.1　生态清洁小流域概念

生态清洁小流域（eco-clean small watershed）是指沟道侵蚀得到控制、坡面侵蚀强度在轻度以下、水体清洁且非富营养化、行洪安全、生态系统良性循环的小流域。它是在传统小流域综合治理的基础上，将水资源保护、面源污染防治、农村垃圾及污水处理等相结合的一种新型综合治理模式。

生态清洁小流域的内涵主要表现在以下几个方面。

（1）人水和谐　生态清洁小流域是根据水的循环规律，保护水的循环，促进水的微循环。小流域作为基本的集水单元，是水在陆地运动的基本单元，表现为降雨、入渗、径流等水的运动过程。生态清洁小流域本身是以水源保护为核心，防治水在循环和利用过程中的污染以及危害，约束和避免人类活动对水自然循环的侵害和破坏，维护水的自然循环，实现人水和谐。

（2）人地和谐　生态清洁小流域要实现流域内土地资源的合理利用，必须因地制宜，根据土地资源的承载力，以提高土地资源质量为出发点，使土地能够持久地发挥其生产力，土壤肥力得到不断提高，行洪安全，人与自然和谐。

（3）生态系统良性循环　良性循环的本质是生态系统内部能量转化、物质循环和信息传递的有机结合。人类对自然的改造扰动限制在能为生态系统所承受、吸收、降解和恢复范围之内。

（4）环境清洁　流域环境清洁，垃圾废弃物得到有效的处理和控制，生活污水的排放达到国家允许的标准。

最终目标是要实现流域内水土资源得到有效保护、合理配置和高效利用，沟道基本保持自然生态状态，行洪安全，人类活动对自然扰动在生态系统承载能力之内，生态系统良性循环，人与自然和谐，人口、资源、环境协调发展。

6.6.2　生态清洁小流域治理措施布局

水利部颁布的《生态清洁小流域建设》将小流域划分为生态自然修复区、综合治理区和沟（河）道及湖库周边保护整治区。生态清洁型小流域建设内容主要包括综合治理、生态修复、面源污染防治、垃圾处置、村庄人居环境改善及沟（河）道及湖库周边整治等，各项措施的布局应做到因地制宜，因害设防，并与周边景观相协调。

生态自然修复区（eco-natural restoration zone）一般指小流域内人类活动和人为破坏较少，自然植被较好，分布在远离村庄、山高坡陡的集水区上部地带，通过封禁保护或辅以人工治理即可实现水土流失基本治理的区域。

综合治理区（comprehensive control zone）指小流域内人类活动较为频繁、水土流失较为严重，需采用工程、植物和耕作等综合措施，分布在村庄及周边、农林牧集中的集水区中部地带实现水土流失基本治理的区域。

沟（河）道及湖库周边保护整治区（channel regulation zone）指在沟（河）道及湖库周边一定范围内，需采取沟道治理、护坡护岸、土地整治或绿化美化措施，分布在小流域的下部地带，以保持水体清洁的沟（河）道两侧和湖库周边缓冲区域。

6.6.2.1　小流域各分区划分的原则

（1）景观格局相似性原则　景观格局是景观元素，如斑块（patch）、廊道（corridor）和基质（matrix）的空间布局、在三道防线划分时，要充分考虑景观的格局、遵循景观格局相似性原则。

（2）水土流失的相似性　水土流失是小流域的主要环境问题，是污染物搬运的动力因素，因此，在划分中要体现出水土流失的类型、形式、程度、强度等的相似性。

（3）治理措施相似性　在划分过程中，要考虑小流域建设措施布局与治理措施的布设，便于生态清洁小流域建设措施的实施和管理。

（4）土地利用方式相似性　土地利用方式是人类活动的最基本的体现方式，它代表和反映了人类活动对土地的利用强度、利用方式和类别，在划分中必须加以考虑。

（5）生态功能相似性　生态功能是指自然生态系统支持人类社会和经济发展的功能，包括提供产品、调节、文化和支持四大功能。提供产品功能是指生态系统生产或提供的产品；调节功能是指调节人类生态环境的生态系统服务功能；文化功能是指人们通过精神感受、知识获取、主观映象、消遣娱乐和美学体验从生态系统中获得的非物质利益；支持功能是指保证其他所有生态系统服务功能提供所必需的基础功能。在三道防线的划分中，要考虑其不同防线的生态功能的相似性。

6.6.2.2　各分区的划分步骤

① 三道防线划分所需基础资料的收集和整理：包括 GIS 基础数据的采集和数字化，基础图件的准备。主要基础图件包括土地利用现状图、沟系及水系图、道路图和数字地形图（比例尺 1∶1 万）等。

② 第三道防线划分：采用缓冲区法或土地利用类型法进行确定。

③ 第一、二道防线划分：在确定第三道防线的基础上，进行第一道、第二道防线的划分。

④ 综合划分三道防线区域：详见图 6-2。

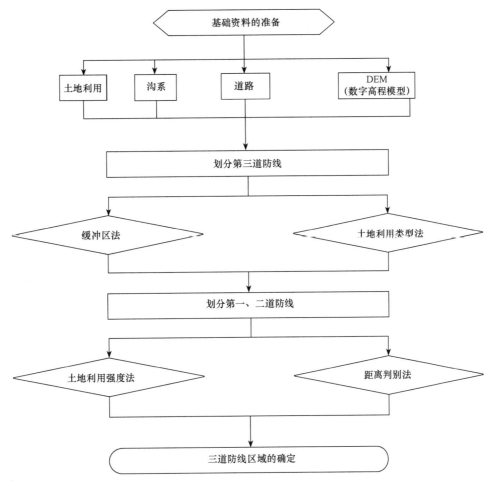

图 6-2　生态清洁小流域分区划分的步骤

6.6.2.3　各分区划分的方法

利用 GIS 技术手段，采用专家系统与数学判定相的结合划分方法。

（1）第三道防线划分的方法

① 缓冲区法：即根据沟系或水系图，先确定第三道防线的主体位置；再根据沟道级别（如宽度）与沟道相邻的土地利用类型，确定沿河道（水系）的缓冲区的大小（宽度），一般为 2～8m，湿地的缓冲区可根据实际情况确定。

② 土地利用类型确定法：即根据河道（岸）两侧的土地利用类型和对水环境的影响确定作为第三道防线的土地利用类型。

（2）第一道、二道防线划分的方法

① 距离判别方法：根据地貌、距离和土地利用方式划分，划分标准可参考表6-2。

表 6-2　第一、二道防线划分标准

项　目	第一道防线	第二道防线
地貌部位	山顶、坡上部	坡中、坡下
坡度	>15°	<15°
土地利用方式	林草地、未利用地	耕地、果园、菜地、居民地、道路
离主要道路（村级）距离	>1km	<1km
离居民区距离	>1km	<1km

② 土地利用强度划分法：按照人类活动对不同土地利用方式的利用强度及对水环境的影响来划分，划分标准可参考表 6-3。

表 6-3　第一、二道防线划分标准

项　目	第二道防线	第一道防线
土地利用强度（投入）	强	弱
水污染程度	严重	一般
人为活动	频繁	较少

6.6.2.4　措施布局

（1）生态修复区　植被较好的地方，主要采取封育保护措施，设置封禁警示牌和护栏等，减少人畜破坏；或建立草库伦，以草定畜，围栏轮牧；坡地严禁垦荒、撂荒、刈割放牧等活动，加强林草植被保护。植被稀疏的地方，主要采取人工抚育、补植等措施，同时设置封禁警示牌和护栏等，加强封育保护，促进植被自然恢复。

（2）综合治理区　该区的治理措施主要包括水土流失综合治理、面源污染防治和人居环境整治措施。

水土流失综合治理的重点区域是指人为扰动频繁且水土流失严重的区域。在水土保持措施配置上应根据坡度、坡位、土地利用现状、土层厚度等，配置各类坡面水土保持措施。一般而言，在坡度为 7°～20°、土层厚度超过 25cm 的坡面中上部位，宜整治为农田，可修建水平条田、反坡梯田或隔坡条田等；坡度小于 7°的坡面下部，可修建水平梯田、等高垄作、地埂植物篱等措施，并完善坡面水系和田间道路；坡度在 20°～25°的坡面，可作为经果林用地，可配置水平沟、水平壕或鱼鳞坑等措施；坡度大于 25°的坡面，应封禁育林、严禁乱砍滥伐。有灌溉条件的地方，宜采取节水灌溉措施。

面源污染防治主要以保护小流域内水体不被富营养化为主要目标，以控制化肥、农药种类及用量为重点，集中排放的点源污染应做到达标排放。在措施上鼓励使用农家肥、有机肥，发展有机农业；各类化肥、农药的使用种类及数量，应符合国家有关规定，提倡生物防治病虫害。

村庄及企事业单位等人居环境整治包括生活垃圾处置、生活污水处理、人畜粪便处理、道路整治、绿化美化、达标排放管理等。生活垃圾处置包括垃圾收集、运输和集中处置等三大环节。

其中污水处理应根据小流域内村镇建设规划、经济发展现状和污水排放量，合理布设污水处理设施，统一收集、统一处理，污水处理应达标排放。工业废水和畜禽养殖废水与生活污水等宜分别进行收集和处理，可作为生态用水。工业废水、畜禽养殖废水与生活污水等集中排放至污水处理厂时，应达到预处理标准。农村污水处理技术一般包括活性污泥法处理技术、生物膜法处理技术、自然生物处理技术、厌氧生物处理技术。

人畜粪便利用鼓励农户建沼气池、省柴灶，高效利用人畜粪便。

生活垃圾应按照减量化、资源化和再利用的原则，宜推行垃圾分类收集及处置。

绿化美化应以清理垃圾、污水为重点，平整道路，清洁场院；通过栽植乔、灌树种为主，美化村庄。在树种选择上宜选择乡土树草种，合理配置观赏树种，同时人工营造景观应与周围环境相协调。

（3）沟（河）道及湖库周边整治区措施配置　沟（河）道及湖库周边整治措施应包括河道清淤及护岸、沟道防护、湿地恢复、缓冲过滤带建设等。

对影响河道行洪安全的淤积物、违章设施、堆放物和垃圾等进行清淤清障措施；河道护岸宜采用生物护岸，恢复河道自然形态，保护水生态环境；浆砌石护岸应符合有关技术规范的要求。

对于沟道，可修建谷坊、拦沙坝、淤地坝等拦挡设施，拦泥减洪，分级设防。汇水面积小于等于 0.1km² 的侵蚀沟，可分级修建土谷坊、石谷坊、柳谷坊或其他植物谷坊，以抬高侵蚀基准面，巩固沟床；汇水面积大于等于 0.1km² 的沟道，可在沟道修建多级拦沙坝、淤地坝或小型水库等，拦泥蓄水，设计标准应符合《水土保持治沟骨干工程技术规范》（SL 289-2003）规定。

对于污染严重的地区，在河道两岸、湖库周边应建截污工程，将污水集中排至污水处理厂，并设立警示牌，防止污水排入河道湖库。

在河道两侧及湖库周边，应建设一定宽度的缓冲过滤带，宜选用匍匐类灌草种，提高对入河及湖库泥沙、污浊物的过滤作用，防止和减轻面源污染。同时加强湿地保护，受到破坏的湿地，可采取改善湿生植物立地条件、合理配置各类水生植物等措施，恢复湿地生态系统。

思 考 题

1. 水土保持总体规划的内容是什么？
2. 小流域规划在水土保持规划中的地位和作用是什么？

本章推荐书目

1. 生态环境建设规划（第二版）. 高甲荣，齐实. 中国林业出版社，2012

2. 小流域综合治理理论与实践. 孙立达等. 中国科学技术出版社，1991

3. 生态清洁小流域理论与实践. 毕小刚. 水利出版社，2014

4. 水土保持规划编制规范（SL335-2014）

第 7 章
水土保持估（概）算与进度

[本章摘要]

本章主要介绍了水土保持项目估（概）算，对估（概）算的编制方法以及项目的进度安排进行了概述。

工程估（概）算是指在工程建设过程中，根据不同设计阶段的设计文件的具体内容和有关定额、指标及取费标准，预先计算和确定建设项目的全部工程费用的技术经济文件。估（概）算的编制能够给国民经济活动提供参考依据，合理预测水土保持工程项目的工程造价。

水土保持规划与设计主要是指水土保持生态建设工程设计，故本章主要介绍水土保持生态建设工程的估（概）算。

7.1 估（概）算的概念

7.1.1 概述

根据我国基本建设程序的规定，在不同的建设阶段，要编制相应的工程造价，一般有以下几种（图7-1）。

7.1.1.1 投资估算

投资估算是建设单位向国家或主管部门申请基本建设投资时，为确定建设项目投资总额而编制的技术经济文件，主要用于项目建议书阶段、可行性研究阶段；它是国家或主管部门确定基本建设投资计划的重要文件。投资估算控制初设概算，它是工程投资的最高限额，主要根据估算指标、概算指标或类似工程的预（决）算资料进行编制。它应考虑多种可能的需要、风险、价格上涨等因素，适当留有余地。它是设计文件的重要组成部分，是编制基本建设计划，实行基本建设投资大包干、控制其中建设拨款、贷款的依据；也是考核设

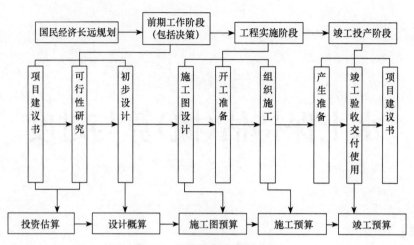

图 7-1　不同阶段的工程投资

计方案和建设成本是否合理的依据。它是可行性研究报告的重要组成部分，是业主为选定近期开发项目、作出科学决策和进行初步设计的重要依据。

7.1.1.2　设计概算

设计概算是指在初步设计阶段，设计单位为确定拟建基本建设项目所需的投资额或费用而编制的工程造价文件。它是设计文件的重要组成部分。由于初步设计阶段对建筑物的布置、结构形式、主要尺寸以及机电设备型号、规格等均已确定，所以概算是对建设工程造价有定位性质的造价测算，设计概算不得突破投资估算。设计单位在报批设计文件的同时，要报批设计概算，设计概算经过审批后，就成为国家控制该建设项目总投资的主要依据，不得任意突破。

7.1.1.3　修改概算

对于某些大型工程或特殊工程当采用三阶段设计时，在技术设计阶段随着出现建设规模、结构造型、设备类型和数量等内容与初步设计相比有所变化的情况，设计单位应对投资额进行具体核算，对初步设计总概算进行修改，即编制修改设计概算，作为技术文件的组成部分。修改概算是在量（指工程规模或设计标准）和价（指价格水平）都有变化的情况下，对涉及概算的修改。由于绝大多数水保工程均采用两阶段设计，故修改概算也就很少出现。

7.1.1.4　业主预算

业主预算是在已经批准的初步设计概算基础上，对已经确定实行投资包干或招标承包单位制的大中型工程建设项目，根据工程管理与投资的支配权限，按照管理单位及分标项目的划分，进行投资的切块分配，以便对工程投资进行管理与控制，并作为项目投资主管部门与建设单位签订工程总承包（或投资包干）合同的主要依据。它是为了满足业主控制和管理的需要，按照总量控制、合理调整的原则编制的内容预算，业主预算也称为执行预算。

7.1.1.5　标底与报价

标底是招标工程的预期价格，它主要是以招标文件、图纸、按有关规定，结合工程的具体情况，计算出的合理工程价格。它是由业主委托具有相应资质的设计单位、社会咨询单位编制完成的，包括发包造价、与造价相适应的质量保证措施及主要施工方案，为了缩短工期所需的措施费等。其中主要是合理的发包造价，应在编制完成后抄送招标投标管理部门审定。标底的主要作用是招标单位在一定浮动范围内合理控制工程造价，明确自己在发包工程上应承担的财务义务。标底也是投资单位考核发包工程造价的主要尺度。投标报价，即报价，施工企业（或厂家）对建筑工程施工产品（或机电、金属结构设备）的自主定价。它反映的是市场价格，体现了企业的经营管理、技术和装备水平。中标报价是基本建设产品的成交价格。

7.1.1.6　施工图预算

施工图预算是指在施工图设计阶段，根据施工图纸、施工组织设计、国家颁布的预算定额和工程量计算规则、地区材料预算价格、施工管理标准、计划利润率、税金等，计算每项工程所需人力、物力和投资额的文件。它应在已批准的设计概算控制下进行编制。它是施工前组织物资、机具、劳动力，编制施工计划，统计完成工作量，办理工程价款结算，实行经济核算，考核工程成本，实行建筑工程包干和建设银行拨（贷）工程款的依据。它是施工图设计的组成部分，有设计单位负责编制的。它的主要作用是确定单位工程造价项目造价，是考核施工图设计经济合理性的依据。一般建筑工程以施工图预算作为编制施工招标标底的依据。

7.1.1.7　施工预算

施工预算是指在施工阶段，施工单位为了加强企业内部经济核算，节约人工和材料，合理使用机械，在施工图预算的控制下，通过工料分析，计算拟建工程工、料和机具等需要量，并直接用于生产的技术经济文件。它是根据施工图的工程量、施工组织设计或施工方案和施工定额等资料进行编制的。

7.1.1.8　竣工结算

竣工结算是施工单位与建设单位对承建工程项目的最终结算（施工过程中的结算属于中间结算）。

7.1.1.9　竣工决算

竣工决算是指建设项目全部完工后，在工程竣工验收阶段，有建设单位编制的从项目筹建到建成投产全部费用的技术经济文件。它是建设投资管理的重要环节，是工程竣工验收、交付使用的重要依据，也是进行建设项目财务总结，银行对其实行监督的必要手段。

对于水土保持规划设计而言，主要涉及项目估算和概算。

7.1.2　项目估（概）算编制的原则和依据

7.1.2.1　项目估（概）算编制的原则

（1）符合现行政策、法规、办法的原则　编制时应符合国家、行业和地方政府的有关规定。

（2）全面、合理、科学和准确的原则　全面是指估（概）算文件的组成要齐全，反映项目估（概）算编制的全过程，没有遗漏和重复的现象发生。合理是指预算标准选择要合理。科学是指估（概）算文件的自身结构和文件之间的相互衔接和逻辑关系要相对合理、一致。准确是指估（概）算中每项费用估（概）算的计算应当准确无误。

（3）实事求是、依据充分、公平合理的原则　项目估（概）算的编制要根据客观实际情况，合理安排资金的分配和有效使用，按照规定的程序和办法，力求规范地编制项目估（概）算。

7.1.2.2　项目估（概）算编制的依据

① 国家、行业和地方政府的有关规定。

② 工程勘察与设计文件，图示计量或有关专业提供的主要工程量和主要设备清单。

③ 行业部门、项目所在地工程造价管理机构或行业协会等编制的投资估算指标、概算指标（定额）、工程建设其他费用定额（规定）、综合单价、价格指数和有关造价文件等。

④ 类似工程的各种技术经济指标和参数。

⑤ 工程所在地的同期的工、料、机市场价格，建筑、工艺及附属设备的市场价格和有关费用。

⑥ 政府有关部门、金融机构等部门发布的价格指数、利率、汇率、税率等有关参数。

⑦ 与建设项目相关的工程地质资料、设计文件、图纸等。

⑧ 委托人提供的其他技术经济资料。

7.1.3　项目估（概）算编制的程序

7.1.3.1　项目估（概）算编制前的准备工作

（1）搜集各种依据和资料　在编制项目估（概）算前，应首先搜集和熟悉各种与编制估（概）算相关的依据和资料，熟悉并掌握项目涉及到的相关行业的定额标准，包括国家标准、行业标准和省级地方标准；准确把握项目的具体工程、分部工程和分项工程每个子目的施工内容及计算规则。新技术、新工艺、新定额资料的搜集分析，为编制补充施工机械台班费和补充定额搜集必要的资料。

（2）熟悉项目规划设计图纸及其说明　首先，熟悉项目规划设计图纸及其说明，了解项目的性质、类型、规模、项目承担单位、规划设计单位等总体情况，做到对项目有个初步认识。其次，按设计图目录及其说明检查图纸是否齐全，图号与图名是否一致，是否遗漏，发现问题应及时查找。第三，要熟悉项目各项工程设计图，了解各项工程的地理位置、布局和规模等情况，分项核对各工程的比例尺、长度、宽度、高度、技术等级和质量要求等，并与规划设计文本和设计图件进行核对，不一致的地方要作详细记录，查找原因，及时纠正。第四，要熟悉各建筑物及其构件、配件标准图集、材料作法等资料，把握其设计依据、使用范围、选用条件、施工要求及注意事项等，为正确列项和计算工程量做好准备工作。

（3）熟悉施工组织设计和施工现场　施工组织设计是施工单位根据工程特点、施工现场、材料、工件供应时间、用量及有关条件编制的，其他直接关系到工程的预算价格，因此必须熟悉和掌握。首先，要熟悉和掌握施工方法，因为方法不同，相应的预算单价就不一样。如土方开挖工程，有人工开挖和机械开挖之分，两者的工程量虽一样，但预算单价不一样，工程预算就不同。其次，施工机械、工具和设备的选用，因为不同的施工机械、工具和设备的选用，会产生不同预算单价，进而产生不同的工程估（概）算。再次，要查看并熟悉施工现场，因为项目施工现场不仅直接关系到项目的类型，而且不同的施工现场要求选择不同的施工方法。

（4）学习掌握相关行业的工程估（概）算定额及有关规定　为提高工程估（概）算的编制水平，正确运用相关行业的工程定额及其有关规定来项目工程估（概）算，必须认真学习并掌握相关行业现行估（概）算定额的全部内容和项目划分，掌握定额各子目的工程内容、施工方法、材料规格、质量要求、计量单位、工程量计算规则，项目之间的相互关系，以及调整、换算的条件等，以便在具体编制估（概）算时熟练查找和准确使用。

7.1.3.2　项目估（概）算的编制

（1）确定工程项目，计算工程量　列项计量是项目估（概）算编制过程中工作量最大、最繁重、最费时，要求最具体、最细致的重要工作。为了准确列项计量，必须根据设计图纸和说明书及标准图提供的工程类型、工程结构、设计尺寸和做法要求，结合施工现场的施工条件、土质、水文、气候和平面布置等具体情况，按照相关预算定额的项目划分、工程量的计算规则和计量单位等规定，确定每个分项工程，计算其工程量，同时做好工料分析。

（2）选用定额单价及编制补充、换算单价　由于项目工程与相关行业工程的质量、技术等级和适用范围、条件等都不尽相同，且施工技术的不断发展，新材料、新技术、新工艺的不断出现，致使预算定额中的单价往往不能满足使用的要求。因此，要求根据项目和工程的具体要求，按照新材料的价格及新技术和新工艺所需的人工、材料、机械台班，依照预算单价的编制规定与程序，编制补充单价或换算单价，并附于估（概）算书内。

（3）计算直接费（定额直接费）　项目工程直接费应按分项工程、单位工程、项目工程的顺序逐步计算、汇总。其编制程序和方法是：首先计算分项工程直接费，分项工程直接费是根据各分项工程量乘以预算定额（或换算或补充）单价获得。其次计算单位工程直接费，单位工程直接费是汇总各分项工程直接费得到的。最后计算项目工程直接费，项目工程直接费是汇总各单位工程直接费得到的。在计算直接费过程中，还必须注意工料分析和计取其他直接费与间接费的基数，必须准确无误。

（4）进行工料分析　工料分析是在计算直接费时，根据分项工程项目的工程量和相应定额中所列用工、用料的数量，计算出各分项工程所需的人工及主要材料用量，然后分类汇总，得出单位工程所需的人工和主要材料数量。

（5）计算其他直接费和现场经费，汇总工程施工费　首先以直接费为基数，按照当地现行费用定额规定的标准计取其他直接费、现场经费。其次汇总直接费、其他直接费和现场经费，得出直接工程费；并以此为基数，按规定的比例计算间接费。第三以直接工程费与间接费的和为基数，按规定的比例计算计划利润和税金。第四汇总直接工程费、间接费、计划利润和税金得出工程施工费。工程施工费是计算其他费用和不可预见费的基础。

（6）计算设备购置费、其他费用和不可预见费，汇总项目总估（概）算　根据项目划设计，据实编制设备购置费，汇总工程施工费、设备购置费、其他费用和不可预见费，得出项目总估（概）算。

（7）编制说明文件　编制说明主要包括：①工程规模、工程地点、对外交通方式、工程总投资和单位投资资金来源。②主要编制依据、工资标准、主要材料及设备估（概）算价格的计算原则。③工程单价编制费率取费标准。④其他必要的说明。

7.2　投资匡（估）算的编制

7.2.1　投资匡（估）算阶段的划分

投资（估）算贯穿于整个建设项目投资决策过程之中，投资决策过程可划分为项目的投资机会研究或项目建议书阶段，初步可行性研究阶段及详细可行性研究阶段，因此投资匡（估）算工作也分为相应三个阶段。不同阶段所具备的条件和掌握的资料不同，对投资匡（估）算的要求也各不相同，因而投资匡（估）算的准确程度在不同阶段也不同，进而每个阶段投资匡（估）算所起的作用也不同。

7.2.1.1　项目建议书阶段的投资匡（估）算

该阶段工作比较粗略，投资额的估计一般是通过与已建类似项目的对比得来的，因而投资估算的误差率可在 30% 左右。这一阶段的投资匡（估）算是作为相关管理部门审批项目建议书，初步选择投资项目的主要依据之一，对初步可行性研究及投资匡（估）算起指导作用，决定一个项目是否真正可行。

7.2.1.2　初步可行性研究阶段的投资匡（估）算

这一阶段主要是在投资机会研究结论的基础上，弄清项目的投资规模、原材料来源、工艺技术、厂址、组织机构和建设进度等情况，进行经济效益评价，判断项目的可行性，作出初步投资评价。该阶段是介于项目建议书和详细可行性研究之间的中间阶段，误差率一般要求控制在 20% 左右。这一阶段是作为决定是否进行详细可行性研究的依据之一，同时也是确定某些关键问题需要进行辅助性专题研究的依据之一，这个阶段可对项目是否真正可行作出初步的决定。

7.2.1.3　详细可行性研究阶段的投资匡（估）算

详细可行性研究阶段也称为最终可行性研究阶段，主要是进行全面、详细、深入的技术经济分析论证阶段，要评价选择拟建项目的最佳投资方案，对项目的可行性提出结论性意见。该阶段研究内容详尽，投资估算的误差率应控制在 10% 以内。这一阶段的投资匡（估）算是进行详尽经济评价，决定项目可行性，选择最佳投资方案的主要依据，也是编制设计文件，控制初步设计及概算的主要依据。

7.2.2　投资匡（估）算编制的方法

项目建议书阶段，投资匡（估）算的精度低，可采取简单的估算法，如生产能力指数法、系数估算法、比例估算法、混合法、指标估算法等。

在可行性研究阶段，投资匡（估）算精度要求高，需采用相对详细的投资估算方法，即指标估算法。

7.2.2.1　生产能力指数法

利用已建项目的投资额或设备投资额，匡（估）算同类而不同生产规模的项目投资或设备投资的方法。

计算公式为（式 7.1）：

$$C_2 = C_1 \left(\frac{Q_2}{Q_1} \right)^x \cdot f \qquad\qquad （式 7.1）$$

式中：C_1 为已建类似项目的静态投资额；C_2 为拟建项目静态投资额；Q_1 为已建类似项目的生产能力；Q_2 为拟建项目的生产能力；f 为不同时期、不同地点的定额、单价、费用变更等的综合调整系数；x 为生产能力指数。

生产能力指数法误差可控制在 ±20% 以内。

7.2.2.2 系数估算法

系数估算法也称为因子估算法，它是根据已知的拟建建设项目的主体工程费或主要生产工艺设备费为基数，以其他辅助或配套工程费占主体工程费或主要生产工艺设备费的百分比为系数，进行估算项目的相关投资额。

计算公式为（式 7.2）：

$$C = E(1 + f_1 P_1 + f_2 P_2 + f_3 P_3 + \cdots) + I \qquad （式 7.2）$$

式中：C 为拟建项目的建设投资额；E 为根据设备清单按现行价格计算的设备费（包括运杂费）的总和；P_1、P_2、P_3 分别为表示已建成项目中的建筑、安装及其他工程费用分别占设备费的百分比；f_1、f_2、f_3 分别为表示由于时间因素引起的定额、价格、费用标准等变化的综合调整系数；I 为拟建项目的其他费用。

7.2.2.3 比例估算法

比例估算法是根据已知的同类建设项目主要生产工艺设备投资占整个建设项目的投资比例，先逐项估算出拟建建设项目主要生产工艺设备投资，再按比例进行估算拟建建设项目相关投资额的方法。

其表达式为（式 7.3）：

$$I = \frac{1}{K} \sum_{i=1}^{n} Q_i P_i \qquad （式 7.3）$$

式中：I 为拟建项目的建设投资；K 为已建项目主要设备投资占项目总投资的比例；n 为设备种类数；Q_i 为第 i 种设备的数量；P_i 为第 i 种设备的单价。

7.2.2.4 指标估算法

指标估算法是把拟建建设项目以单项工程或单位工程，按建设内容纵向划分为各个主要生产设施、辅助及公用设施、行政及福利设施以及各项其他基本建设费用；按费用性质横向划分为建筑工程、设备购置、安装工程等，根据各种具体的投资估算指标，进行各单位工程或单项工程投资的估算，在此基础上汇集编制成拟建建设项目的各个单项工程费用和拟建建设项目的工程费用投资估算。再按相关规定估算工程建设其他费用、基本预备费、建设期贷款利息等，形成拟建项目静态投资。

7.2.2.5 综合指标法

综合指标法是指运用各种综合统计指标，从具体数量方面对现实社会经济总体的规模及特征所进行的概括和分析的方法。在大量观察和分组基础上计算的综合指标，基本排除了总体中个别偶然因素的影响，反映出普遍的、决定性条件的作用结果。如计算区域治理的总投资，则用区域的总面积乘于单位面积治理的费用即可得总投资。

7.2.3　水土保持投资匡（估）算的编制

投资匡（估）算是规划至可行性研究阶段的重要组成部分，是批准初步设计的重要依据，还是初步设计概算静态总投资的最高限额，一般不得突破。

可行性研究投资匡（估）算与初步设计概算在组成内容、项目划分和费用构成上基本相同，仅设计深度不同。因此，在编制可行性研究投资匡（估）算时在项目划分、组成内容和费用构成上，可适当简化合并或调整。因此该内容仅作简单说明，重点将介绍概算的编制内容。

现将可行性研究投资匡（估）算的编制方法及计算标准规定如下：

① 基础单价的编制与概算相同。

② 工程措施、林草措施及封育治理措施工程单价的编制与概算相同，考虑设计深度不同，单价应乘以 1.05 的扩大系数。

③ 独立费用的编制方法及标准与概算相同。

④ 可行性研究投资匡（估）算基本预备费费率取 6%，价差预备费费率与概算相同。

⑤ 投资匡（估）算表格基本与概算表格相同。

7.3　水土保持生态工程设计概算

7.3.1　概述

7.3.1.1　编制依据

（1）水土保持生态建设工程措施类型　按治理措施划分为工程措施、林草措施及封育治理措施三大类。

（2）水土保持生态建设工程概算组成　由工程措施费、林草措施费、封育治理措施费和独立费用四部分组成。

工程措施、林草措施及封育治理措施通常下设一级、二级、三级项目，独立费用下设一级、二级项目，一般不得合并。

（3）编制依据

① 工程概算编制的相关规定。

② 水土保持工程概算定额。

③ 工程设计有关资料和图纸。

④ 国家和工程所在省（自治区、直辖市）颁布的设备、材料价格。

⑤ 其他有关资料。

7.3.1.2 概算文件编制

概算文件应包括三方面内容：编制说明、概算表和附件。

（1）编制说明

① 工程概述：工程所属水系、地点、范围、治理的主要措施和工程量、材料用量、施工总工期、工程总投资、资金来源和投资比例等。

② 编制依据：包括设计概算编制的原则和依据，人工、主要材料，施工用水、电、燃油、砂石料、苗木、草、种子等预算价格的计算依据，主要设备价格的计算依据，费用计算标准及依据，征地及淹没处理补偿费的简要说明。

（2）概算表　包括总概算表，分部工程概算表，独立费用计算表，分年度投资表，单价汇总表，主要材料、苗木、草、种子等预算价格汇总表，施工机械台时费汇总表，主要材料量汇总表，设备、仪器及工具购置表。

（3）附件　包括单价分析表，水、电、风、砂及石料单价计算书，主要材料、苗木、草、种子预算价格计算书。

设计概算表及其附件，可以根据工程实际需要进行取舍，但不能合并。

7.3.2　项目划分

7.3.2.1　工程措施

由梯田工程，谷坊、水窖、蓄水池工程，小型蓄排、引水工程，治沟骨干工程，设备及安装工程，机械固沙工程，其他工程七项组成。

（1）梯田工程　包括人工修筑梯田和机械修筑梯田。

（2）谷坊、水窖、蓄水池工程　包括土谷坊、砌石谷坊、植物谷坊，薄壁型水窖、钢筋混凝土盖碗型水窖、素混凝土肋拱盖碗型水窖、素混凝土拱底顶拱圆柱型水窖、混凝土球型水窖、砖拱型水窖、平窑型水窖和沉沙池、涝池、开敞式矩形蓄水池、封闭式矩形蓄水池、开敞式圆形蓄水池、封闭式圆形蓄水池等。

（3）小型蓄排、引水工程　包括淤地坝，截水沟、排水沟，排洪（灌溉）渠道，扬水（灌溉）泵站等工程。

（4）治沟骨干工程　包括土石坝、砌石坝、混凝土坝等各类水坝（堰）。

（5）设备及安装工程　指排灌、监测等构成固定资产的全部设备及安装工程。

（6）机械固沙工程　包括土石压盖，防沙土墙，柴草、树枝沙障等。

（7）其他工程　包括永久性动力、通讯线路，房屋建筑，简易道路及其他配套设施工程。

7.3.2.2　林草工程

由水土保持造林工程、水土保持种草工程及苗圃三部分组成。

（1）水土保持造林工程　包括播种和栽植前的土地整理、果树换土、部分苗木假植，栽植乔木、灌木、经济林、果树苗和播种乔木、灌木、经济林、果树和种子及建设期的幼林抚育。

（2）水土保持种草工程　包括栽植草、草皮和播种草籽等。

（3）苗圃　包括苗圃育苗、育苗棚、围栏及管护房屋等。

7.3.2.3　封育治理措施及其他

（1）拦护设施　木桩刺铁丝围栏、混凝土刺铁丝围栏等。

（2）补植、补种　指封育范围内补植乔木、灌木、经济林、果树的苗木及草、草皮和播种乔木、灌木、经济林、果树的种子及草籽。

（3）耕作措施　包括沟垄、坑田、圳田，水平防冲沟、免耕、等高耕作、轮耕轮作、草田轮作、间作套种等。

7.3.2.4　独立费用

由建设期管理费、工程建设监理费、科研勘测设计费、征地及淹没补偿费、水土流失监测费五项组成。

（1）建设期管理费　包括项目经常费和技术支持培训费。

① 项目经常费：指建设单位在工程项目的立项、筹建、建设、竣工验收、总结等工作中所发生的管理费用。主要包括：工作人员的工资、附加工资、工资补贴、办公费、差旅交通费、工程招标费、咨询费、完工清理费、林草管护费及一切管理费用性质的开支。

② 技术支持培训费：为了提高水土保持人员的素质和管理水平，保证治理质量，提高治理水平，促进水土保持工作的发展，对主要水土保持技术人员、治理区的县乡村领导、干部和农民群众，进行各种类型的技术培训所发生的费用。

（2）工程建设监理费　指工程开工后，聘请监理单位对工程的质量、进度、投资进行监理所发生的各项费用。

（3）科研勘测设计费　包括科学研究试验费和勘测设计费。

（4）征地及淹没补偿费　土地征用及迁移补偿费是指因建设工程需要而规定支付的土地补偿费，青苗补偿费，被征用土地上的房屋、水井、树木等附着物补偿费，迁坟费和安置补偿费，土地征收管理费和土地综合开发等费用。

（5）水土流失监测费　指对工程建设期为控制水土流失、监测生态环境治理效果等所发生的各项费用。

7.3.3　编制方法及计算标准

工程措施、林草措施和封育（耕作措施）治理措施费由直接费、间接费、企业利润和税金组成。直接费指工程施工过程中直接消耗在工程项目上的活劳动和物化劳动，由基本直接费和其他直接费组成。基本直接费包括人工费、材料费、机械使用费。

7.3.3.1 基础单价

（1）人工工资

① 工程措施：目前相关规定是按 1.5～1.9 元/工时计算（地区类别高、工程复杂取高限，地区类别低、工程不复杂取低限），但会随时调整和变化。

② 林草措施：目前相关规定是按 1.2～1.5 元/工时计算（地区类别高、工程复杂取高限，地区类别低、工程不复杂取低限）。

③ 封育治理措施：目前相关规定是按 1.2～1.5 元/工时计算（地区类别高、工程复杂取高限，地区类别低、工程不复杂取低限），但会随时调整和变化。

（2）材料预算价格   材料预算价格一般包括材料原价、包装费、运杂费、运输保险费和采购及保管费等。

① 主要材料价格：按当地供应部门材料价或市场价加运杂费及采购保管费计算。

② 沙、石料价格：按当地购买价或自采价计算。购买价超过 70 元/m^3 的部分计取税金后列入相应部分之后。

③ 电价：目前暂时按 0.6 元/（kw·h）计算，或根据当地实际电价计算。

④ 水价：目前暂时按 1.0 元/m^3 计算，或根据当地实际水价计算。

⑤ 风价：目前暂时按 0.12 元/m^3 计算。

⑥ 采购及保管费费率：工程措施按 1.5%～2.0%计算，林草措施、封育治理措施按 1.0%计算。

（3）林草（籽）预算价格   按当地市场价格加运杂费及采购保管费计算。

（4）施工机械使用费   施工机械使用费按施工机械台时费定额进行计算。

7.3.3.2 取费标准

（1）其他直接费   包括冬雨季施工增加费，仓库、简易路、涵洞、工棚、小型临时设施摊销费及其他等（表 7-1）。

表 7-1   其他直接费费率

工程类别	计算基础	其他直接费费率（%）
工程措施	占基本直接费	3.0～4.0
林草措施	占基本直接费	1.5
封育治理措施	占基本直接费	1.0

工程措施中的梯田工程取基本直接费的 2.0%，设备及安装工程和其他工程不再计其他直接费。

（2）间接费   间接费是指工程施工过程中构成成本，但又不直接消耗在工程项目上的有关费用。包括工作人员工资、办公费、差旅费、交通费、固定资产使用费、管理用具使用费和其他费用等（表 7-2）。

表 7-2　间接费费率

工程类别	计算基础	间接费费率（%）
工程措施	占直接费	5～7
林草措施	占直接费	5
封育治理措施	占直接费	4

注：工程措施的梯田工程、机械固沙、谷坊、水窖工程取下限，治沟骨干工程、蓄水池工程、小型蓄排、引水工程取上限。设备及安装工程、其他工程及林草措施中的育苗棚、管护房、水井等均不再收取间接费。

（3）企业利润　指按规定计入工程措施、林草措施和封育治理措施费用中的利润。

① 工程措施：利润按直接费与间接费之和的 3%～4%计算。设备及安装工程、其他工程是按指标计算的，不再计利润。

② 林草措施：利润按直接费与间接费之和的 2%计算。其中育苗棚、管护房、水井是按指标计算的，不再计利润。

③ 封育治理措施：润按直接费与间接费之和的 1%～2%计算。

（4）税金　指国家对施工企业承担建筑、安装工程作业收入所征的营业税、城市维护建设税和教育费附加。

① 工程措施：税金按直接费、间接费、企业利润之和的 3.22%计算。设备及安装工程、其他工程是按指标计算的，不再计算税金。

② 林草措施：税金按直接费、间接费、企业利润之和的 3.22%计算。林草措施中的育苗棚、管护房、水井是按指标计算的，不再计算税金。

③ 封育治理措施：税金按直接费、间接费、企业利润之和的 3.22%计算。

7.3.3.3　单价的编制

（1）工程措施单价的编制

① 直接费：

$$直接费 = 基本直接费 + 其他直接费$$
$$基本直接费 = 人工费 + 材料费 + 机械使用费$$
$$其他直接费 = 基本直接费 \times 其他直接费费率$$

② 间接费：

$$间接费 = 直接费 \times 间接费费率$$

③ 企业利润：

$$企业利润 = （直接费 + 间接费） \times 企业利润率$$

④ 税金：

$$税金=（直接费+间接费+企业利润）×税率$$

⑤ 单价：

$$单价=直接费+间接费+企业利润+税金$$

（2）林草及封育治理措施单价的编制

① 直接费：

$$直接费=基本直接费+其他直接费$$

$$基本直接费=人工费+材料费（不含苗木、草及种子费）+机械使用费$$

$$其他直接费=基本直接费×其他直接费费率$$

② 间接费：

$$间接费=直接费×间接费费率$$

③ 企业利润：

$$企业利润=（直接费+间接费）×企业利润率$$

④ 税金：

$$税金=（直接费+间接费+企业利润）×税率$$

⑤ 单价：

$$单价=直接费+间接费+企业利润+税金$$

（3）安装工程单价的编制　指构成固定资产的全部设备的安装费。安装费中包括直接费、间接费、企业利润、税金。

① 排灌设备的安装费占排灌设备费的 6%。

② 监测设备的安装费监测设备费的 10%。

7.3.4　分部工程概算的编制

7.3.4.1　工程措施

① 梯田工程：谷坊、水窖、蓄水池工程，小型蓄排、引水工程，治沟骨干工程，机械固沙工程。根据设计工程量乘以工程概算定额中计算的单价进行编制。

② 设备及安装工程：设备费按设计的设备数量乘以设备的预算价格编制，设备及安装费按设备费乘以费率进行编制。

③ 其他工程：按设计的数量乘以扩大单位指标进行编制。

7.3.4.2　林草措施

① 栽植各类树苗、树枝、树干、草草皮及播种树籽、草籽的费用。根据设计的苗木、草皮及种子的数量乘以按相关工程概算定额中计算的单价进行编制。

② 各类树苗、树枝、树干、草、草皮等的购置费。根据设计的数量（扣除本工程自建

苗圃提供的树苗、树枝、树干、草、草皮等的数量）分别乘以树苗、树枝、树干、草、草皮等的预算价格进行编制。

③ 各类树种子及草种子的购置费。根据设计的数量分别乘以树种子及草种子的预算价格进行编制。

④ 抚育费根据设计需要的抚育内容、数量、次数及时间，按相关工程概算定额进行计算。

⑤ 苗圃中的育苗棚、管护房、水井按扩大单位指标进行编制。

7.3.4.3　封育治理措施

① 补植各类树苗、草皮及补种树籽、草籽的费用：根据设计的树苗、草皮及种子的数量乘以相关工程概算定额中计算的单价进行编制。

② 各类树苗、树枝、树干、草、草皮等的购置费：根据设计的数量（扣除本工程自建苗圃提供的树苗、树枝、树干、草、草皮等的数量）分别乘以树苗、树枝、树干、草、草皮等的预算价格进行编制。

③ 各类树种子及草种子的购置费：根据设计的数量分别乘以树种子及草种子的预算价格进行编制。

④ 拦护设施：根据设计工程量乘以按相关工程概算定额中计算的单价进行编制。

7.3.4.4　独立费用

（1）建设管理费
① 项目经常费：按第一部分至第三部分之和的 0.8%～1.6%计算。
② 技术支持培训费：按第一部分至第三部分之和的 0.4%～0.8%计算。
（2）工程建设监理费　按国家及建设工程所在省（自治区、直辖市）的有关规定计算或相关市场价格计算。
（3）科研勘测设计费
① 科学研究试验费：按第一部分至第三部分之和的 0.2%～0.4%计算。一般不列此项目。
② 勘测设计费：按国家及建设工程所在省（自治区、直辖市）的有关规定计算或相关市场价格计算。
（4）征地及淹没补偿费　按工程建设及施工占地和地面附着物的实物量乘以相应的补偿标准计算。
（5）水土流失监测费　按第一部分至第三部分之和的 0.3%～0.6%计算或按照相关市场价格计算。

7.3.4.5　预备费

包括基本预备费和价差预备费。

（1）基本预备费　按工程概算第一至第四部分之和的3%计取。

（2）价差预备费　根据工程施工工期，以分年度的静态投资为计算基数，按国家规定的物价上涨指数计算。

计算公式为（式7.4）：

$$E = \sum_{n=1}^{N} F_n[(1+p)^n - 1] \qquad （式7.4）$$

式中：E为价差预备费；N为合理建设工期；n为施工年度；F_n为建设期间第n年的分年度投资；p为年物价上涨指数。

7.3.4.6　工程总投资

工程总投资指工程静态总投资和工程总投资。

① 工程静态总投资：包括工程措施费、林草措施费、封育治理费、独立费用和基本预备费。

② 工程总投资：包括工程措施费、林草措施费、封育治理措施费、独立费用、基本预备费和价差预备费。

7.3.5　概（估）算表格

① 总概算表，是由分部工程概算表汇总而成。

② 分部工程概算表，适用于编制工程措施、林草封育治理措施和独立费用概（估）算。按项目划分工程措施、林草封育措施、封育治理措施均应列入三级项目，独立费用列至二级项目。

③ 分年度投资表，项目划分计算至二级项目。

④ 独立费用计算表，按项目划分计算至二级。

⑤ 上面各表和单价汇总表，主要材料、林草（种子）预算价格汇总表，施工机械台时费汇总表，主要材料汇总表，设备、仪器及工具购置表作为编报设计概（估）算的基本表格，随工程设计文件一并上报；单价分析表，水、电、沙石料单价计算书，主要材料、苗木（种子）预算价格书作为设计概（估）算的附件上报。

7.4　进度安排

水土保持规划是在对流域生态经济系统进行了认真细致的调查、分析、评价基础上，采用科学方法，对多种方案进行选优后确立的。然而，不管怎样科学、先进的规划方案，最关键的是实施。规划方案的实施包括组织机构设置、资金管理、技术管理、进度安排等多个方面。

7.4.1　实施进度安排的原则

7.4.1.1　轻重缓急的原则

根据水土流失危害的程度以及危害的对象，确定实施的优先程度。如对水土流失重点治理区和重点预防区，对国民经济和生态系统有重大影响的江河中上游地区、重要水源区，"老、少、边、穷"地区应优先安排。

7.4.1.2　先易后难的原则

根据水土流失治理的难度，可以先易后难，如先实施投入少、见效快、效益明显、示范作用强的地区，提高水土保持的认知度和可接受度。

7.4.1.3　所需投入与同期经济发展水平相适应的原则

投入水平是影响水土流失治理进度的一个重要方面，而水土保持作为一项生态建设工程，其投资一般为国家和当地政府投资为主，非政府投资为辅，因此在确定进度时，要充分考虑在国家或地方经济发展水平下，可投入的资金，使进度安排和资金投入相匹配和相适应。

7.4.2　进度的确定方法

7.4.2.1　以劳力为控制确定进度

以劳力为控制确定进度，主要用于劳力主要来源于当地，治理进度主要受劳力约束的地区。

① 根据人口发展和控制目标，确定每年的劳力总数及劳力的净增率（%），考虑今后商品生产发展情况，估算规划时段内每年可能投入的劳动工日数。

② 定出规划时段内每年的初步完成管理措施数量的进度指标。

③ 计算各项管理措施需用劳力，主要是根据各项措施的用工概算定额，分别计算各项措施需用工日，然后按新增措施的数量计算年需用工日。

④ 计算管护养护需用劳力，根据原有各项措施数量及管理养护用工定额，分别计算各类措施每年需用工日，累加求得年总需管理养护工日。

⑤ 完成进度指标需用劳力为每年新增管理措施需用劳力与原有措施管理需用劳力之和。

⑥ 劳力平衡计算，将每年可能投入劳力与需用劳力比较，调整确定每年进度指标。

7.4.2.2　以资金为控制确定进度

① 根据资金的来源，计算每年可能投入的资金数量。

② 定出规划时段内每年完成治理措施数量的初步方案（进度指标）。

③ 根据各项治理措施的资金概算定额，及每年需完成新增治理的数量，计算每年所需的资金数量。

④ 资金平衡计算，根据每年可能投入的资金数量和需用资金之间进行比较，调整确定每年进度指标。

7.4.2.3　反求法

① 确定规划时段内每年应完成的管理措施数量，即进度指标。

② 根据确定的进度及用工或资金概算定额，计算每年所需的劳力或资金。

③ 根据计算所得值，进行劳力或资金的准备。

7.4.2.4　进度的核算

（1）根据生产需要确定进度　在经济条件较好的地区或各级重点治理流域内，经费投入有保证，可根据流域内各项生产发展和人民生活发展水平的要求来安排治理进度，可根据各项措施投入应用的可能数量进行核算，因为国家投入、群众投资、投劳和物资供应在每一年是有限的，有限的资金、物资、劳力在每年的各项措施应做到合理安排。

（2）用可能投入的劳工进行核算　在经费来源保证的条件下，对流域内可能投入水土保持的劳工进行计算，除当地劳工外，还可考虑适当从外地雇佣劳工，有的工程项目可以采用机械化施工以代替人力施工。经核算后，可能投入的劳工数应能满足水土保持生态环境建设的需要。

（3）用可能投入的物资核算　各类投入水土保持生态建设的物资，不仅要求数量足够，而且要求质量、规格等能符合规划设计要求。还应根据不同施工季节，各类物资都能及时运到施工现场，以保证流域治理顺利进行。根据物资可能供应数量，来安排各项措施在每一年度的施工进度。

（4）用可能投入的经费核算　每年可能提供的经费，首先应满足购置各类需用物资的需要，以免影响施工，其次要能满足群众投入劳工的补助，以调动积极性。根据各项措施的工程量，来安排经费投入分配。

通过上述三方面的核算，如有一方面不能满足要求，都应在规划中进行调整，降低某些项目的管理进度，调整后的管理进度，既能满足生产需要，又应该有充足的劳力、经费和物资供应，使规划顺利实施。

7.4.3　进度的确定

以上给出了几种计算和核算进度的方法，在实际工作中，应考虑各种情况，实施进度的安排应当积极可靠。各项管理措施进度安排的依据是：①治理水土流失发展农村生产的需要，各项投入（劳力、物资、经费）的可能；②需要与可能二者兼顾，使治理进度安排既积极、又可靠。当投入的劳力、物资、经费不能满足各项管理措施同时开展时，应分类排队，选其中对控制水土流失和发展生产作用大的优先安排，特别是某项措施完成后能推动其他措施更好开展的，更应优先安排。进度的安排是一个时序的安排问题，尤其是各项治理措施本身对时间，季节还有一定的要求。如林草措施一般在春季或秋季，修梯田一般选择在春季解冻时，对于黄土部分地区而言，新修梯田可以种植秋作物；或者在作物收割后至土壤冻结前的一段时间。对于其他工程措施应根据其要求而确定。此外，还要考虑治理措施效益发挥的时间，如先安排易见效益的，后安排那些效益发挥需较长时间的。因此，进度的确定是一个复杂的问题，合理的进度安排可以省时、省工、省资金。在进度的确定中，可以采用网络规划技术（PRET）方法来确定具体指标。或者编制几套方案进行分析比较，以便确定一个比较合理的进度。

如小流域规划实施措施的实施顺序安排的原则是：

① 为了有利于保证安全，降低造价，一般情况下应先坡面、后沟底，先支毛沟、后干沟，先上游、后下游。

② 先易后难。投资少、见效快、收益大先治。

7.4.4　实施管理

7.4.4.1　实施管理的内容

（1）规划方案的审批　水土保持生态环境建设规划必须经同级人民政府审查批准，县级以上人民政府在接到同级人民政府水行政主管部门上报的规划后，应及时组织有关部门审查，在广泛征求意见的基础上，以政府的名义批准并公告，同时将批准的规划呈报上一级政府水行政部门备案。

（2）实施过程的管理

① 技术管理：技术管理是各项治理措施在实施过程中必须按照规划设计的标准进行施工，技术人员要从技术标准上严格把关，只有这样，才能保证各种措施效益的充分发挥。

② 资金和物资的管理：在资金和物资的管理上，一方面要保证各项治理措施的顺利，按时实施，另一方面要建立一套完整的财务管理制度，专款专用。在实际工作中，采取各种形式，如签订合同、股份制、滚动式等管理方式，调动群众治理的积极性，促进治理资金的良性循环。

③ 政策和法律的管理：按照水土保持法的有关规定，制定一系列相应的政策和规章制度，以保证规划的顺利实施。

从项目管理的角度包括工程项目管理法人制，项目的资金管理、工程监理、工程监测、工程组织管理等。

（3）成果管理　巩固水土保持生态环境建设成果，加强水保设施的管护十分重要，具体的管护办法有以下几方面：

① 实行"谁管理，谁受益，谁管护"的原则，制定管护制度，加强管护工作。

② 建立管护组织，设立专人管理责任。

③ 建立管护责任制，实行以片承包管护，或以单项措施承包管护。

④ 制定护林护草公约。

⑤ 管好用好各项治理措施，积极发展农林水产多种经营，长短结合，以短养长，增加群众收入。

7.4.4.2　规划实施的保证措施

要使规划顺利得到实施，当地政府应当把规划任务作为自己的一项重要职责，采取行政、法律和经济的措施来实施。包括水土资源保护、监督管理方面的，组织协调机构建设、目标责任考核制度和水土保持工作报告制度落实以及依法行政方面，稳定投资渠道、拓展投融资渠道、水土保持补偿和生态补偿机制方面，科研和服务体系建立健全、科技攻关、科技成果转化方面等。

（1）组织机构　在水土保持规划开始之时，就应该组建由流域所在地区、县、乡政府及农、林、水、牧、计划、财政、工矿等部门领导组成的由政府主管领导任组长的领导班子，负责对水土保持规划、实施的协调工作。因为水土保持生态建设工作是一个涉及多部门的工作，单由水土保持部门来完成是非常困难的。建立这样一个领导班子后，各部门之间相互协调，取长补短，有利于规划的顺利实施。领导班子建立后即可组建一支由各部门技术人员组成的规划、实施队伍。水土保持生态环境建设涉及范围广、内容多，要有许多部门的技术人员参加。同时应有流域内的农民技术员参加，因为本地农民对本流域的基本情况比较了解，为规划带来方便。

（2）技术保障

① 加强技术培训：一支高素质的技术队伍是规划实施的保证，在技术队伍组建后，首先应对他们进行培训，让他们系统地了解水土保持生态环境建设规划和实施的内容和技术要求，为规划的实施奠定良好基础。

② 搞好科学研究：在规划开始就制定一套完整的科学研究计划，通过实践—研究—实践，使水土保持生态环境建设工作不断完善。

（3）政策保障　包括国家生态文明建设的政策，当地政府制定有关流域治理的优惠政策，鼓励各行各业人士投资治理，"谁治理，谁受益"。例如我国各地现在推行的"四荒"地拍卖、户包小流域、股份制、租赁土地治理等在当地都有优惠政策。

（4）资金保障　水土保持生态建设投资要坚持以自力更生为主，国家补助为辅的原则。尤其要鼓励个人以各种方式投入治理。对于国家或地方重点治理流域，国家投资、地方投资和群众自投资金相结合，在资金使用上，建立专账，专款专用，使有限资金全部用于治理流域水土流失，改善生态环境上。

（5）管理保障　加强管理是水土保持规划实施的基本保障，在规划实施过程中，应在财务、技术、人员、档案（包括人员档案、流域治理档案等）、预防等方面制定一系列管理制度，以保证规划按时、有序、高标准、高质量地完成。

（6）加强宣传教育　水土保持生态建设是一项涉及多部门的复杂工作，必须加强宣传工作，让全社会了解水土流失的危害性和生态环境破坏给人类带来的灾难，促使各方面人士都来投资进行水土保持生态建设，特别是流域内的各有关部门要重视水土保持生态环境建设工作，避免人为破坏水土资源的现象发生。

（7）法律法规保障　水土保持规划的实施如何从法律法规、规划性文件的角度来保障。

思 考 题

1. 水土保持估算的编制依据是什么？
2. 水土保持投资的构成包括哪些？

本章推荐书目

1. 水土保持规划编制规程（SL 335-2014）
2. 水土保持工程概（估）算编制规定. 水利部水总［2003］67 号
3. 生态环境建设规划（第二版）. 高甲荣，齐实. 中国林业出版社，2012
4. 水土保持工程概预算. 王治国，贺康宁，胡振华. 中国林业出版社，2009
5. 关于完善可行性研究报告投资估算编制的探讨. 刘喜明. 市政技术，2011，（6）：140-142

第 8 章

国民经济评价与水土保持效益

[本章提要]

本章主要介绍了国民经济评价的概念、原则和内容，水土保持综合治理效益计算和评价指标体系，以及水土保持综合效益的价值化评价方法。

8.1 国民经济评价

8.1.1 国民经济评价概述

在市场经济条件下，大部分工程项目财务评价结论可以满足投资决策要求，但由于存在市场失灵的情况，项目还需要进行国民经济评价，以站在全社会的角度判别项目配置经济资源的合理性。需要进行国民经济评价的项目主要是铁路、公路等交通运输项目，较大的水利水电项目，国家控制的战略性资源开发项目，动用社会资源和自然资源较多的中外合资项目以及主要产出物和投入物的市场价格不能反映其真实价值的项目。

8.1.1.1 国民经济评价的概念

（1）概念 国民经济评价是按照资源合理配置的原则，从国家整体角度考察项目的效益和费用，用货物的影子价格、影子汇率、影子工资和社会折现率等经济参数，分析计算项目对国民经济的净贡献，评价项目的经济合理性，为投资决策提供宏观依据。

（2）国民经济评价的必要性

① 由于企业和国家是两个不同的评价角度，企业利益并不总是与国家利益完全一致，因此一个项目对国家和企业的费用和效益的范围不完全一致。财务盈利效果仅是项目内部的直接经济效果，不包括对外部的影响。

② 财务分析是预测价格。由于种种原因，项目的投入品和产出品财务价格失真，不能

正确反映其对国民经济的真实价值。

③ 不同项目的财务分析包括了不尽相同的税收、补贴和贷款条件,使不同项目的财务盈利失去了公正的效果。

8.1.1.2　国民经济评价的原则和目的

(1) 国民经济评价的原则

① 动态与静态分析相结合,以动态分析为主:利用复利计算法将不同时间内的资金流入和流出换算成同时间的价值,使不同项目和不同方案的经济比较具有可比性,并能反映未来时期的发展情况,这对树立资金合理利用、提高效益的观念具有重要意义。静态指标具有简单、直观、方便等优点,评价时可作为辅助分析之用。

② 定量与定性分析相结合,以定量分析为主:定量分析具有明确的综合的数学概念,易于进行经济分析比较。但也有一些经济因素不能量化,只能用定性方法对其作正确表述,因此须采用定性与定量分析相结合进行评价。

③ 宏观与微观效益分析相结合,以宏观效益分析为主:项目经济评价不仅须从微观角度进行盈利测算,而且须从宏观角度考察项目需要国民经济付出的代价和项目对国家作出的贡献。对财务评价与国民经济评价结论均可行的项目,应予以通过。对国民经济评价结论不可行的项目,一般应予以否定。

④ 预测与统计分析相结合,以预测分析为主:经济评价时所需数据,既要以统计实际达到的水平作依据,又要作有根据的预测,现金流量的时间、数额主要基于预测的基础上,对某些不确定因素和风险大小应作出估计和分析。

(2) 国民经济评价的目的或作用

① 国民经济评价可保证拟建项目符合社会主义生产目的的要求,拟建项目的产品符合社会的需要。这是因为国民经济评价是以社会需求作为项目取舍的依据,而不是单纯地看项目是否盈利。

② 进行国民经济分析与评价可避免拟建项目的重复和盲目建设,并有利于避免投资决策的失误。这是因为,国民经济评价是从国家的角度即宏观角度出发,而不是从地区或企业的角度即微观角度出发考察项目的效益和费用,可避免地方保护主义和企业的片面性、局限性。

③ 进行国民经济分析可以全面评价项目的综合效益。因为它既分析项目的直接经济效益,也分析项目的间接经济效益和辅助经济效益。

④ 进行国民经济评价可以确定项目消耗社会资源的真实价值。有些项目的投入物和产出物的国内市场价格,往往不能反映真实的经济价值,从而会导致项目财务效益的虚假性。国民经济评价则可以通过影子价格对财务价格进行修正,可以真实地反映出项目消耗社会资源的价值量。

8.1.1.3　国民经济评价的内容

（1）对投资项目的经济效益和费用的划分、识别进行分析与评价　此部分应重点注意对转移支付的处理和对外部效果的计算。

（2）对计算费用和效益所采用的影子价格及其国家参数进行分析与评价　投资项目的费用和效益的计算是否正确，关系到项目在经济上是否合理可行，而费用和效益的计算则涉及到所采用的有关评价参数（影子价格、影子汇率、影子工资等）是否合理。因此，对有关评价参数的分析与评估是国民经济评价的主要内容。

（3）对投资项目的经济效益和费用数值的调整进行分析与评价　可按照已经选定的评价参数，计算项目的销售收入、投资和生产成本的支出，并分析与评估调整的内容是否齐全、合理，调整的方法是否正确，是否符合有关规定。

（4）对投资项目的国民经济评价报表进行分析与评价　主要是对所编制的有关报表进行核对，保证其符合规定及正确性。

（5）对国民经济效益指标的评价　从国民经济整体角度出发，考察项目给国民经济带来的净贡献，即是对项目国民经济盈利能力、外汇效果等进行评价。

（6）投资项目不确定性分析的评价　包括对盈亏平衡分析、敏感性分析及概率分析所做出的分析与评价，以确定投资项目在经济上的可靠性。

（7）方案经济效益比选的评价　方案比选一般采用净现值法和差额收益率法，而对于效益相同和效益基本相同又难以具体估算的方案，可采用最小费用法，总费用现值比较和年费用现值比较方法。

8.1.2　国民经济评价的费用和效益

8.1.2.1　效益和费用的识别原则

（1）基本原则　国民经济分析以实现社会资源的最优配置从而使国民收入最大化为目标，凡是增加国民收入的就是国民经济效益，凡是减少国民收入的就是国民经济费用。

（2）边界原则　国民经济分析则从国民经济的整体利益出发，其系统分析的边界是整个国家。国民经济分析不仅要识别项目自身的内部效果，而且需要识别项目对国民经济其他部门和单位产生的外部效果。

（3）资源变动原则　国民经济分析以实现资源最优配置从而保证国民收入最大增长为目标。由于经济资源的稀缺性，就意味着一个项目的资源投入会减少这些资源在国民经济其他方面的可用量，从而减少了其他方面的国民收入，从这种意义上说，该项目对资源的使用产生了国民经济费用。在国民经济费用和效益的过程中，依据不是货币，而是社会资源真实的变动量。凡是减少社会资源的项目投入都产生国民经济费用，凡是增加社会资源的项目产出都能产生国民经济收益。

8.1.2.2　直接费用和直接效益

（1）直接费用　是指项目使用投入物所形成，并在项目范围内计算的费用。一般表现为其他部门为本项目提供投入物；需要扩大生产规模所耗费的资源费用；减少对其他项目或者最终消费投入物的供应而放弃的效益；增加进口或者减少出口从而耗用或者减少的外汇等。

（2）直接效益　是指由项目产出物直接生成，并在项目范围内计算的经济效益。一般表现为增加项目产出物或者服务的数量以满足国内需求的效益；替代效益较低的相同或类似企业的产出物或者服务，使被替代企业减产、停产从而减少国家有用资源耗费或者损失的效益；增加出口或者减少进口从而增加或者节支的外汇等。

8.1.2.3　间接费用与间接效益

间接费用和间接效益，或称外部效果，是指项目对国民经济做出的贡献与国民经济为项目付出的代价中，在直接效益与直接费用中未得到反映的那部分费用与效益。外部效果应包括以下几个方面。

（1）产业关联效果　例如建设一个水电站，一般除发电，防洪灌溉和供水等直接效果外，其间接效益包括水电站带来养殖业和水上运动的发展以及旅游业的促进等的效益。

其间接费用包括农牧业会因土地淹没而遭受一定的损失的费用。

（2）环境和生态效果　例如发电厂排放的烟尘可使附近田园的作物产量减少，化工厂排放的污水可使附近江河的鱼类资源骤减，这些就属于间接费用的一部分。

（3）技术扩散效果　技术扩散和示范效果是由于建设技术先进的项目会培养和造就大量的技术人员和管理人员。他们除了为本项目服务外，由于人员流动、技术交流对整个社会经济发展也会带来好处，这些就属于间接效益。

技术性外部效果反映了社会生产和消费的真实变化，这种真实变化必然引起社会资源配置的变化，所以应在国民经济评价中加以考虑。

为防止外部效果计算扩大化，项目的外部效果一般只计算一次相关效果，不应连续计算。

8.1.2.4　转移支付

（1）税金　将企业的货币收入转移到政府手中，就是收入的再分配。

（2）补贴　资源的支配权从政府转移给企业，与税金相反。

（3）贷款的还本付息　对于国内贷款代表资源支配权的转移；国外贷款分不同的情况处理。

对于水利项目转移支付一般不计入项目的费用或效益。

8.1.3　国民经济评价参数

8.1.3.1　社会折现率

（1）概念　社会折现率是由政府部门统一规定的，在国民经济评价中用以衡量资金时间价值的参数，代表了资金占用所需应获得的最低动态收益率。

（2）使用范围

① 社会折现率是经济内部收益率的基准值，用以衡量项目的经济效益。

② 社会折现率也是经济净现值、经济外汇净现值、经济换汇成本、经济节汇成本等指标计算时使用的折现率。

（3）作用

① 社会折现率可以用于间接调控宏观投资规模。

② 取值高低会影响项目的选优和方案的比较。

（4）取值　取决于国内一定时期投资收益水平、资金供求、机会成本、合理投资规模及实际的项目评价经营。国家当前规定为 8%，对于社会公益性质的项目采用 6%；大部分西方国家社会折现率为 5%～7%。

8.1.3.2　影子汇率

汇率是指两个国家不同货币之间的比价或交换比率。影子汇率是反映外汇真实价值的汇率。影子汇率主要依据一个国家或地区一段时期内进出口的结构和水平、外汇的机会成本及发展趋势、外汇供需状况等因素确定。一旦上述因素发生较大变化时，影子汇率值需作相应的调整。

在国民经济评价中，影子汇率通过影子汇率换算系数计算，影子汇率换算系数是影子汇率与国家外汇牌价的比值。工程项目投入物和产出物涉及进出口的，应采用影子汇率换算系数计算影子汇率。

8.1.3.3　影子价格

影子价格是指依据一定原则确定的，能够反映投入物和产出物真实经济价值，反映市场供求状况，反映资源稀缺程度，使资源得到合理配置的价格。

影子价格是根据国家经济增长的目标和资源的可获性来确定的。如果某种资源数量稀缺，同时，有许多用途完全依靠它，那么它的影子价格就高。如果这种资源的供应量增多，那么它的影子价格就会下降。进行国民经济评价时，项目的主要投入物和产出物价格，原则上都应采用影子价格。

确定影子价格时，对于投入物和产出物，首先要区分为市场定价货物、政府调控价格货物和特殊投入物三大类别，然后根据投入物和产出物对国民经济的影响分别处理。

8.1.3.4　影子工资

（1）概念　影子工资是指项目增加一名劳动力，社会为此付出的代价。影子工资则要按劳动力时间的潜在社会价值计算，而其潜在价值则要从分析项目使用劳动力会给国家和社会带来的影响。

（2）项目使用劳动力，给国家和社会带来的影响　①项目的实施给社会提供了新的就业机会；②项目使用劳动力，社会损失了劳动力的边际产出或机会成本；③劳动力转移会发生新增的社会资源消耗（学校、医院、水电、粮食）；另外，使用劳动力增加就业人数和就业时间，也会使劳动力减少了闲暇时间比增加体力消耗和生活资料消耗。

（3）影子工资的计算

$$影子工资=财务工资×影子工资换算系数$$

一般情况，影子工资换算系数取 1.0；在建设期大量使用民工的项目，可取 0.5。

8.1.4　国民经济的评价指标

费用效益分析（cost-benefit analysis），简称为 CBA，是国民经济评价中最普遍采用的分析方法。CBA 有时又称成本效益分析、效益费用分析、经济分析、国民经济分析或国民经济评价等，在经济学中，项目评估与费用效益分析是两个可以相互替代的概念。

在利用费用效益分析法进行经济评价时，由于采用的评价标准不同，因而存在不同的具体方法。其中，通常采用的方法为经济内部收益率法（EIRR）、经济净现值法（ENPV）、经济现值指数法（ENPVR）。

8.1.4.1　经济内部收益率（*EIRR*）

经济内部收益率是反映项目对国民经济净贡献的相对指标。它是项目在计算期内各年经济净效益流量的现值累计等于零时的折现率。

其表达式为（式 8.1）：

$$\sum_{t=0}^{n}(B-C)_t(1+EIRR)^{-1}=0 \tag{式 8.1}$$

式中：B 为国民经济效益流量；C 为国民经济费用流量；$(B-C)_t$ 为第 t 年国民经济净效益流量；n 为计算期。

判别准则：经济内部收益率等于或大于社会折现率，表明项目对国民经济的净贡献达到或超过了要求的水平，这时应认为项目是可以接受的。

8.1.4.2　经济净现值（*ENPV*）

经济净现值是反映项目对国民经济净贡献的绝对指标。它是指用社会折现率（i_s）将项目计算期内各年的净收益流量折算到建设期初的现值之和。

其表达式为（式 8.2）：

$$ENPV = \sum_{t=0}^{n} (B-C)_t (1+i_s)^{-t}$$ （式 8.2）

式中：i_s 为社会折现率。

判别准则：工程项目经济净现值等于或大于零表示国家拟建项目付出代价后，可以得到符合社会折现率的社会盈余，或除了得到符合社会折现率的社会盈余外，还可以得到以现值计算的超额社会盈余，这时就认为项目是可以考虑接受的。按分析效益费用的口径不同，可分为整个项目的经济内部收益率和经济净现值，国内投资经济内部收益率和经济净现值。如果项目没有国外投资和国外借款，全投资指标与国内投资指标相同；如果项目有国外资金调入与流出，应以国内投资的经济内部收益率和经济净现值作为项目国民经济评价的指标。

8.1.4.3　经济效益费用比（*EBCR*）

经济效益费用比（*EBCR*）是项目效益的现值与费用的现值之比。
其表达式为（式 8.3）：

$$EBCR = \frac{\sum_{i=1}^{n} B_t(1+i_s)^{-t}}{\sum_{i=1}^{n} C_t(1+i_s)^{-t}}$$ （式 8.3）

式中：*EBCR* 为经济效益费用比；B_t 为第 t 年的效益；C_t 为第 t 年的费用。

项目的经济合理性应根据经济效益费用比（*EBCR*）的大小确定。当经济效益费用比大于或等于 1.0（*EBCR*≥1.0）时，该项目在经济上是合理的。

8.1.4.4　投资回收期（年限）

投资回收期是指从项目的投建之日起，用项目所得的净收益偿还原始投资所需要的年限。投资回收期分为静态投资回收期与动态投资回收期两种。投资回收年限是指一项工程建成投产后，从投入生产的时间起到把全部建设投资收回所需要的年限。
计算公式为（式 8.4）：

$$N = K/P$$ （式 8.4）

式中：N 为投资回收年限（年）；K 为总投资额（指全部建设投资加流动资金和利息）（万元）；P 为企业年纯投入（利润加折旧）（万元）。

投资回收年限也可以自工程建设的开始年限算起，但需注明。

8.1.4.5　敏感度系数

敏感度系数（S_{AF}）以项目评价指标变化率与不确定性因素变化率之比表示，其表达式为（式 8.5）：

$$S_{AF} = \frac{\Delta A / A}{\Delta F / F} \qquad\qquad (\text{式 8.5})$$

式中：S_{AF} 为评价指标 A 对于不确定性因素 F 的敏感度系数；$\Delta A / A$ 为不确定因素 F 发生 ΔF 变化时，评价指标 A 的相应变化率；$\Delta F / F$ 为不确定因素 F 的变化率。

8.1.4.6　国民经济评价的步骤

　① 选择、调整、计算有关资源（如主要原材料、人力等）的影子价格、社会折现率；
　② 对投资估算中的费用进行调整，包括固定资产投资、流动资金、经营费用、销售收入等；
　③ 计算国民经济效益值，主要通过编制国民经济效益费用流量表，反映项目计算期内各年的效益、费用和净效益，计算该项目的各项经济费用效益分析评价指标。
　④ 计算国民经济评价主要指标；
　⑤ 进行国民经济评价不确定分析和风险分析；
　⑥ 进行项目决策。

8.2　水土保持综合治理效益

　　水土保持效益是指在水土流失地区通过保护、改良和合理利用水土资源及其他再生自然资源所获得的生态效益、经济效益和社会效益的总称。根据水土保持综合治理效益的国家标准，水土保持综合治理效益包括调水保土效益、经济效益、社会效益和生态效益等四类，四者关系是：在调水保土效益的基础上产生经济效益、社会效益和生态效益。

8.2.1　水土保持调水保土效益

　　调水保土效益是水土保持综合治理效益的基础。调水保土效益可以分成调水效益和保土效益两部分。
　　调水效益内容包括增加土壤入渗、拦蓄地表径流、坡面排水和调节小流域径流等内容。增加土壤入渗包括改变微地形增加土壤入渗、增加地面植被减轻面蚀以及改良土壤性质增加土壤入渗等；拦蓄地表径流包括坡面小型蓄水工程拦蓄地表径流、四旁小型蓄水工程拦蓄地表径流以及沟底谷坊坝库工程拦蓄地表径流等内容；坡面排水主要是指改善坡面排水能力。
　　保土效益包括减轻土壤侵蚀（面蚀、沟蚀）以及拦蓄坡沟泥沙等内容。其中，减轻土壤侵蚀（面蚀）的效益包括改变微地形减轻面蚀、增加地面植被减轻面蚀和改良土壤性质减轻面蚀等；减轻土壤侵蚀（沟蚀）的效益主要有制止沟头前进减轻沟蚀、制止沟底下切减轻沟蚀和制止沟岸扩张减轻沟蚀三点；而拦蓄坡沟泥沙的内容主要是小型蓄水工程拦蓄泥沙和谷坊坝库工程拦蓄泥沙。

8.2.2　水土保持生态效益

水土保持生态效益是指水土保持对人类和生态环境在有序结构维持和动态平衡保持方面输出的效益之和，包括保持水土、改良土壤、调节气候、减少灾害、保存物种、改善水土资源环境条件等。

生态效益分成水圈、土圈、气圈和生物圈四个方面分析。

① 水圈：主要是减少洪水流量和增加常水流量。

② 土圈：主要是改善土壤的物理化学性质，提高土壤质量。

③ 气圈：主要是改善靠近地层的温度、湿度、风力等小气候环境。

④ 生物圈：主要是增加林草被覆程度，改善生物多样性，增加植物固碳量。

8.2.3　水土保持经济效益

水土保持的经济效益，有直接经济效益与间接经济效益两类，分别采取不同的计算方法。

8.2.3.1　直接经济效益

包括实施水土保持措施土地上生长的植物产品（未经任何加工转化）与未实施水土保持措施的土地上的产品对比，其增产量和增产值，包括：

① 梯田、坝地、小片水地、引洪漫地、保土耕作法等增产的粮食与经济作物；

② 果园、经济林等增产的果品；

③ 种草、育草和水土保持林增产的饲草（树叶与灌木林间放牧）和其他草产品；

④ 水土保持林增产的枝条和木材蓄积量。

8.2.3.2　间接经济效益

在直接经济效益基础上，经过加工转化，进一步产生的经济效益，其主要内容包括以下两方面：

① 基本农田增产后，促进陡坡退耕，改广种薄收为少种高产多收，节约出的土地和劳工，计算其数量和价值，但不计算其用于林、牧、副业后增加的产品和产值。

② 直接经济效益的各类产品，经过就地一次性加工转化后提高的产值（如饲草养畜、枝条编筐、果品加工、粮食再加工等），计算其间接经济效益。此外的任何二次加工，其产值不应计入。

8.2.4　水土保持社会效益

水土保持社会效益是指水土保持为人类社会提供除去经济效益之外的一切的有益的贡献（难以用经济数字表示的部分），它体现在对人类身心健康的促进方面、对人类社会结构的改进方面和人类社会精神文明状态的改善方面。主要包括以下内容。

8.2.4.1　减轻自然灾害

保护土地不遭受沟蚀破坏与石化、沙化；减轻河流下游泥沙危害及洪涝灾害；减轻风蚀与风沙危害；减轻干旱对农业生产的胁迫；减轻滑坡、泥石流危害和减轻面源污染等。

8.2.4.2　促进社会进步

改善农业基础设施，提高土地生产率；调整土地利用结构，合理利用土地；提高劳动生产率；调整农村产业结构，适应市场经济；提高环境容量，缓解人地矛盾；促进良性循环，制止恶性循环，促进农民脱贫致富、奔小康等。

8.3　水土保持综合治理效益计算

8.3.1　水土保持效益计算的原则

8.3.1.1　效益计算的数据来源

① 观测资料：可由水土保持综合治理的小流域内直接布设试验取得；计算大、中流域的效益时，应利用控制性水文站的观测资料，同时还应在流域内选取若干有代表性的小流域布设观测。

② 调查研究资料：在流域内开展水土保持综合治理效益所需资料的调查及研究，并进行收集和整理。调查样点和调查的内容应具有代表性。

③ 对观测和调查的资料和数据应进行分析、核实，做到科学、可靠。

8.3.1.2　根据治理措施的保存数量计算效益

① 水土保持效益中的各项治理措施数量，应采用实有保存量进行计算。

② 小流域综合治理效益，应根据正式验收成果中的各县治理措施的保存数量进行计算。

8.3.1.3　根据治理措施的生效时间计算效益

① 造林、种草有水平沟、水平阶、反坡梯田等整地工程的，其调水保土效益，从有工程时起就可以开始计算；没有整地工程的，应在林草成活、郁闭并开始有调水保土效益时开始计算；其经济效益应在开始有果品、枝条、饲草等收入时才开始计算效益。

② 梯田（梯地）、坝地的调水保土效益，从有工程开始时就进行计算；梯田的增产效益，在"生土熟化"后，确有增产效益时开始计算；坝地的增产效益，在坝地已淤成并开始种植后开始计算。

③ 淤地坝和谷坊的拦泥（保土）效益，在库容淤满后就不再计算；修在原来有沟底下切、沟岸扩张位置的淤地坝、谷坊，其减轻沟蚀（巩固并抬高沟床、稳定沟坡）的效益应长期计算。

8.3.1.4　根据治理措施的研究分析计算效益

有监测数据的和试验测试条件的，应对各项治理措施减少（或拦蓄）的泥沙进行颗粒组成分析，为进一步分析水土保持措施对减轻河道、水库淤积是作用提供科学依据。

8.3.2　调水保土效益计算

调水保土效益的计算主要采用的方法是"水文法"和"水保法"。"水文法"实质上是一种水文统计方法，利用某流域治理前实测的水文资料，通过多元回归方法，建立降雨、径流泥沙关系式，即水文经验模型。然后把治理后的降雨资料代入关系式，求得在自然情况下可能产生的水沙量，即所谓"天然产水产沙量"，以此与治理后实测的水、沙量比较，其差值即治理后减少的水沙量。"水保法"，即水土保持成因分析法。水利水保措施总减洪减沙量，由单项措施减沙量累加而得。包括坡面措施减沙计算，淤地坝的减洪量、拦沙量计算；水库及灌溉引水的减水量、淤积量，河道冲淤量和人类活动增沙量等均按传统的方法计算。

8.3.2.1　就地入渗措施的效益计算

计算项目包括两个方面：一是减少地表径流量，以 m^3 计；二是减少土壤侵蚀量，以 t 计。计算方法按两个步骤：第一步先求得减少径流与侵蚀的模数，第二步再计算减少径流与减少侵蚀总量。

减流、减侵蚀模数的计算，用有措施（梯田、林草措施）坡面的径流模数、侵蚀模数与无措施（坡耕地、荒坡）坡面的相应模数对比，按式 8.6、式 8.7 计算：

$$\Delta W_m = W_{mb} - W_{ma} \qquad (式8.6)$$

$$\Delta S_m = S_{mb} - S_{ma} \qquad (式8.7)$$

式中：ΔW_m 为减少径流模数（m^3/hm^2）；ΔS_m 为减少侵蚀模数（t/hm^2）；W_{mb} 为治理前（无措施）径流模数（m^3/hm^2）；W_{ma} 为治理后（有措施）径流模数（m^3/hm^2）；S_{mb} 为治理前（无措施）侵蚀模数（t/hm^2）；S_{ma} 为治理后（有措施）侵蚀模数（t/hm^2）。

各项治理措施、减流总量的计算，应用各项措施的减流、减蚀有效面积与相应的减流、减蚀模数相乘，按式 8.8、式 8.9 计算：

$$\Delta W = F_e \Delta W_m \qquad (式8.8)$$

$$\Delta S = F_e \Delta S_m \qquad (式8.9)$$

式中：ΔW 为某项措施的减流总量（m^3）；ΔW_m 为减少径流模数（m^3/hm^2）；ΔS 为某项措施的减蚀总量（t）；F_e 为某项措施的有效面积（t）；ΔS_m 为减少侵蚀模数（t/hm^2）。

8.3.2.2　就地拦蓄措施的效益计算

计算项目包括两个方面：一是减少的径流量，以 m³ 计；二是减少的泥沙量，以 t 计。

计算方法，对不同特点的措施，应采取不同的计算方法，计算方法主要有典型推算法和具体量算法两种。

（1）典型推算法　对于数量较多，而每个容量较小的水窖、涝池、谷坊、塘坝、小型淤地坝等措施，可采用此法。通过典型调查，求得有代表性的单个（座）拦蓄（径流、泥沙）量，再乘上该措施的数量，即得总量。

（2）具体量算法　对数量较少、而每座容量较大的大型淤地坝、治沟骨干工程和小型以上小水库等措施，应采用此法。其拦蓄（径流、泥沙）量，应到现场逐座具体量算求得。

对未淤满以前的淤地坝、小水库，可计算其拦泥、蓄水作用；在淤满以后，如不加高，可不再计算此两项作用。淤满后的拦泥量可按式 8.10 计算：

$$\Delta V = \Delta m_s F_e \qquad\qquad (式 8.10)$$

式中：ΔV 为坝地拦泥总量（t）；Δm_s 为单位面积坝地拦泥量（t/hm²）；F_e 为坝地拦泥有效面积（hm²）。

在一段时期内（例如 n 年）坝地的年均拦泥有效面积按式 8.11 计算：

$$F_{ea} = F_{eb} + \frac{1}{n}(F_{ee} - F_{eb}) \qquad\qquad (式 8.11)$$

式中：F_{ea} 为时段平均坝地拦泥的有效面积（hm²）；F_{eb} 为时段初坝地拦泥的有效面积（hm²）；F_{ee} 为时段末坝地拦泥的有效面积（hm²）。

8.3.2.3　减轻沟蚀的效益计算

减轻沟蚀效益包括四个方面，可按式 8.12 计算：

$$\sum \Delta G = \Delta G_1 + \Delta G_2 + \Delta G_3 + \Delta G_4 \qquad\qquad (式 8.12)$$

式中：$\sum \Delta G$ 为减轻沟蚀效益（m³）；ΔG_1 为沟头防护工程制止沟头前进的保土量（m³）；ΔG_2 为谷坊淤地坝等制止沟底下切的保土量（m³）；ΔG_3 为稳定沟坡制止沟岸扩张的保土量（m³）；ΔG_4 为塬面、坡面水不下沟（或少下沟）而减轻沟蚀的保土量（m³）。

这四个方面的作用，应分别采取以下不同的方法计算，计算所得保土量后均应将 m³ 折算为 t。

（1）制止沟头前进效益的计算　对于治理后不再前进的沟头，应通过调查和量算，求得未治理前若干年内平均每年沟头前进的长度（m）和相应的宽度（m）与深度（m），从而算的治理前平均每年损失的土量（m³），即为治理后平均每年的减蚀量（或保土量）。

（2）制止沟底下切效益的计算　对于治理后不再下切的沟底，应通过调查和量算，求得在治理前若干年内每年沟底下切的深度（m）与宽度（m），从而计算治理前平均每年损失的土量（m³），即为治理后制止沟底下切的减蚀量（或保土量）。

（3）制止沟岸扩张效益的计算　对于治理后不再扩张的沟岸，应通过调查和量算，求得在治理前若干年内平均每年沟岸扩张的长度（顺沟方向，m）、高度（从岸边到沟底，m）、厚度（即对沟壑横断面加大的宽度，m），从而算的治理前平均每年损失的土量（m³），即为治理后平均每年的减蚀量（或保土量）。

（4）水不下沟对减轻沟蚀效益的计算　应根据不同的资料情况，分别采取下列直接运用观测成果和流域减蚀总量反求两种不同的计算方法。

在布设了水对沟蚀影响试验观测的小流域，可直接运用观测成果进行计算，但其成果，应与全流域减蚀总量的计算成果相互核校，取得协调。

在没有布设上述试验观测的小流域，可采用流域减蚀总量反求的方法，按照式 8.13 计算：

$$\Delta G_4 = \Delta S - \sum \Delta S_i \qquad (式 8.13)$$

式中：ΔG_4 为水不下沟减轻的沟蚀量（m³）；ΔS 为流域出口处测得的减蚀总量（m³）；$\sum \Delta S_i$ 为流域内各项措施计算减蚀量之和（m³）。

8.3.2.4　坡面排水

治理前后坡面排水能力的变化可按式 8.14 计算：

$$\Delta Q = Q_a - Q_b \qquad (式 8.14)$$

式中：ΔQ 为治理前后坡面排水能力的变化值（m³/s）；Q_a 为治理后坡面排水能力（m³/s）；Q_b 为治理前坡面排水能力（m³/s）。

8.3.2.5　调节小流域径流

调节小流域径流包括年径流量、旱季径流量和雨季径流量的变化，可按式 8.15 计算：

$$\Delta R_i = R_{ia} - R_{ib} \qquad (式 8.15)$$

式中：ΔR_i 为治理前后年径流量、旱季径流量和雨季径流量变化值（mm）；R_{ia} 为治理后年径流量、旱季径流量和雨季径流量（mm）；R_{ib} 为治理前年径流量、旱季径流量和雨季径流量（mm）。

8.3.3　经济效益计算

8.3.3.1　直接经济效益的计算的步骤

先计算单项措施的经济效益，将各个单项措施的经济效益相加，即为综合措施的经济效益。单项措施经济效益的计算步骤如下：

① 计算单位面积年增产量与年毛增产值和年净增产值。

② 计算治理（或规划）期末，有效面积、上年增产量与年毛增产值和年净增产值。

③ 计算治理（或规划）期末，累计有效面积、上年累计增产量与累计毛增产值和累计净增产值。

④ 计算措施全部充分生效时，有效面积、年增产量与年毛增产值和年净增产值。

⑤ 计算措施全部充分生效时，累计有效面积、上年累计增产量与累计毛增产值和累计净增产值。

8.3.3.2　单项措施经济效益的计算

（1）单位面积年增产量与年增产值的计算　当计算对象为增产有效面积时，应按以下三个步骤进行：

① 求产品（实物）的增产量（治理前后种植同一作物）：

$$\Delta p = p_a - p_b \tag{式8.16}$$

式中：Δp 为该项措施实施后每年单位面积增产量（kg/hm²）；p_a 为该项措施实施后每年单位面积产量（kg/hm²）；p_b 为该项措施实施前每年单位面积产量（kg/hm²）。

② 求年毛增产值（Z）

$$Z = y\Delta p = y(p_a - p_b) \tag{式8.17}$$

式中：y 为上述措施的产品单价（元/kg）。

为了便于对比研究，y 值应采用不变价格。

③ 求年净增产值（j）：

$$j = z - \Delta u \tag{式8.18}$$
$$\Delta u = u_a - u_b \tag{式8.19}$$

式中：Δu 为该项措施实施后单位面积年增加的生产费用（元/hm²）；u_b 为该项措施实施前单位面积年生产费用（元/hm²）；u_a 为该项措施实施后单位面积年生产费用（元/hm²）。

将式（8.19）和（8.17）代入式（8.18）可得：

$$j = (yp_a - u_a) - (yp_b - u_b) \tag{式8.20}$$

即单位面积年净增产值等于实施后年净产值减去实施前年净产值。

④ 当同一地块治理前后种植的作物不同，产品单价不同，生产费用不同时，以下式计算：

$$j = (y_a p_a - u_a) - (y_b p_b - u_b) \tag{式8.21}$$

式中：y_a 为治理后作物产品单价（元/kg）；y_b 为治理前作物产品单价（元/kg）。

（2）治理（或规划）期末有效面积上年增产量与年增产值的计算　按以下三个步骤进行。

① 核定该项措施的实施保存面积（F），按以下两种情况分别处理：

a）当 n 年内各年新增措施保存面积相等或相近时，计算实施保存面积（F）时将治理（或规划）年限 n 乘以平均每年增加实施保存面积 f。

$$F = nf \tag{式8.22}$$

b）当 n 年内各年新增措施保存面积不相等时，计算实施保存面积（F）将 n 年内每年新增实施保存面积 f_1，f_2，f_3，…，f_n 累加，即：

$$F = f_1 + f_2 + f_3 + \cdots + f_n \qquad \text{（式 8.23）}$$

② 在实施保存面积（F）基础上，求得增产有效面积（F_e）：

设该项措施实施后，需 m 年才开始有增产效益，在实施期 n 年内，应有增产效益的时间为 n_e（年），则：

$$n_e = n - m \qquad \text{（式 8.24）}$$

由此可算得增产有效面积 F_e：

$$F_e = n_e f = f(n - m) \qquad \text{（式 8.25）}$$

③ 根据上述计算结果，治理（或规划）期末有效面积上的年增产量与年增产值应分别采用如下计算式：

年增产量 $\qquad\qquad \Delta P_e = F_e \Delta p \qquad \text{（式 8.26）}$

年毛增产量 $\qquad\qquad Z_e = F_e \cdot z \qquad \text{（式 8.27）}$

年净增产量 $\qquad\qquad J_e = F_e \cdot j \qquad \text{（式 8.28）}$

（3）治理（或规划）期末有效面积上累计增产量与累计增产值的计算，按以下两个步骤进行。

① 计算累计有效面积（F_r）：根据上述计算，在计算 n 年内，实有增产时间应为

$$n_e = n - m$$

则累计有效面积（F_r）计算为：

$$F_r = f(1 + 2 + 3 + \cdots + n_e) = f[1 + 2 + 3 + \cdots + (n - m)] = fR \qquad \text{（式 8.29）}$$

式中：R 为累计有效面积的累计系数。

② 在此基础上算得治理（或规划）期末有效面积上的累计增产量与累计增产值：

累计增产量 $\qquad\qquad \Delta P_r = F_r \Delta p \qquad \text{（式 8.30）}$

累计毛增产值 $\qquad\qquad Z_r = F_r z \qquad \text{（式 8.31）}$

累计净增产值 $\qquad\qquad J_r = F_r j \qquad \text{（式 8.32）}$

（4）措施全部生效的年增产量与年增产值的计算，按以下三个步骤进行。

① 求措施全部生效时间 n_t 应考虑该项措施实施后需 m 年生效，在 n 年内实施的措施，需在 n_t 年才能全部生效：

$$n_t = n + m \qquad \text{（式 8.33）}$$

② 措施全部生效时，有效面积（F_t）与实施面积（F）一致，则令两者一致计算。

③ 措施全部生效时，采取下式计算年增产量与年增产值：

年增产值 $\qquad\qquad \Delta P_t = F \Delta p \qquad \text{（式 8.34）}$

年毛增产值 $\qquad\qquad Z_t = F_z \qquad \text{（式 8.35）}$

年净增产值 $\qquad\qquad J_t = F_j \qquad \text{（式 8.36）}$

（5）措施全部生效时累计增产量与累计增产值的计算

按以下两个步骤进行。

① 计算累计有效面积（F_{tr}）：

$$F_{tr} = (1 + 2 + 3 + \cdots + n) = fR_t \qquad （式 8.37）$$

式中：R_t 为措施全部生效时，累计有效面积的累计系数。

② 计算累计增产量与累计增产值。

累计增产量　　　　　　　　$\Delta P_{tr} = F_{tr} \Delta p$ 　　　　　　　（式 8.38）

累计毛增产值　　　　　　　$Z_{tr} = F_{tr} \cdot z$ 　　　　　　　　（式 8.39）

累计净增产值　　　　　　　$J_{tr} = F_{trj} \cdot j$ 　　　　　　　　（式 8.40）

8.3.3.3　产投比与回收年限的计算

（1）单项措施单位面积的产投比与回收年限计算

① 产投比（K）：

$$K = j / d \qquad （式 8.41）$$

式中：j 为单项措施生效年单位面积的净增产值（元/hm²）；d 为单项措施单位面积的基本建设投资（元/hm²）。

② 基本建设投资回收年限（H）：

$$H = m + \frac{d}{j} = m + 1/K \qquad （式 8.42）$$

式中：m 为该项措施生效需时（年）。

上式算得的产投比 K，只有一年的增产效益。未能全面反映水土保持的一次基建投资后若干年内应有的增产效益。

（2）措施实施期末的产投比（K_r）计算

① 基本建设总投资（D）的计算：

$$D = Fd = nfd \qquad （式 8.43）$$

式中：F 为该项措施实施总面积（hm²）；f 为该项措施年均实施面积（hm²）；n 为该项措施实施期（年）。

② 累计净增产（J_r）值的计算：

$$J_r = F_r j = fRj \qquad （式 8.44）$$

式中：F_r 为该项措施累计有效面积（hm²）；R 为该项措施累计有效面积系数。

③ 产投比（K_r）的计算：

$$K_r = \frac{J_r}{D} = \frac{fRj}{nfd} = Rj / nd \qquad （式 8.45）$$

（3）全部措施生效时的产投比（K_{tr}）的计算

① 基本建设总投资（D）的计算：

$$D = nfa \qquad （式 8.46）$$

② 累计净增产值（J_{tr}）的计算：

$$J_{tr} = F_{tr}j = fR_t j \qquad (式\ 8.47)$$

式中：F_{tr} 为该项措施全部生效时累计有效面积（hm^2）；R_t 为该项措施全部生效时累计有效面积系数。

③ 产投比（K_{tr}）的计算：

$$K_{tr} = \frac{J_{tr}}{D} = \frac{fR_t j}{nfd} = R_t j / nd \qquad (式\ 8.48)$$

各类治理措施经济效益总的计算年限，根据不同类型地区（水热条件不同）的措施条件（梯田、坝地、林、草）和实施（或规划）主持单位的要求，分别确定不同的经济效益计算年限。

8.3.3.4 间接经济效益的计算

水土保持的间接经济效益，主要有以下两类，分别采取不同的计算要求和方法：对水土保持产品（饲草、枝条、果品、粮食等）在农村当地分别用于饲养（牲畜、蜂、蚕等）、编织（筐、席等）、加工（果脯、果酱、果汁、糕点等）后，其提高产值部分，可计算其间接经济效益，但需在加工转化以后，结合当地牧业、副业生产情况进行计算。

对建设基本农田与种草，提高了农地的单位面积产量和牧地的载畜量，由于增产而节约出的土地和劳工，应计算其间接经济效益。

（1）基本农田（梯田、坝地、引洪漫地等）间接经济效益计算

① 计算节约的土地面积 ΔF

$$\Delta F = F_b - F_a = \frac{V}{P_b} - \frac{V}{P_a} \qquad (式\ 8.49)$$

式中：V 为需要的粮食总产量（kg）；F_b 为需坡耕地的面积（hm^2）；F_a 为需基本农田的面积（hm^2）；P_b 为坡耕地的粮食单位面积产量（kg/hm^2）；P_a 为基本农田的粮食单位面积产量（kg/hm^2）。

② 计算节约的劳工 ΔE（工日）

$$\Delta E = E_b - E_a = F_b e_b - F_a e_a \qquad (式\ 8.50)$$

式中：e_b 为种坡耕地单位面积需劳工（工日/hm^2）；e_a 为种基本农田单位面积需劳工（工日/hm^2）；E_b 为种坡耕地总需劳工（工日）；E_a 为种基本农田总需劳工（工日）。

节约出的土地和劳工，只按规定单价计算其价值，不再计算用于林、牧等业的增产值。

（2）种草的间接经济效益，分别计算其以草养畜和提高载畜量节约土地两方面的经济效益

① 以草养畜：只计算增产的饲草可饲养的牲畜数量（或折算成羊单位），以及这些牲畜出栏后，肉、皮、毛、绒的单价，不再计算畜产品加工后提高的产值。种草养畜的效益，应结合当地畜牧业生产计算，本标准不作具体规定。

② 提高土地载畜量，节约牧业用地，采取式 8.51 进行计算：

$$\Delta F = F_b - F_a = V / P_b - V / P_a \qquad (式\ 8.51)$$

式中：V 为发展牧畜总需饲草量（kg）；P_b 为天然草地单位面积产草量（kg/hm^2）；P_a 为人

工草地单位面积产草量（kg/hm^2）；F_b 为天然草地总需土地面积（hm^2）；F_a 为人工草地总需土地面积（hm^2）。

8.3.4　生态效益计算

8.3.4.1　水圈生态效益的计算

（1）减少洪水流量

根据小流域观测资料，采取式 8.52 进行计算：

$$\Delta W = W_{b1} - W_{a1} \qquad （式 8.52）$$

式中：ΔW 为减少的洪水年总量（或次总量）（m^3）；W_{b1} 为治理前洪水总量（或一次洪水总量）（m^3）；W_{a1} 为治理后洪水总量（或一次洪水总量）（m^3）。

（2）增加常水流量

根据小流域观测资料，采取下式进行计算：

$$\Delta W = W_{a2} - W_{b2} \qquad （式 8.53）$$

式中：ΔW 为增加的常水年径流量（m^3）；W_{b2} 为治理前常水年径流量（m^3）；W_{a2} 为治理后常水年径流量（m^3）。

8.3.4.2　土圈生态效益的计算

（1）计算的措施范围　包括梯田、坝地、引洪漫地、保土耕作法、造林、种草等。

（2）计算的项目内容　包括土壤水分、氮、磷、钾、有机质、团粒结构、空隙率等。

（3）计算的基本方法　在实施治理措施前、后，分别取土样，进行物理、化学性质分析，将分析结果进行前后对比，取得改良土壤的定量数据。

将梯田与坡耕地对比，保土耕作法与一般耕作法对比，坝地、引洪漫地与旱平地对比，造林种草与荒坡或退耕地对比。

计算如下：

$$\Delta Q = Q_a - Q_b \qquad （式 8.54）$$

式中：ΔQ 为改良土壤计算项目的增减量；Q_a 为有措施地块中计算项目的含量；Q_b 为无措施地块中计算项目的含量。

8.3.4.3　气圈生态效益的计算

（1）计算措施范畴与项目内容

① 农田防护林网内温度、温度、风力等的变化，减轻霜、冻和干热风危害，提高农业产量等。

② 大面积成片造林后，林区内部及其四周一定距离内小气候的变化。

（2）计算的基本方法　利用历年农田防护林网内、外治理前、后观测的温度、湿度、风力、作物产量等资料，进行对比分析，对改善小气候的作用，进行定量计算。

① 小气候（温度、湿度、风力等）的变化，采用下式计算：

$$\Delta Q = Q_a - Q_b \qquad (式 8.55)$$

式中：ΔQ 为林网内外小气候的变化量；Q_a 为林网内的小气候观测量；Q_b 为林网外的小气候观测量。

② 由于改善小气候提高作物的产量，采用下式进行计算：

$$\Delta P = P_a - P_b \qquad (式 8.56)$$

式中：ΔP 为林网内外单位面积作物产量的变化量（kg/hm²）；P_a 为林网内单位面积的作物产量（kg/hm²）；P_b 为林网外单位面积作物产量（kg/hm²）。

③ 计算要求：在进行作物增产计算时，应是林网内外作物的耕作情况和其他条件基本一致，只是小气候不同；对遇有霜、冻、干热风等自然灾害时，应作专题说明。

8.3.4.4　生物圈生态效益的计算

（1）计算项目　主要计算人工林、草和封育林、草新增加的地面覆盖率以及植物固碳量。

（2）计算方法　先求得原有林、草对地面的覆盖度，再计算新增林、草对地面的覆盖度和累计达到的地面覆盖度。

$$C_b = f_b / F \qquad (式 8.57)$$
$$C_a = f_a / F \qquad (式 8.58)$$
$$C_{ab} = (f_b + f_a) / F \qquad (式 8.59)$$

式中：f_b 为原有林、草（包括人工林草和天然林草）面积（km²）；f_a 为新增林、草（包括人工林草和封育林草）面积（km²）；F 为流域总面积（km²）；C_b 为原有林草的地面覆盖度（%）；C_a 为新增林、草增加的地面覆盖度（%）；C_{ab} 为累计达到的地面覆盖度（%）。

f_b 与 f_a 都应是实有保存面积。

（3）计算植物固碳量

$$W = VDRC_c$$

式中：W 为植物固碳量；V 为某种植物类型的单位面积的生物蓄积量；D 为植物茎干密度；R 为植物的总生物量与茎干生物量的比例；C_c 为植物中的碳含量。

（4）野生动物变化情况　对流域内由于提高林、草覆盖度以后，山鸡、野兔、蛇等野生动物的增加，可通过观察进行定性描述。

8.3.5　社会效益计算

8.3.5.1　减轻自然灾害的效益计算

（1）保护土地免遭水土流失破坏的年均面积（Δf），按下式进行计算

$$\Delta f = f_b - f_a \qquad\qquad （式 8.60）$$

式中：f_b 为治理前年均损失的土地（hm^2）；f_a 为治理后年均损失的土地（hm^2）。

由于水土流失损失的土地包括因沟蚀破坏地面和面蚀使土地"石化"、"沙化"的土地。f_b 与 f_a 数值都通过调查取得。

（2）减轻洪水危害的计算

① 计算治理后与治理前一次暴雨情况相近条件下，流域不同的洪水总量 W_{a1} 与 W_{b1}。

② 根据计算区自然地理条件，分别计算治理后与治理前不同洪水总量相应的洪峰流量 Q_a 与 Q_b 和相应的最高洪水位 H_a 与 H_b。

③ 调查 H_a 与 H_b 水位以下的耕地、房屋等财产，折算为人民币（元），分别计算出治理后与治理前两次不同洪水的淹没损失，从而计算减轻洪水危害的经济损失（ΔX）。

$$\Delta X = X_b - X_a \qquad\qquad （式 8.61）$$

式中：ΔX 为减轻洪水危害的经济损失（元）；X_b 为治理前洪水淹没损失（元）；X_a 为治理后洪水淹没损失（元）。

（3）减少沟道、河流泥沙的计算　根据观测与调查资料，用水文资料统计分析法（简称水文法）与单项措施效益累加法（简称水保法）分别进行计算，并将两种方法的计算结果互相校核验证，要求二者间的差值不超过 20%。

（4）减轻风沙危害的效益计算

① 保护现有土地不被沙化：

$$\Delta f = f_b - f_a \qquad\qquad （式 8.62）$$

式中：Δf 为保护土地不被沙化的面积（hm^2）；f_b 为治理前每年沙化的面积（hm^2）；f_a 为治理后每年沙化的面积（hm^2）。

f_b 与 f_a 的数值，都通过调查取得。

② 改造原有沙地为农林牧生产用地：通过造林种草、固定沙丘，使之不再流动，当林草覆盖度达 50% 以上，枝叶可以利用时，即可计算为生产用地。用引水拉沙的办法，把沙丘改造为农田，计算新增生产用地。应按经正式验收的面积进行计算。

③ 减轻风暴、保护生产、交通等效益：减轻风暴的计算应根据调查资料，了解治理前、后风暴的天数和风力，进行治理前后对比，计算治理后减少风暴的时间（天数）和程度（风力）。

保护现有耕地正常生产的效益，可根据调查资料，首先计算治理前由于风沙危害损失的劳工、种籽、产量；然后计算治理后由于减轻风沙危害所节省的劳工、种籽、产量。并折算为人民币（元）。

减轻风沙对交通危害的效益，可根据观测或调查资料，首先计算治理前每年由于风沙埋压影响交通的里程（km）和时间（天），清理压沙恢复交通所耗的人力（工日）和经费（元）；然后计算治理后由于减轻风沙危害所减少的各项相应损失，并相应折算为人民币（元）。

（5）减轻干旱危害　在当地发生旱情（或旱灾）时进行调查。用梯田（梯地）、坝地、引洪漫地、保土耕作法等有水土保持措施农地的单位面积产量（kg/hm²）与无水土保持措施坡耕地的单位面积产量（kg/hm²）进行对比，计算其抗旱增产作用。

（6）减轻滑坡、泥石流危害　在滑坡、泥石流多发地区进行调查，选有治理措施地段与无治理措施地段，分别了解其危害情况（土地、房屋、财产等损失，折合为人民币）进行对比，计算治理的效益。

8.3.5.2　促进社会进步的效益计算

（1）提高土地生产率

① 提高各业用地的土地生产率：调查统计治理前和治理后的农地、林地、果园、草地……等各业土地的单位面积实物产量（kg/hm²），进行对比，分别计算其提高土地生产率情况。

② 提高总土地面积的土地生产率：以整个治理区的土地总面积（km²）为单元，调查统计治理前和治理后的土地总产值（元），进行对比，计算其提高的土地生产率（元/km²）。

（2）提高劳动生产率

① 粮食生产的劳动生产率：调查统计治理前和治理后的全部农地（面积可能有变化）从种到收需用的总劳工（工日）所获得的粮食总产量（kg），从而求得治理前和治理后单位劳工生产的粮食（kg/工日），进行对比，计算其提高的劳动生产率。

② 农村各业总产的劳动生产率：以整个治理区为单元，调查统计治理前与治理后农村各业（农、林、牧、副、渔、第三产业等）的总产值（元）和投入的总劳工（工日），从而求得治理前与治理后单位劳工的产值（元/工日），进行对比，计算其提高的劳动生产率。

（3）改善土地利用结构与农村生产结构

① 土地利用结构：调查统计治理前与治理后农地、林地、牧地、其他用地、未利用地等的面积（hm²）和各类用地分别占土地总面积的比例（%），进行对比，并分析未调整前存在的问题和调整后的合理性。

② 农村产业结构：调查统计治理前与治理后农业（种植业）、林业、牧业、副业、渔业、第三产业等分别的年产值（元）和各占总产值的比例（%），进行对比，并分析未调整前存在的问题与调整后的合理性。

（4）促进群众脱贫致富奔小康

① 调查统计治理前与治理后全区人均产值与纯收入（元/人），进行对比，并用国家和地方政府规定的脱贫与小康标准衡量，确定全区贫、富、小康状况的变化。

② 根据国家和地方政府规定的标准，调查统计治理前后区内的贫困户、富裕户、小康户的数量（户），进行对比，说明其变化。

（5）提高环境容量的计算

① 调查统计治理前与治理后全区的人口密度（人/km²），结合人均粮食（kg/人）、人

均收入（元/人），进行对比，计算提高环境容量的程度。

② 调查统计治理前与治理后全区的牧地（天然草地与人工草地，面积可能有变化）面积（hm²），产草量（kg）和牲畜头数（羊单位，每一大牲畜折合 5 个羊单位），分别计算其载畜量（羊单位/hm²）和饲草量（kg/羊单位），进行对比，计算提高环境容量的程度。

（6）促进社会进步的其他效益　通过调查统计，对治理前和治理后群众的生活水平，燃料、饲料、肥料、人畜饮水等问题解决的程度，以及教育文化状况等，进行定量对比或定性描述，反映其改善、提高和变化情况。

8.4　水土保持效益综合评价

8.4.1　水土保持效益的评价程序

效益评价主要是通过比较分析实现的，其通常是根据评价的目的要求，选取一些具有代表性的指标进行比较，来评价不同治理措施或项目实施前后效益的变化。

比较分析从评价指标和内容上可以分为单项比较分析和综合比较分析。以单一指标来分析治理效果的称单项比较分析；以生态、经济、社会效益等多项指标来分析的称为综合比较分析，综合比较分析的好处是全面反映治理的效果，缺点是较复杂，且有些资料不易取得，或误差较大；单一指标则简单、明了，抓住最主要指标来进行评判，缺点是难免失之片面。

根据评价方法，比较分析可分为相对评价方法与绝对评价方法。所谓相对评价方法，即是将若干个待评事物的评价数量结果进行相互比较，最后对各待评事物的综合评价结果排出优劣次序；所谓绝对评价方法，是根据对事物本身的要求，评价其达到的水平，包括较原状增长水平和接近潜力势状态水平。

一般效益综合评价的基本程序为：①构建效益评价的指标体系；②收集或调查各个指标的具体数据；③选择评价的方法；④进行综合评价。

8.4.2　综合效益评价指标体系的构建

评价指标体系的构建应遵循科学性与实用性、系统性与层次性相统一的原则以及宏观与微观分析、动态与静态分析、定性与定量分析等相结合的原则，同时把握主导要素，抓住可以真实反映效益特征的因素进行分析。建立综合效益评价指标体系，是进行综合效益评价的基础。评价指标是依据研究目的进行选择的，一般来讲具有如下基本特点。

① 效益指标具有可量化性：即能用数量表达其经济效益，每项具体数值同反映的经济内容一致。

② 效益指标具有综合性：描述经济效益指标是大量的，采用综合性指标，才可排除大量现象中个别特殊性和偶然差异性，概括全貌。

③ 效益指标具有系统性：综合措施之间的联系，反映到效益指标之间也有着内在的联系。这种联系就构成了效益指标的系统。某一个指标反映一个问题的侧面，相联系的指标就能反映全局。

8.4.2.1 生态效益

（1）总体指标 水土保持生态效益总体指标一般包括如下。

① 治理程度（治理度）：水土保持措施面积占评价区域内水土流失面积的比例，%；治理程度是衡量某一评价区域水土保持治理成效的最关键的指标之一。

② 土壤侵蚀模数：单位面积、单位时间内的土壤侵蚀量，$t/(km^2 \cdot a)$（可按土壤侵蚀强度分级进行评价）。

③ 水土流失面积比：水土流失面积占评价区域面积的比例，%。

④ 林草覆盖率：达到一定标准的林草面积占评价区域总面积的比，%。

⑤ 径流模数：单位流域面积上单位时间所产生的径流量，$m^3/(s \cdot km^2)$；

⑥ 能量产投比：水土保持新增的农林牧产品中蕴含的能量与水土流失治理投入的能量之间的比例，%。

（2）单项指标 生态效益的单项指标包括如下。

① 土壤方面的指标：如土壤有机质、土壤渗透性、土壤孔隙度、土壤环境指标等。

② 小气候和大气质量指标：如温度、湿度、降雨、风、空气质量指标等。

③ 生物圈的指标：如生物多样性指数、生物量、固碳量等。

④ 水的指标：如水质指标、年径流总量、洪峰流量等。

8.4.2.2 经济效益

水土保持经济生态效益的指标除了包括国民经济评价的指标，如益本比、投资回收期、内部收益率等，一般还包括以下指标。

（1）成本利润率 一定生产费用下所产生的利润率称为成本利润率，它反映了成本与利润丰厚程度之间的关系。

$$成本利润率 = \frac{利润率}{生产费用} \times 100\% \qquad （式8.63）$$

（2）劳动生产率 劳动生产率是单位活劳动消耗量所创造产品的产值。农产品价格，上交和未出售的按当地政府所公布的统一价计算，已出售的按实际卖出所得的收入计算。活劳动量系指全年有多少人劳动，全劳力以 300 天出勤计为 1 个人年，半劳力和零星劳动力须折成全劳力计。

$$劳动生产率 = \frac{净产值}{活劳动消耗量}[元/(人 \cdot 年)] \qquad （式8.64）$$

（3）土地生产率 单位面积的土地上所产生的产品量或价值量称土地生产率。它反映了土地生产力的高低。

$$土地生产率 = \frac{产品量或价值量}{土地面积} \qquad (式 8.65)$$

8.4.2.3　社会效益

水土保持社会效益的指标如下。

（1）农产品商品率　全年农产品转化为商品的产值与全年各种农产品产值之比，称为农产品商品率。反映了流域生产系统对外部的贡献。

$$农产品商品率 = \frac{全年各种农林牧渔等产品商品产值之和}{全年各种农林牧渔产品产值之和} \times 100\% \qquad (式 8.66)$$

式中：商品产值即农产品出售的实际收入。各种农产品产值系指最终产品产值，中间产品产值不计。为统一计算口径，各业产值计算方法规定如下：种植业包括经济产量产值和秸秆产值；林业以砍伐的树木、薪柴量及收获的果品价值计算；牧业只计新生幼畜、幼畜增值、出售畜产品（肉、皮、毛、蛋）产值，不计粪便、役畜自用劳务价值；草业只计满足畜禽饲养需要量后剩余产品的价值，不是全部产草量的价值。

（2）劳动力利用率　劳动力利用率指实用工日数与全年拥有工日数的比值，反映了劳动力利用程度，也反映了劳动力的剩余程度。

$$劳动力利用率 = \frac{实用工日数}{全年拥有工日数} \times 100\% \qquad (式 8.67)$$

式中：实用工日数包括从事农业、林业、牧业、草业、副业和渔业的工日数及非农业（如运输、医疗和劳务等）的工日数。实用工日数中，牧业用工是比较难以统计的。可采用各种畜禽管理所需工日数折算｛工日/［头（只）年］｝：牛马 90，绵羊 6，奶羊 30，奶牛 180，生猪 55，兔（成龄）30，禽 5。拥有工日数每个全劳动力为 300 日/人，半劳力按出劳程度折算为全劳力后计算。

（3）人均总产值　总产值是流域内物质生产单元在一定时期内所生产的全部物质资料的总和。人均总产值指流域一定时期内的总产值与该时期平均人数的比值。反映了物质生产水平的高低。

$$人均总产值 = \frac{总产值}{人口}（元/人） \qquad (式 8.68)$$

（4）人均纯收入　人均纯收入指流域一定时期内的纯收益与该时期流域内人口数的比值，是富裕程度的一个重要指标。

$$人均纯收入 = \frac{总收入}{人口数}（元/人） \qquad (式 8.69)$$

式中：纯收入系指从总收入中扣除生产费用后的余额部分。农业净产值与农业总收入是两个不同概念。总收入除包含农业净产值外，还包括生产单位其他物质生产部门（如工、商、建、运、服务等业）的生产性净收入、外出人员寄带回的收入、亲友馈赠的收入、从国家和集体单位所得的收入，以及救济款等非借贷性收入。

（5）人均粮　流域内粮食总产与农业人口的比值称为人均粮。反映了人均粮食占有水平。

$$人均粮 = \frac{粮食总产量}{农业人口数}(kg/人) \qquad (式8.70)$$

式中：禾谷类与豆类粮食产值以实物计算，薯类以实物除5计算。

（6）粮食亩产潜力实现率　指现有粮食平均亩产量与潜在亩产量的比值，反映了对粮食生产潜势的挖掘程度。

$$粮食亩产潜力实现率 = \frac{现有亩产量}{潜在亩产量} \times 100\% \qquad (式8.71)$$

式中：作物生产潜力系指在品种适宜，肥料供应充足和栽培方法科学的前提下，当地气候资源（光、热、水）的生产潜力。

（7）收入递增率　收入递增率是收入年增长幅度，反映了系统功能逐渐完善，输出功能提高的程度。

$$收入递增率 = \frac{计算年农业总收入 - 基础年农业总收入}{相隔年份数} \times 100\% \qquad (式8.72)$$

（8）生产生活设施增长率　指新增生产生活设施价值与原有生产生活设施的比值，反映了生产、生活、设施质量改善程度。

$$增长率 = \frac{新增生产生活设施价值}{原有生产生活设施价值} \times 100\% \qquad (式8.73)$$

式中：生产设施主要指大、中型生产资料的购置费用；生活设施主要指"住和用"的设施，并均折为价值计算（现价）。"用"的设施主要指中、高档用品，包括自行车、缝纫机、摩托车、小汽车、电视机、收录机、音响、家具、冰箱、洗衣机等。

（9）恩格尔系数　指人均食品消费支出占总消费支出之比值，它反映了经济发展的不同阶段。系数越高，经济发展越落后，反之，则经济发达。

$$恩格尔系数 = \frac{食品消费支出}{总消费支出} \times 100\% \qquad (式8.74)$$

式中：食品消费支出包括购买食品的开支和自产、赠送食品中用于消耗的折算价值。总消费支出包括各种消费（包括吃、住、行、衣等）的总价格，自有物品的消耗同样计算其价值。

此外还有人均基本农田、商品率、环境容量指标等。

8.4.3　效益综合评价

效益综合评价可采用系统评价的方法，包括投入产出分析、综合比较分析、层次分析、综合指数法等等。

8.4.3.1　综合比较分析法实例

（1）小流域概况　某流域（26°03′～26°42′N，115°01′～115°51′E）是南方低山丘陵区严重水土流失的代表。2008 年 3～4 月，选择了塘背河、蕉溪河、廖公坑 3 个小流域作为本次水土保持综合效益评价的对象。3 个小流域均为花岗岩风化水蚀区，流域面积分别为 16.35km²、21.50km² 和 33.25km²。其中，塘背河小流域综合治理为重点治理一期工程（1982—1991 年），治理前水土流失严重，治理程度最高；廖公坑小流域综合治理为重点治理二期工程（1998—2002 年），治理前水土流失中等，治理程度较差；蕉溪河小流域综合治理是基于重点治理三期工程（2003—2007 年），治理前水土流失较为严重，治理程度中等。

（2）评价指标体系　水土保持综合效益应是治理前后各指标信息动态变化的定量表达，可通过治理前后的指标值的变化率来表示（表 8-1）。

具体指标的评级和计算要点为：

① C_4 有效土层厚度：依据第二次土壤普查中有关的剖面信息，取多个剖面的平均值。C_7 地面小气候：现状信息为耕地、林地、草地、居民点、水面 5～10 个点同一时段的实测值的总平均值。C_9 生物多样性：现状信息植物多样性为 5 个样区的实际观测结果的平均值，动物多样性取样区实际观测结果和农户访谈结果的平均值。C_{13} 生产用地价值：按耕地出租价格计算。C_{14} 生态用地价值：按林草用地出租价格计算。C_{15} 小型水利工程蓄水价值：按水价收益计算（按现价折算）。C_{29} 能源构成：按煤、电、气家庭普及率计算。

② C_5 土壤保肥能力：本文选取了土壤主要养分类型（有机质、全氮、全磷、全钾）来综合评价小流域土壤肥力变化状况，其分级和刻度值划分依据我国土壤普查中养分分级标准进行（Ⅰ、Ⅱ、Ⅲ、Ⅳ、Ⅴ等级对应的刻度值区间分别为 0.80～1.00、0.60～0.80、0.40～0.60、0.20～0.40、0～0.20），将 4 类养分内插后获取的刻度值与权重的乘积和作为土壤肥力综合评价值。养分含量获取方法为：确定各流域水土流失区内第二次土壤普查所调查的剖面（每个小流域取 9 个剖面，其中耕地、林地和草地各 3 个），通过普查资料获取各养分的历史数据；然后通过重新采样分析，得到各养分的现状含量。

③ C_6 流域大水系水质：依据国家环境保护部发布的地表水环境质量标准，对各流域地表水进行刻度值划分（Ⅰ、Ⅱ、Ⅲ、Ⅳ、Ⅴ等级对应的刻度值区间分别为 0.50～1.00、0.60～0.50、0.40～0.60、0.20～0.40、0～0.20），再以内插法求得小流域水质等级相应的刻度值。首先确定各流域内主要的水库和河流，其现状水质等级通过采样测定后进行定级，最后取所有水样的平均值。

④ C_{10} 粮食作物产值，根据经济学公式计算：实际产值=基期价格×产量，例如，a_i 年相对于 a_j 年的粮食作物实际产值=a_j 年粮食价格×a_i 年产量（$a_i < a_j$）。

⑤ C_{16} 减轻土地退化，根据土地退化指数公式计算：$I_d = A_{ero}(0.05A_l + 0.25A_m + 0.70A_i)/A_n$。式中：$I_d$ 为土地退化指数，A_l 为轻度侵蚀面积（hm²），A_m 为中度侵蚀面积（hm²），A_i 为强度及其以上侵蚀面积（hm²），A_n 为流域面积（hm²），A_{ero} 为土地退化指数的归一化系数（取值 146.33）。

表 8-1　小流城水土保持续合效益评价指标体系

目标层 O	准则层 B	领域层 L	指标层 C
水土保持综合效益	B₁ 生态效益	L₁ 蓄水保土能力	C_1 减少侵蚀模数
			C_2 土壤持水能力
			C_3 径流量
			C_4 有效土层厚度
		L₂ 生态恢复效益	C_5 土壤保肥能力
			C_6 流域大水系水质
			C_7 地面小气候
			C_8 植被覆盖度
			C_9 生物多样性
	B₂ 经济效益		C_{10} 粮食作物产值
			C_{11} 典型果类产值
			C_{12} 茶业产值
			C_{13} 生产用地价值
			C_{14} 生态用地价值
			C_{15} 小型水利工程蓄水价值
	B₃ 社会效益	L₃ 减灾效益	C_{16} 减轻土地退化
			C_{17} 减轻洪水危害
			C_{18} 减轻干旱危害
			C_{19} 减轻风沙危害
			C_{20} 减轻滑坡危害
			C_{21} 减轻泥石流危害
			C_{22} 河道、水库清淤节省开支
			C_{23} 林、草生态用地面积
			C_{24} 农产品商品率
			C_{25} 劳动生产率
		L₄ 可持续发展效益	C_{26} 农村年人均纯收入
			C_{27} 恩格尔系数
			C_{28} 道路总长
			C_{29} 能源构成
			C_{30} 贫困人口比例

⑥ C_{26} 农村年人均纯收入，根据经济学公式：a_j 年货币值=a_i 年货币值×（a_j 年 CPI/a_i 年 CPI）；a_j 年 CPI/a_i 年 CPl=a_j 年消费支出/a_i 年消费支出（$a_i<a_j$），将治理前人均纯收人按消费者物价指数（CPI）折算成治理后年份的价值。

⑦ C_{27} 恩格尔系数，根据联合国划分贫富标准对恩格尔系数分级划分刻度值区间（恩格尔系数<30%、30%～40%、40%～50%、50%～60%、>60%对应的刻度值区间分别为 0.80～1.00、0.60～0.80、0.40～0.60、0.20～0.40、0～0.20），再以内插法求得恩格尔系数实测值相应的刻度值。

在获取到 30 个指标的具体值之后，尚需对之进行标准化处理以得到无量纲指数（0～1之间）从而获取各指标的得分值。

（3）评价结果

① 评价指标权重的确定：采用较为常用的层次分析法（AHP）来确定评价指标体系各层次指标因子的权重，如表 8-2 示例。

表 8-2　小流域水保持综合效益计算结果

指标	权重	得分值		
		塘背河	廖公坑	蕉溪河
B_1 生态效益	0.44	0.533	0.296	0.330
L_1 雾水保土效益	0.60	0.691	0.379	0.460
L_2 生态恢复效益	0.40	0.297	0.171	0.135
B_2 经济效益	0.39	0.562	0.253	0.180
B_3 社会效益	0.17	0.669	0.419	0.449
L_3 减灾效益	0.55	0.745	0.537	0.570
L_4 可持续发展效益	0.45	0.576	0.274	0.301
O 综合效益		0.568	0.300	0.292

从准则层效益和目标层效益来看，生态效益、经济效益、社会效益以及综合效益均以塘背河小流域为最高，分别高出廖公坑小流域和蕉溪河小流域的 80.07%和 61.52%、122.1%和 212.2%、59.67%和 49.00%、89.33%和 94.52%，说明塘背河小流域水土流失治理成效最为显著，显著高于后两者。廖公坑小流域和蕉溪河小流域两者相比，前者的经济效益高于后者，高出 40.56%；后者的生态效益和社会效益高于前者，分别高出 11.49%和 7.16%；而两者的综合效益仅相差 2.70%，可认为属于同一水平。

领域层效益比较来看，蓄水保土效益、生态恢复效益、减灾效益和可持续发展效益均以塘背河小流域为最高，分别高出廖公坑小流域和蕉溪河小流域的 82.32%和 50.22%、73.68%和 120.0%、38.73%和 30.70%、110.2%和 91.36%，前者也显著高于后两者。廖公坑小流域和蕉溪河小流域两者相比，前者的生态恢复效益高于后者，高出 26.67%；但后者的蓄水保土效益、减灾效益和可持续发展效益高于前者，分别高出 21.37%、6.15%和 9.85%。

　　评价结果表明塘背河小流域水土保持综合效益最高，而廖公坑和蕉溪河两个小流域基本属于同一水平。这一差异的主要原因在于治理投人的高低与治理时间的长短。塘背小流域从 1982 年开始治理，属于国家级示范小流域，治理标准最为严格，治理投入最多，约为 2660 万元（按 CPI 折算的 2007 年人民币值，含劳动力替代资金，下同），重点治理时间长达 10 年，加上重点治理后没有受到破坏，基本一直处于维护状态，所以其综合效益最高。相比而言，廖公坑小流域和蕉溪河小流域的治理时间仅有 5 年，较塘背河小流域少 5 年；其治理投入分别为 1010 万元和 640 万元，分别为塘背河小流域投入的 38.0% 和 24.1%。因此，两者的治理效益明显低于塘背河小流域。而廖公坑小流域和蕉溪河小流域相比，综合效益基本一致，这是由于虽然廖公坑小流域的投人是 1.58 倍，但两者的重点治理年限一致，加上前文提到的"廖公坑小流域治理前水土流失中等，治理程度较差。蕉溪河小流域治理前水土流失较为严重，治理程度中等"所致。

8.4.3.2 投入产出法实例

　　投入产出法主要有两部分构成：投入产出表和投入产出数学模型。投入产出表是反映一个经济系统各部分之间的投入产出与产出间数量依存关系的表格，主要有价值型和实物型两种。投入产出数学模型是根据投入产出表建立起来的数学模型，称为投入产出数学模型。该模型基本上是根据投入产出表行和列两个方向建立起来的且主要是有线性方程组构成的数学模型。

　　经济结构分析包括生产结构分析和分配结构分析。其中经济结构分析包括两大部类的比例，积累和消费的比例以及农轻重的比例等。

　　（1）产品部门结构分析　见表 8-3、表 8-4。

表 8-3　某地区某年简化投入产出

产出投入		中间使用				最终使用		总产出
		农业	工业	运输邮电	其他服务	消费	积累	
中间投入	农业	600	1150	0	500	2050	250	4100
	工业	550	5000	150	300	2500	1700	10200
	运输邮电	40	210	50	100	260	40	700
	其他服务	30	600	0	40	380	80	1130
增加值	折旧	80	940	10	5			
	劳动报酬	1800	850	280	295			
	纯收入	1000	1450	210	340			
		4100	10200	700	1130			

表 8-4　某地区某年简化投入产出　　　　　　　　　亿元

部门	农业	工业	运输邮电	其他服务
X_j	X_1	X_2	X_3	X_4
比例（%）	25.42	63.24	4.34	7.01
（比重）	1.00	2.49	0.17	0.28

从表 8-3、8-4 可以看出，工业是该地区主导产业部门，其产值比重为 63.24%，占有绝对的优势地位。农业部门产值占总产值的比重也比较大，为 25.42%，运输邮电部门和其他服务的产值比重都比较小，分别为 4.34%、7.01%，说明该地区第三产业不发达。

（2）分配结构分析

① 总产品的分配结构分析：社会总产品的分配有两个方面：一方面是中间使用，另一方面是最终使用，中间使用是社会生产的手段，最终使用是社会生产的目的。因此，从理论上讲，当社会总产品一定时，中间使用所占比重越小越好。根据该地区投入产出表资料，在 16130 亿元的社会总产品中，最终使用的产品为 7260 亿元，中间使用的产品为 8870 亿元。因此，中间产品率为 54.99%，最终产品率为 45.01%。

② 中间产品的分配结构分析：利用中间产品流量 X_{ij} 与中间产品总量 $\sum_{i}^{n}\sum_{j}^{n} X_{ij} \cdots$ 的比重可以了解各部门产品在社会生产中的地位与作用。表 8-5 给出了某年某地区社会生产中各部门流量占全社会中间产品的总量比重。

表 8-5　某年某地区社会生产中各部门流量占全社会中间产品的总量比重　　　　%

部门	农业	工业	运输邮电	其他服务	合计
农业	6.76	12.97	0.00	0.56	20.29
工业	6.21	56.37	1.69	3.38	67.65
运输邮电	0.45	2.37	0.56	1.13	4.51
其他服务	0.34	6.76	0.00	0.45	7.55
合计	13.76	78.47	2.25	5.52	100.00

表 8-5 中最后一行的合计表示各部门对该地区社会生产的依赖程度，从需求方面反映了各部门在该地区生产的地位，表中最右一列合计则供给方面反映了各部门在该地区生产中的地位。表中的数据表明，从需求方面来看，工业部门对该地区产生的需求最大，其次农业部门；从供给方面来看，工业对该地区社会总产品的贡献最大，其次是农业部门。

（3）积累消费变动对国民经济影响分析

$$X = \begin{bmatrix} 1.2187 & 0.2885 & 0.0666 & 0.1414 \\ 0.3463 & 2.1328 & 0.4922 & 0.6480 \\ 0.0234 & 0.0629 & 1.0914 & 0.1185 \\ 0.0304 & 0.1323 & 0.0305 & 1.0773 \end{bmatrix} \times \begin{bmatrix} 250 \\ 1700 \\ 40 \\ 80 \end{bmatrix} = \begin{bmatrix} 809.1773 \\ 3783.8427 \\ 165.9536 \\ 319.8209 \end{bmatrix}$$

$$X = \begin{bmatrix} 1.2187 & 0.2885 & 0.0666 & 0.1414 \\ 0.3463 & 2.1328 & 0.4922 & 0.6480 \\ 0.0234 & 0.0629 & 1.0914 & 0.1185 \\ 0.0304 & 0.1323 & 0.0305 & 1.0773 \end{bmatrix} \times \begin{bmatrix} 2050 \\ 2500 \\ 260 \\ 380 \end{bmatrix} = \begin{bmatrix} 3290.82 \\ 6416.16 \\ 534.05 \\ 810.18 \end{bmatrix}$$

（式 8.75）

积累和消费的比例除了决定于国民收入的分配之外，还必须与产业结构相适应。产业结构是经过较长时期的建设而形成的，是不易改变的。积累和消费的数量和比例发生变化时，产业结构必须进行调整。通过计算可以知道，增加积累，要求国民经济各部门，特别是第二产业的部门要有相应的发展。

8.5　水土保持综合效益的价值化评价方法

8.5.1　旅行费用法

旅行费用法是以消费者的需求函数为基础来进行分析和研究的。旅行费用法是用于评估那些可以用于娱乐的生态系统或者地域的价值。由于对某个地区的旅行来说，很难找到互补物，因此可以使用旅行成本来推断该地区的娱乐价值。旅行费用法包括区域旅行和个人旅行费用法两种情况。

8.5.1.1　区域旅行费用法

区域旅行费用法是旅行费用法中最为简单的一种，它能估计作为整体的地域娱乐服务价值。它难以评估娱乐质量的改变和其他影响价值的重要因素。

计算公式如下：

$$Q_i = \frac{V_i}{P_i} = f(C_{Ti}, x_{i1}, x_{i2}, \cdots, x_{ij}, \cdots, x_{im}) = a_0 + a_1 C_{Ti} + a_2 x_{ij}$$　　（式 8.76）

式中：Q_i 为出发地区 i 的旅游率（i=1，2，…，n）；V_i 为根据抽样调查结果推算出的从 i 区域到评价地点的总旅游人数；P_i 为出发地区 i 的总人口数；C_{Ti} 为从 i 区域到评价地点的总旅行费用；x_{ij} 为 i 区域旅游者的收入，受教育水平和其他社会经济支出（i=1，2，…，m）。

通过以上公式，可建立旅游率和旅行费用的关系式，建立评价地区的需求曲线。

基本步骤为：

① 确定要评估的地域，然后以画同心圆的方式来分类地域的不同和区分样本人群。如

以大城市、中小城市和乡村等这种方式来划分。

② 明确区域划分结果，进而确定每个区域旅行者的人数。

③ 计算个体到评估地点旅行次数及相关旅行费用，以及从每个区域到评估地点旅行的平均成本。

④ 收集相关个体的社会经济特征的统计资料，包括的变量有：年龄、收入、性别和教育水平等。

⑤ 利用回归分析，使用相关资料估计旅行次数函数。

⑥ 利用回归分析结果，建立各个区域旅游的需求函数。

⑦ 计算每个区域的消费者总剩余。

⑧ 计算全部调查区域的消费者总剩余，推算评估地点的经济价值。

8.5.1.2 个人旅行费用法（ITCM）

个人旅行费用法类似于区域旅行费用法，不过，使用的资料都是以个人为基准的统计资料，不是地区性的资料。这种方法要求更为详尽的资料和更为复杂的分析，但是结果更为准确。

ITCM 的模型如下：

$$V_{ij} = f(P_{ij}, T_{ij}, Q_i, S_j, Y_i) \qquad (式 8.77)$$

式中：V_{ij} 为个人 i 到地点 j 的旅行次数；P_{ij} 为每次去 j 地区时个人 i 的花费；T_{ij} 为每次去 j 地区时个人 i 花费的时间；Q_i 为旅行地点的效用衡量，主管品质感觉；S_j 为替代物的特征（相似自然环境的娱乐地点，该地区的其他娱乐功能）；Y_i 为个人收入或者家庭收入。

基本步骤：

① 明确评估地点，进行问卷调查收集资料，如旅行费用、旅行次数、娱乐偏好、社会经济特征、替代物的使用情况等。

② 估计旅行次数函数和旅行费用模型。

③ 推断需求曲线，计算个体的消费者剩余。

④ 计算总的消费者剩余。

8.5.2 调查评价法

调查评价法（contingent valuation method，CVM）又称意愿调查价值评估法，是一种基于调查的评估非市场物品和服务价值的方法，利用调查问卷直接引导相关物品或服务的价值，所得到的价值依赖于构建（假想或模拟）市场和调查方案所描述的物品或服务的性质。这种方法被普遍用于公共品的定价，公共品具有非排他性和非竞争性的特点，在现实的市场中无法给出其价格。环境物品是个很好的例子，对其经济价值的评估是意愿调查的一个重要应用。

8.5.2.1　理论基础

假设在所有商品服务中，消费者有一个偏好集，即消费者对这些商品在逻辑上有一个稳定的偏好序列。如 $Q_1>Q_2>\cdots>Q_n$ 这个消费偏好序列用效用函数 $U(Q_i)$ 表示，最高的效用水平表示最偏好的消费集。如果消费者偏好 Q_1 甚于 Q_2，那么，$U(Q_1)>U(Q_2)$，效用水平的变化用消费者剩余来衡量，消费者剩余是效用的货币度量。在适当的约束条件（货币收入 M 和市场商品价格 P 以及环境质量 Q_0）下，环境质量变化时，消费者的支付意愿（WTP）和接受补偿意愿（WTA）是建立在理性选择基础上的，因此是对偏好稳定一致的估计。

8.5.2.2　调查评价法的基本步骤

① 创建假想市场：为一种不存在现金交易的物品和服务的评估提出某种理由。例如，可以假定政府有一项建议，比如要开发自然区域；同时，没有多少人实际上参观过这个地区，分析人员要描述这个区域以及所提出的项目建议对环境的影响。

② 获得个人的支付意愿 WTP 或受偿意愿 WTA。

③ 估计平均的 WTP 或 WTA：从数量、质量、时间和区位等方面详细描述所要评价的环境物品或服务的状况，给与者提供充足而且现实和精确的信息，这是条件价值评估中参与者对所提出的问题做出估价的基础。同时，应选择适当的支付工具或投标工具以引寻出 WTP 或 WTA。获得支付意愿的调查方法有：面对面调查、电话调查、邮寄信函等。获得支付意愿的引导方法有：投标博弈、支付卡格式、开放式问题格式、封闭式问题格式。对投标博弈、支付卡格式、开放式问题格式等 3 种引导技术而言，平均 WTP 或 WTA 中间值可以很容易从个人的支付意愿值得到。封闭式问题格式的平均 WTP 或 WTA 中间值的计算比较困难，主要使用 Probit、Logit 等模型。

④ 估计支付意愿/受偿意愿曲线：完成前面几个步骤后，就要确定投标曲线（或需求曲线）（bid / demand curve），以计算总的 WTP 投标曲线可以通过将 WTP 对相关社会经济变量进行回归获得。物品或服务的总经济价值中样本的平均（或中点）WTP 乘以相关总户数获得。

8.5.3　重置成本法

重置成本法通过衡量在遭受损害后，恢复或者重置某种功能所花费的成本，来评估自然资源的价值。它要求用完全恢复某种自然资源的成本来衡量。也就是说，通过重置生态系统或者其服务功能的成本来估计生态系统该项服务功能的价值。替代成本法采用为某项生态系统的服务功能提供替代物的成本，来估计生态系统该项服务功能的价值。

基本步骤：

① 评估生态系统服务功能的物理特征。如，划分服务功能边界、某种服务功能的物理

供给量及其质量、受众人群。

②　明确提供某种服务功能的最小成本的替代物方法。

③　计算替代或者重置成本。

④　收集公众为此（替代物）的支付意愿，以建立公众对于替代物的需求函数。

8.5.4　影子工程法

影子工程法又称替代工程法，是一种工程替代的方法，即为了估算某个不可能直接得到的结果的损失项目，假设采用某项实际效果相近但实际上并未进行的工程，以该工程建造成本替代待评估项目的经济损失的方法。影子工程法是恢复费用的一种特殊形式。某一环节污染或破坏以后，人工建造一个工程来代替原来的环境功能，用建造该工程的费用来估计环境污染或破坏造成的经济损失的一种方法。例如，某个旅游海湾被污染了，则另建造一个海湾公园代替它，以满足人们的旅游要求。某个水源被污染了，就需要另找一个水源替代它，以满足人们的用水要求。新工程的投资就可以用来估算环境污染的最低经济损失。

在环境遭到破坏后，人工建造一个具有类似环境功能的替代工程，并以此替代工程的费用表示该环境价值的一种估价方法。常用于环境的经济价值难以直接估算时的环境估价。比如：森林涵养水源、防止水土流失的生态价值就可采用此法。其计算公式为：

$$V = f(x_1, \ x_2, \cdots, \ x_n) \tag{式 8.78}$$

式中：V 为需评估的环境资源的价值；x_1，x_2，$\cdots$，x_n 为替代工程中各项目的建设费用。

影子工程法将难以计算的生态价值转换为可计算的经济价值，从而将不可量化的问题转化为可量化的问题，简化了环境资源的估价。

在实际运用时为了尽可能的减少偏差，可以考虑同时采用几种替代工程，然后选取最符合实际的替代工程或者取各替代工程的平均值进行估算。

8.5.5　防护成本法

防护成本法，又可以称为预防费用法，它是指人们试图采用某种保护措施来应付可能发生的环境恶化或者服务功能消失，而这些保护措施需要大量公众的支付。防护成本法就是通过人类愿意为减轻环境的外部性的支付意愿，或者为了防止效用的降低所采取的行为，以及改变自身的作用来避免损害的方法，来进行评估环境的价值。

实际上，可根据马歇尔和希克斯效用论来衡量防止和缓解费用与真正受益的接近程度，如果价格弹性很小，或者家庭对于某种防止行为的需求缺乏弹性，那么上述的防止和缓解支出都接近于真正的收益衡量。

基本步骤：

①　识别环境影响因子，建立剂量反应关系，如识别有害因子，建立有害程度和防护支出之间的关系。

② 确定受众人群，并且进行受众人群的划分。

③ 建立公众对于替代物的需求函数，这要求收集公众为此（替代物）的支付意愿。

8.5.6　生产率法和机会成本法

8.5.6.1　生产率法

生产率法是将生态环境质量作为一种生产要素，生态环境质量的变化可以通过生产过程导致生产率和生产成本的变化，进而影响产量和利润的变化，由此来推算生态环境质量改善或破坏带来的经济上的影响或损失。

基本步骤：

① 估算生态环境变化前某种投入物和产出物之间的生产函数，计算生产成本；

② 估算生态环境变化后某种投入物和产出物之间的生产函数，计算生产成本；

③ 估算总的经济剩余。

计算公式为：

$$E = \left(\sum_{i=1}^{k} P_i Q_i - \sum_{j=1}^{k} C_j Q_j \right)_x - \left(\sum_{i=1}^{k} P_i Q_i - \sum_{j=1}^{k} C_j Q_j \right)_y \qquad （式 8.79）$$

式中：P 为产品价格；C 为产品成本；Q 为产品的数量；E 为生态环境改善带来的效益或者是生态环境破坏带来的损失；i 为产品种类；j 为投入相应的投入；x，y 分别代表变化前后。

8.5.6.2　机会成本法

机会成本法与生产率法密切相关，从经济学角度来说，机会成本法和生产率法是同一性质的，因为当政策和行为控制生态环境变化时，由此导致的生产率变化就代表了采取政策的行为和社会机会成本。任何一种资源的使用都存在许多互相排斥的备选方案，选择了一种使用机会，就放弃另一种使用机会，也就失去了后一种使用获得效益的机会。因此，就可以把失去使用机会的方案中获得的最大经济效益，称为该资源使用选择方案的机会成本。也就是说，机会成本指的是某个评估对象的社会价值减去投入物的社会价值，因为投入物还可以用于其他领域，生产其他类型的收益。

计算公式为：

$$OC_i = S_i \cdot Q_i \qquad （式 8.80）$$

式中：OC_i 为第 i 种资源损失机会成本价值；S_i 为第 i 种资源单位机会成本；Q_i 为第 i 种资源损失的数量。

机会成本法适用于难以估计环境变化的数量属性的情况。如用于某些资源应用的社会净效益不能直接估算的场合。比如水库淤积防洪能力降低损失；耕地生产力下降损失；

水资源短缺引起的价值损失；森林破坏后林区人口医疗费用增加损失等。

思 考 题

1．国家经济评价对于生态建设项目而言的意义何在？

2．水土保持调水保土效益的涵义是什么？你是如何理解的？

3．水土保持效益的价值化评价方法的优缺点是什么？

本章推荐书目

1．水土保持综合治理效益计算方法（GBT15774-2008）

2．生态系统服务功能价值评估的理论、方法与应用．李文华等．中国人民大学出版社，2008

第 9 章
水土保持工程设计

[本章摘要]

本章主要介绍了水土保持工程设计，包含了水土保持规划中所涉及的生物、工程措施，例如梯田、淤地坝、水土保持林、农地耕作等工程设计。每个措施设计包含了设计的内容、原则及规定标准等方面的内容。

9.1 水土保持工程设计依据与说明

9.1.1 工程设计的依据

水土保持工程设计主要包括水土流失综合治理工程设计、生产建设项目水土保持工程设计、土地整理水土保持工程设计以及其他生态建设工程中的水土保持工程设计等。

9.1.1.1 法律法规和规范性文件

法律法规和规范性文件包括《中华人民共和国水土保持法》、《中华人民共和国森林法》、《中华人民共和国草原法》、《中华人民共和国土地管理法》、《土地复垦条例》和《土地复垦条例实施办法》等以及地方颁布的水土保持法实施条例或实施办法。

9.1.1.2 相关技术标准

相关技术标准包括水土保持以及生态建设方面的国家、部门和地方标准。

（1）国家标准 水土保持设计有关的国家标准主要有：《水土保持工程设计规范》（GB 51018-2014）；《室外排水设计规范》（GB 50014-2006（2014 年版））；《堤防工程设计规范》（GB 50286-2013）；《灌溉与排水工程设计规范》（GB 50288-99）；《开发建设项目水土保持技术规范》（GB 50433-2008）；《雨水集蓄利用工程技术规范》（GB/T 50596-2010）；《封山（沙）育林技术规程》（GB/T 15163-2004）；《造林技术规程》（GB/T

15776-2006）；《水土保持综合治理技术规范》（GB/T 16453.4-2008）；《生态公益林建设导则》（GB/T 18337.1-2001）；《生态公益林建设技术规程》（GB/T 18337.3-2001）；《防沙治沙技术规范》（GB/T 21141-2007）；《橡胶坝工程技术规范》（GB/T 50979-2014）；《土地整治项目设计报告编制规程》（TD/T 1038-2013）；《县级土地整治规划编制规程》（TD/T 1035-2012）等。

（2）部门标准、规范和技术规程　主要涉及的行业部门有水利、交通、电力、铁路、国土、林业等部门，例如：《浆砌石坝设计规范》（SL 25-2006）；《水利水电工程设计洪水计算规范》（SL 44-2006）；《水利水电工程制图标准水土保持图》（SL 73.6-2001）；《水利水电工程水土保持技术规范》（SL 575-2012）；《水利水电工程等级划分及洪水标准》（SL 252-2000）；《碾压式土石坝设计规范》（DL/T 5395-2007）；《水土保持治沟骨干工程技术规范》（SL 289-2003）；《水坠坝技术规范》（SL 302-2004）；《水利水电工程施工组织设计规范》（SL 303-2004）；《混凝土重力坝设计规范》（SL 319-2005）；《水利工程设计工程量计算规定》（SL 328-2005）；《水土保持工程项目建议书编制规程》（SL 447-2009）；《水土保持工程可行性研究报告编制规程》（SL 448-2009）；《水土保持工程初步设计报告编制规程》（SL 449-2009）；《浆砌石坝施工技术规定》（SD 120-84）；《泥石流灾害防治工程设计规范》（DZT 0239-2004）；《火力发电厂灰渣筑坝设计技术规定》（DL/T 5045-2006）；《水电枢纽工程等级划分及设计安全标准》（DL 5180-2003）；《林业苗圃工程设计规范》（LYJ 128-92）；《名特优经济林基地建设技术规程》（LY/T 1557-2000）；《造林作业设计规范》（LY/T 1607-2003）；《溢洪道设计规范》（DLT 5166-2002）等。

（3）相关区域的部门、地方标准和技术规范　如北京市的《生态清洁小流域技术规范》（DB11/T 548-2008），《水土保持林建设技术规程》（DB11/T 633-2009）；浙江省《公益林建设规范第 2 部分：规划设计通则》（DB33/T 379.2-2014）等。

9.1.1.3　当地基础资料

当地基础资料包括地质地貌、气象水文、土壤植被、水土流失、水土保持和社会经济等。

9.1.2　设计说明

① 列出设计依据的法律法规、规范性文件以及相关的技术标准。

② 扼要说明数据来源、调察勘测的技术方法、内业设计方法等。

③ 根据当地实际情况说明选定工程布置、树种草种、施工技术等工程设计的主要因素，包括有利因素、限制因素以及设计采用的解决办法和途径。

具体要求为：

① 工程措施，确定工程设计标准，做出相应的设计；

② 林草措施按照立地条件类型选定树种、草种，并做出典型设计；

③ 封育等措施按照立地条件类型和植被类型分别做出典型设计；

④ 确定施工布置方案，条件、组织形式和方法，并做出进度安排；

⑤ 编制初步的设计概算，明确资金筹措方案；

⑥ 提出工程的组织管理方式，监督管理办法，分析工程的效益。

9.2　水土保持工程措施

9.2.1　梯田工程

9.2.1.1　梯田工程设计要素

水平梯田断面见图 9-1，设计应符合以下要求：

（1）石坎梯田田坎断面为梯形，外侧倾斜，内侧直立，断面设置应符合以下要求

① 田坎高度应根据地面坡度、土层厚度、梯田级别等因素合理确定，其范围为 1.2～2.5m，田埂高度为 0.3～0.5m。

② 田坎坎顶宽度为 0.3～0.5m，需与生产路、灌溉系统结合布置时应适当加宽。

③ 田坎外侧坡比一般为 1∶0.25～1∶0.1，当田坎高度大于 2.0m 时，内侧坡比宜取 1∶0.1。

④ 田坎基础应置于硬基之上，基面应外高内低，基础高度不应小于 0.5m，宽度应根据田坎顶宽及田坎侧坡坡比确定。

⑤ 石坎梯田田面宽度与田坎高度、原地面坡度、梯田等级等因素有关，田面应外高内低，比降一般为 1∶500～1∶300，田面内侧设排水沟。

（2）土坎梯田田坎断面为梯形，外侧倾斜，其设计应符合以下要求

① 田坎高度应根据地面坡度、土层厚度、梯田等级等因素合理确定，其范围为 1.2～2.0m，田埂高度为 0.3～0.5m。

② 田埂一般宽度为 0.3～0.5m，当考虑生产路结合布置时，应适当加宽。

③ 田坎侧坡一般坡比为 1∶0.1 至 1∶0.4，田埂边坡一般采用 1∶1。

④ 田面设计同石坎梯田。

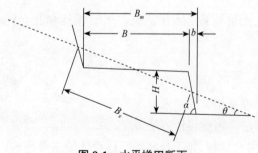

图 9-1　水平梯田断面

图注：B 为梯田田面净宽；B_m 为毛宽；b 为梯田田坎占地宽；B_x 为原斜面宽；α 为梯田田坎坡度；θ 为原地面坡度。

（3）混凝土坎梯田宜采用"柱—板"式结构，田面设计同石坎梯田

混凝土预制构件主要由立柱和横板组成。根据立柱的形状不同，分为利用锚杆稳定和利用土体自重稳定两种形式，田坎立柱高度一般为 1.2～1.8m，一般立柱宽度 0.15m，厚 0.07m；横板长 1.14m，宽 0.3m，厚 0.04m；锚杆形状为"7"字形，长 0.5m，宽和厚均为 0.05m。

9.2.1.2　梯田配套工程

（1）配套田间道路设计应符合以下规定

① 田间道路选线应与自然地形相协调，避免深挖高填；与梯田、小型蓄排工程等协调；路面宽度宜取 1～5m；纵坡不宜大于 8%。

② 路面排水应与梯田排水结合。

③ 结合当地条件可采用水泥、沙石、泥结碎石、素土等路面。

（2）埂坎保护与利用　具备条件的地区，梯田工程应开展埂坎保护与利用，土坎梯田田面宽度北方小于 6m，南方小于 4m，宜配置灌草植物，大于此宽度，宜配置乔灌木。石坎梯田田面宽度大于 4m，不宜配置乔木，大于 4m，宜种植灌木或乔木经济树种。

（3）土壤改良措施　梯田工程宜采取深松、施肥、秸秆还田等土壤改良配套措施。

9.2.2　引洪漫地（或治滩造田）工程

9.2.2.1　引洪漫地的分类及漫地条件

根据洪水来源，可以将引洪漫地分为引坡洪漫地、引路洪漫地、引沟洪漫地、引河洪漫地四类，见表 9-1。

表 9-1　引洪漫地的种类及漫地条件

分　类	漫地条件	措施组成与技术要求
引坡洪漫地	当坡地的中、下部是水平梯田，其上部与中部是荒坡、坡耕地或林草地，暴雨中大量地表径流形成坡洪，可引入水平梯田进行漫灌	① 梯田区上部的截水沟。拦截上部坡洪，防止冲坏梯田 ② 输水工程。与截水沟相连的排水沟，将坡洪从梯田两端逐台下排时，可用锄、锹就近取土，在排水沟中做成临时小土挡，有控制地将坡洪全部或一部逐台引入梯田漫灌
引路洪漫地	暴雨期间从坡地和农田中排出的大量地表径流，汇集于道路网形成路洪。可引入漫灌道路两旁有低于路面的水平梯田或其他平整农田	① 一般不需要专修建筑物，只需在暴雨期间用锄、锹等小型农具，就近取土，在路边做临时小土挡，将路洪引入地中 ② 对每一处漫地面积与路洪的水量、引水量等，应进行必要的调查、分析和计算

（续）

分 类	漫地条件	措施组成与技术要求
引沟洪漫地	在沟道的中、下游两岸有位置较低的成片沟台地，或在沟口以外附近有成片的川台地或涧滩地，当沟中洪水含沙量较高而且可以控制引用的（一般是集水面积 1～2km² 以下），来洪量较小，可引沟洪漫地	① 拦洪、引洪工程。在沟中修 5～10m 高的拦洪坝，主要是抬高洪水水位，坝的一端或两端修排量较大的溢洪道，下接引洪输水渠系，暴雨期间能将沟中洪水大部引入农地漫灌 ② 渠系工程。渠系一般设干渠、支渠两级，引洪干渠上接溢洪道、下设支渠，将洪水引入农地 ③ 田间工程。作为漫灌区的沟台地与川台地，都需事先进行平整，将缓坡地修成宽面低坎的水平梯田，田边有蓄水埝，并做好进水口与出水口
引河洪漫地	暴雨期间有高含沙量洪水的中、小河流，两岸有大片平整农地或荒滩地，位置较低，经工程控制，可引进河洪漫灌农地，提高产量，或淤漫荒滩，改造为农田	① 引洪渠首工程。分有坝引洪与无坝引洪两类，根据不同的地形条件，分别采取不同的工程结构 ② 引洪渠系工程。渠系一般由干渠、支渠、斗渠三级组成，干渠上接渠首，下设若干支渠，支渠下设若干斗渠，由斗渠将河洪引入农田 ③ 田间工程。以渠系为骨架，将漫灌区分为若干小区，每一小区再分若干地块。每一地块应做好蓄水埝与进、出水口

9.2.2.2 工程设计

（1）引洪计算

① 引洪量计算：引洪量计算按式 9.1 计算。

$$Q = \frac{10^4 Fd}{3600kt} = 2.78Fd/kt \qquad （式9.1）$$

式中：Q 为引洪量（m³/s）；F 为洪漫区面积（hm²）；d 为漫灌深度（m）；t 为漫灌历时（h）；k 为渠系有效利用系数。

② 淤漫时间：根据不同作物生长情况，分别采用不同的淤漫时间。

③ 淤漫厚度：不同作物适宜不同淤漫厚度。

④ 淤漫定额：按式 9.2 进行计算，每次漫灌水量 1500～2250m³/hm²。

$$M = \frac{dy}{c} \times 10^7 \qquad （式9.2）$$

式中：M 为淤漫定额（m³/hm²）；d 为计划淤漫层厚度（m）；y 为淤漫层干容重（t/m³），一般取 1.25；c 为洪水含沙量（kg/m³）。

（2）引洪渠首建筑物设计

① 拦河滚水坝：一般高 4～5m，少数高 8～10m。一般坝高超过 5m 时，坝体才需做稳定计算和应力分析。设计要求参照各地小型水利工程手册有关规定执行。

② 导洪堤：与河岸成 20°左右夹角，长 10～20m（从渠首向上游河道延伸到接近主流），高 1～2m，顶宽 1～2m，内外坡比 1∶1。由浆砌料石做成永久性建筑物，也可用木笼块石、

铅丝笼块石、沙袋等做成临时性建筑物。

③ 引洪闸：引洪闸的尺寸，根据引洪水位、流量和引洪干渠断面确定孔口尺寸，坝体设计参照各地小型水利工程手册。引洪闸底应高出河床 0.5m 以上，防止推移质进入洪漫区。

（3）引洪渠系设计

① 渠道比降：对高含沙水流，引洪渠长度一般不超过 1000m，比降 0.5%~1.0%，有条件的应进行试验确定。渠道比降必须与渠道断面设计紧密配合，达到不冲不淤。

② 渠道断面设计：渠道一般采用梯形断面。梯形断面按式 9.3 进行计算：

$$A = (b + ph)h \qquad （式 9.3）$$

式中：A 为渠道断面面积（m²）；b 为渠道底宽（m）；h 为渠道水深（m）；p 为渠道边坡系数。

不同土质渠道的渠道边坡系数见表 9-2。

表 9-2 不同土质渠道的渠道边坡系数

土质	黏土	重壤土	中壤土	轻壤土	沙壤土
渠道边坡系数	1：1	1：1	1：1	1：1.25	1：1.5

考虑不冲不淤流速，用明渠均匀流计算渠道断面，渠道糙率，一般土渠为 0.025~0.030。为保证行水安全，渠道堤顶应高出渠水位 0.3~0.4m。渠上建筑物设计参照各地小型水利工程手册有关技术规定。

（4）施工设计 施工设计应符合下列要求。

① 干渠、支渠和斗渠一般为土渠，不做衬砌。

② 田间工程施工应满足：漫缓坡农田，应按缓坡区修梯田的要求，进行平整，修成长边大致平行于等高线的矩形田块。进水一端应较出水一端稍高，一般可取 0.5%~1.0% 的比降，以利行水。田边蓄水埂，应高出地面 0.3m 以上，顶宽 0.3m，内外坡比各约 1：1，分层夯实，干容重 1.3~1.4t/m³。当进水口或出水口高差大于 0.2m 时，都应用块石、卵石等做成简易消能设备，防止冲刷。

9.2.3 淤地坝工程

9.2.3.1 单坝设计

（1）调洪演算 淤地坝工程调洪应按下列方法计算。

单坝调洪演算按公式 9.4 计算：

$$q_p = Q_p \left(1 - \frac{V_z}{W_p}\right) \qquad （式 9.4）$$

式中：Q_p 为区间面积频率为 p 的设计洪峰流量（m³/s）；q_p 为频率为 p 的洪水时溢洪道最大下

泄流量（m^3/s）；V_z 为滞洪库容（10^4m^3）；W_p 为区间面积频率为 p 的设计洪水总量（10^4m^3）。

拟建工程上游有设置了溢洪道的淤地坝时，调洪演算按式 9.5 计算：

$$q_p = (q_p' + Q_p)\left[1 - \frac{V_z}{W_p' + W_p}\right]$$ （式 9.5）

式中：q_p' 为频率为 p 的上游工程最大下泄流量（m^3/s）；W_p' 为本坝泄洪开始至最大泄流量的时段内，上游工程的下泄洪水总量（10^4m^3）；其他符号含义同前。

（2）坝体设计

① 总库容计算按公式 9.6 计算：

$$V = V_L + V_z$$ （式 9.6）

式中：V 为总库容（10^4m^3）；V_L 为拦泥库容（10^4m^3）；V_z 为滞洪库容（10^4m^3）。

② 拦泥库容按公式 9.7 计算：

$$V_L = \frac{\overline{W_{sb}}(1 - \eta_s)N}{\gamma_d}$$ （式 9.7）

式中：$\overline{W_{sb}}$ 为多年平均总输沙量（$10^4t/a$）；η_s 为坝库排沙比，可采用当地经验值；N 为设计淤积年限（a）可按表 9-3 设定；γ_d 为淤积泥沙干容重，可取 $1.3 \sim 1.35 t/m^3$。

表 9-3　淤地坝淤积年限

工程名称		工程等别	总库容（10^4m^3）	泥沙设计淤积年限（a）
大型淤地坝	1 型	I	100～500	20～30
	2 型		50～100	10～20
中型淤地坝		II	10～50	5～10
小型淤地坝		III	<10	<5

③ 坝顶高程和坝高的确定：坝顶高程是校核洪水位高程加安全超高。坝高等于坝顶高程与坝轴线原地貌最低点高程之差。

④ 溢洪道设计：小型淤地坝，在集水面积和排洪量不大的条件下，经水利计算，宜采用不衬砌的明渠式溢洪道；对于岩石或黏重的红胶土类地基，采用矩形断面；壤土类地基宜采用梯形断面；溢洪道断面较大时，可作成复式断面。大、中型淤地坝集水面积和排洪量都较大，宜采用陡坡式溢洪道。宽顶堰陡坡式溢洪道结构组成由进口段、泄槽和消能设施三部分组成（图 9-2）。

⑤ 放水建筑物设计：放水建筑物一般采用卧管式放水工程或竖井式放水工程，由卧管或竖井、涵洞和消能设施组成。卧管式放水工程（图 9-3）应包括平进水和侧进水两种形式。

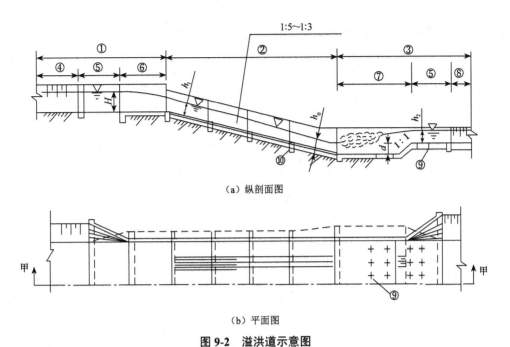

（a）纵剖面图

（b）平面图

图 9-2　溢洪道示意图

①进水段；②泄槽；③出水段；④引水渠；⑤渐变段；⑥溢流堰；⑦消力池；⑧尾渠；⑨排水孔；⑩截水齿墙

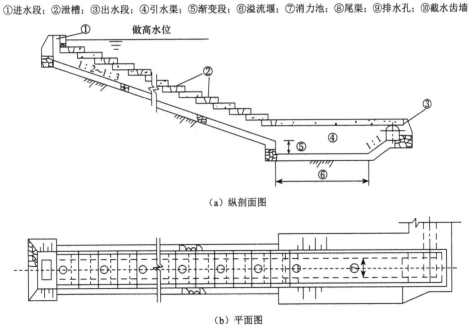

（a）纵剖面图

（b）平面图

图 9-3　卧管示意图

①通气孔；②放水孔；③涵洞；④消力池；⑤池深；⑥池长；⑦池宽

　　涵洞形式包括方形、拱形和圆形，并应根据各地条件选用。涵洞应布设在高于坝基一侧的原状土上，并应根据地形地质条件合理确定涵洞高度。涵洞底坡宜取 1∶200～1∶100。

混凝土涵管管径不应小于 0.8m；方涵和拱涵断面宽不应小于 0.8m，高不应小于 1.2m。涵洞内水深应小于涵洞净高的 75%。沿涵洞纵向每隔 10～15m 应设置截水环，截水环厚度应为 0.6～0.8m，伸出管壁外层应为 0.4～0.5m。

9.2.4 拦沙坝工程

拦沙坝总库容由拦沙库容和滞洪库容两部分组成。拦沙库容根据坝址上游来沙量确定。

9.2.4.1 坝顶高程确定

坝顶高程应为校核洪水位加坝顶安全超高，坝顶安全超高值可取 0.5～1.0m。坝高 H 应由拦泥坝高 H_L、滞洪坝高 H_z 和安全超高 ΔH 三部分组成，拦泥高程和校核洪水位应由相应库容、查水位库容关系曲线确定。

9.2.4.2 输沙量计算

水土保持措施可以有效地控制坡面及沟道的水土流失，因此，在计算拦沙坝的来沙量时应当考虑已有的、正在实施的和计划在近期内完成的水土保持措施对多年平均输沙量的影响。坝址上游崩岗、崩塌体是否发生可直接影响沟道的来沙情况，因此，在计算拦沙坝的来沙量时应对坝址以上流域内的崩岗、崩塌体情况（包括崩岗和崩塌体的数量、规模、治理情况，已实施、正在实施和计划在近期内完成的崩岗、崩塌体治理措施情况等）进行调查，估算崩岗、崩塌体的崩塌量对拦沙坝来沙量的影响。

9.2.4.3 拦沙坝淤积年限

无排沙设施的拦沙坝和淤积年限应按公式 9.8 计算，有排沙设施的拦沙坝和淤积年限应按公式 9.9 计算。

$$N = \frac{V\gamma_s}{W}$$ （式9.8）

式中：N 为淤积年限（a）；V 为可淤库容（m³）；γ_s 为淤积泥沙干容重（t/m³）；W 为多年平均来沙量（t）。

$$N = \frac{V\gamma_s}{W(1-\eta)}$$ （式9.9）

式中：η 为坝的排沙比，可根据观测、调查确定，一般对于格栅坝取 0.2～0.5，其他坝型取 0.8～1.0。

9.2.4.4 滞洪水位计算

采用水量平衡方程对设计、校核洪水过程结合拦沙坝库容曲线和泄水建筑物泄流能力曲线进行洪水调节计算。

9.2.4.5　坝的计算与分析

① 土石坝型拦沙坝需进行大坝渗流及稳定计算，计算方法及要求参照《碾压式土石坝设计规范》（SL 274）进行设计。

② 重力坝型拦沙坝需进行大坝稳定及应力计算，计算方法及要求参照《混凝土重力坝设计规范》（SL 319）及《浆砌石坝设计规范》（SL 25）进行设计。

9.2.4.6　溢洪道的计算与分析

泄水建筑物溢洪道需进行稳定及应力计算，计算方法及要求可参照《溢洪道设计规范》（SL 253）相关条文进行执行。座落于土石拦沙坝坝体上的泄槽，应补充计算泄槽沉降，泄槽分缝应采用半搭接缝、全搭接缝或者键槽缝。同时缝间设置止水、宜在泄槽底板上游端设置齿槽。

9.2.5　沟头防护和谷坊工程

9.2.5.1　沟头防护工程

沟头防护是沟壑治理的起点，其主要作用是防止坡面径流进入沟道而产生的沟头前进、沟底下切和沟岸扩张，此外，还可起到拦截坡面径流、泥沙的作用。沟头防治工程根据其形式，分为蓄水式和排水式沟头防护工程两类。

（1）蓄水式沟头防护工程　当沟头上部集水区来水较少，地质条件较好时，可采用蓄水式沟头防护工程，即沿沟边修筑一道或数道水平半圆环形沟埂，拦蓄上游坡面径流，防止径流排入沟道。蓄水式沟头防护工程又分为沟埂式与埂墙涝池式两种类型。

沟埂位置应根据沟头深度确定，沟头深不宜大于 10m，沟埂位置宜距沟头 3～5m。沟坡较陡时，应注意避开存在陷穴或垂直裂缝的沟坡。沟埂一般为土质梯形断面（图 9-4），埂高 0.8～1.0m（据来水量具体确定），顶宽 0.4～0.5m，内外坡比各约 1：1。

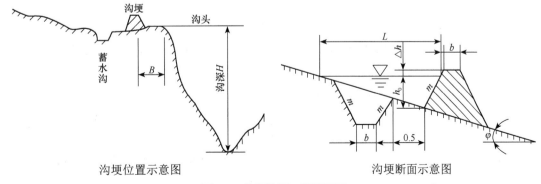

沟埂位置示意图　　　　　　沟埂断面示意图

图 9-4　沟埂位置、断面示意

围埝蓄水量可按式 9.10 计算：

$$V = L\left(\frac{HB}{2}\right) = L\frac{H^2}{2i}　　　　（式 9.10）$$

式中：V 为围埝蓄水量（m³）；L 为围埝长度（m）；B 为回水长度（m）；H 为埝内蓄水深（m）；i 为地面比降（%）。

（2）排水式沟头防护工程　排水式沟头防护工程主要有跌水式和悬臂式两种。

① 跌水式沟头防护建筑物应由进水口（宽顶堰）、陡坡（或多级跌水）消力池、出口和海漫等组成，设计宜按渠道跌水有关规定执行。

② 悬臂式沟头防护建筑物主要用于沟头为垂直陡壁、高 3～5m 的情况，应由引水渠、挑流槽、支架及消能设施组成。排水管（槽）断面尺寸可按式 9.11 计算确定：

$$Q_m = AK_0\sqrt{i}　　　　（式 9.11）$$

式中：A 为系数，取决于管内充水程度，管内水深宜取 0.75d，此时 A=0.91；K_0 为管内完全充水时的特性流量，m/s；i 为排水管（槽）坡降，可取 1/50～1/100。

9.2.5.2　谷坊工程设计

（1）谷坊位置的选择　谷坊的布设是根据沟道的比降，自下而上逐步拟定谷坊的位置，一般高 2～5m，下一座谷坊顶部大致与上一座谷坊基部等高。

（2）谷坊高度　一般土谷坊、浆砌石谷坊＜5m，干砌石谷坊＜2m，柴草、柳梢谷坊＜1m。

（3）谷坊间距　目前常用下面方法来估算谷坊淤土表面的稳定坡度 I_0 的数值。

根据坝后淤积土的土质来决定淤积物表面的稳定坡度：砂土 0.005，黏壤土 0.008，黏土 0.01，粗砂兼有卵石子 0.02。

根据谷坊高度 h、沟底天然坡度 i 以及谷坊坝后淤土表面稳定坡度 i_0，可按 9.12 式计算谷坊水平间距 L：

$$L = \frac{h}{i - i_0}　　　　（式 9.12）$$

式中：L 为相邻两座谷坊的水平距离（m）；h 为谷坊高度（m）；i 为沟底天然坡度（%）；i_0 为淤土表面稳定坡度（%）。

（4）谷坊数量　若采用同高度谷坊，治理段的谷坊总数 n 计算见式 9.13：

$$n = \frac{H}{h + Li_0}　　　　（式 9.13）$$

式中：H 为沟床加护段起点和终点的高程差；h 为谷坊有效高度，即谷坊溢水口底至沟底高差（m）；L 为谷坊间距（m）；i_0 为淤土表面稳定坡度（%）。

9.2.6　小型拦蓄引排水工程

9.2.6.1　水窖

（1）井式水窖

① 窖体由窖筒、旱窖、水窖三部分组成。

窖筒（上接地面窖口，供取水用）：直径 0.6～0.7m，深 1.5～2m。

旱窖（不蓄水部分）：上部与窖筒相连，深 2～3m。直径向下逐步放大，到散盘处直径 3～4m。

水窖（蓄水部分）：深 3～5m，从散盘处向下，直径逐步缩小，到底部直径 2～3m。

② 地面建筑物由窖口、沉沙池和进水管三部分组成。

窖口：直径 0.6～0.7m，用砖或石砌成，高出地面 0.3～0.5m。

沉沙池：位于来水方向路旁，距窖口 4～6m。池体成矩形，长 2～3m，宽 1～2m，深 1.0～1.5m。四周坡比 1∶1。

进水管：圆形，直径 0.2～0.3m，在沉沙池从地表向下深约 2/3 处，以 1∶1 坡度向下与旱窖相连。

（2）窑式水窖

① 窖体由水窖、窑顶、窑门三部分组成。

水窖（蓄水部分）：深 3～4m，长 8～10m，断面为上宽下窄的梯形，上部宽 3～4m，两侧坡比为 8∶1。

窑顶（不蓄水部分）：长度与水窖一致，半圆拱形断面，直径 3～4m，与水窖上部宽度一致。

窑门：下部梯形断面，尺寸与水窖部分一致，由浆砌料石制成，厚 0.6～0.8m，密封不漏水。在离地面约 0.5m 处埋一水管，外装龙头，可自由放水。上部半圆形断面，尺寸与窑顶部分一致，由木板（或其他材料）作成。木板中部有可以开关的 1.0m×1.5m 的小门。

② 地面部分由取水口、沉沙池、进水管三部组成。可参照井式水窖的设计，沉沙池的尺寸应根据来水量适当放大。

9.2.6.2　蓄水池

（1）蓄水池总容量

按式 9.14 计算：

$$V = K(V_w + V_s) \qquad \text{（式 9.14）}$$

式中：V 为蓄水池容量（m³）；V_w 为设计频率暴雨径流量（m³）；V_s 为设计清淤年累计泥沙淤积量（m³）；K 为安全系数（取 1.2～1.3）。

（2）蓄水池主要建筑物

① 池体设计根据当地地形和总容量 V，因地制宜地分别确定池的形状、面积、深度和周边角度。

② 石料衬砌的蓄水池，衬砌中应专设进水口与溢洪口；土质蓄水池的进水口和溢洪口，应进行石料衬砌。一般口宽 0.4～0.6m，深 0.3～0.4m。并用式 9.15 校核过水断面。

$$Q = M\sqrt{2g}bh^{3/2}$$ （式 9.15）

式中：Q 为进水（或溢洪）最大流量（m³/s）；M 为流量系数，取 0.35；g 为重力加速度，9.81m/s²；b 为堰顶宽（口宽）(m)；h 为堰顶水深（m）。

（3）当蓄水池进口不是直接与坡面排水渠终端相连时，应布设引水渠，其断面与比降设计，可参照坡面排水沟进行设计。

9.2.6.3 沉沙池

（1）池体尺寸　沉沙池为矩形，宽 1～2m，长 2～4m，深 1.5～2.0m。其宽度宜为排水沟宽度的 2 倍，长度宜为池体宽度的 2 倍，并有适当深度。

（2）沉沙池的进水口和出水口　参照蓄水池进水口尺寸设计，并应作好衬砌。

9.2.6.4 涝池

① 一般涝池，深 1.0～1.5m，形状依地形而异，圆形直径一般 10～15m。方形、矩形边长各 10～20m 至 20～30m。四周边坡一般 1:1。

② 大型涝池，深 2～3m，圆形直径 20～30m，方形、矩形边长一般 30～50m，特大型的可达 70～100m。土质周边的坡比 1:1，料石（或砖、混凝土板）衬砌的周边坡比 1:0.3。涝池位置不在路旁的应修引水渠，将道路径流引入池中。为防止过量洪水入池，在池的进水口前应设置退水设施。

③ 路壕蓄水堰，小土坝一般高 1～2m 或 3～5m，顶宽 1.5～2.0m，上游坡 1:1.5，下游坡 1:1。

小型蓄水工程的配套工程主要包括截水沟和排水沟，有关设计要求见本章截洪排水工程。

9.2.7 截洪排水工程

9.2.7.1 蓄水型截水沟

（1）每道蓄水沟的容量 V

$$V = V_w + V_s$$ （式 9.16）

式中：V 为截水沟容量；V_w 为一次暴雨径流量（m³）；V_s 为 1～3 年土壤侵蚀量（m³）；V_s 的计量单位，根据各地土壤的容重，由吨折算为立方米。

（2）V_w 和 V_s 的值按下列公式计算

$$V_w = M_w F \qquad\qquad （式 9.17）$$

$$V_s = 3M_s F \qquad\qquad （式 9.18）$$

式中：F 为截水沟的集水面积（hm²）；M_w 为一次暴雨径流模数（m³/hm²）；M_s 为 1～3 年土壤侵蚀量（m³/hm²）。

（3）根据 V 值按式 9.19 计算截水沟面积（A_1）

$$A_1 = V/L \qquad\qquad （式 9.19）$$

式中：A_1 为截水沟断面面积（m²）；L 为截水沟长度（m）。

9.2.7.2　排水沟

矩形和梯形排水沟断面的底宽和深度不宜小于 0.40m。土质沟为梯形断面时，内坡按土质类别采用 1∶1.5～1∶1.0。沟道纵坡一般不宜小于 0.5%，土质沟渠的最小纵坡不应小于 0.25%，沟壁铺砌的沟渠最小纵坡不应小于 0.12%。

临时排水明沟，宜采用梯形或矩形断面，深度不宜小于 0.20m，梯形明沟的沟底宽度不宜小于 0.20m，矩形明沟的沟底宽度不宜小于 0.30m。

排水沟的断面设计根据设计频率暴雨坡面最大径流量计算。排水沟比降取决于沿线的地形条件和土质条件，一般要求 i 值与沟沿线的地面坡度相近，以避免开挖太深。沟内水流的流速应同时满足不冲、不淤的要求。明沟的最小允许流速一般为 0.4m/s，暗沟（管）的最小允许流速一般为 0.75m/s。

9.2.7.3　地下排水工程

（1）鼠洞排水　鼠洞深 0.5～0.6m 为宜，间距根据土壤结构而定，见表 9-4。

表 9-4　不同土质的鼠洞深度与间距经验数值

土壤质地	洞深（m）	洞距（m）	土壤质地	洞深（m）	洞距（m）
黏土	0.35～0.5	1.0～2.0	黏壤土	0.35～0.5	1.0～2.2
	0.5～0.7	1.5～2.8		0.5～0.7	1.5～3.0
	0.7～1.0	2.0～4.0		0.7～1.0	2.0～4.5

鼠洞出口高程应高于末级沟道正常设计水位 0.2～0.3m，洞的出口内插满树条或麦秸或草把，下缘用块石保护。

（2）暗管排水　波纹管（暗管）布设在局部闭流洼地和低洼水线处，消除坡耕地内涝。

暗管间距一般为 50～100m。在局部闭流洼地和低洼水线处，暗管应适当加密，间距为 10～30m，地形平缓区域，间距可适当加大。

暗管坡降依地形和所选定的管径等因素确定。一般坡降在 1/500～1/50 之间。

地下排水管径应满足设计排渍流量要求，不形成满管出流。管径多为 φ60～φ100mm。过水能力按公式 9.20 确定。

$$Q = \left(\frac{1}{n}\right) R^{\frac{2}{3}} \times i^{\frac{1}{2}} \times \overline{\omega} \qquad (\text{式 } 9.20)$$

式中：Q 为暗管设计流量（m³/s），按满管时理论排水流量 90% 设计，采用 10% 的安全余量；ω 为过水断面面积（m²）；其他符号含义同前。

9.2.8　塘坝工程

9.2.8.1　库容设计

塘坝总库容由死库容、兴利库容和调洪库容组成。

（1）死库容和死水位　年淤积量可按公式 9.21 计算。

$$V_{\text{淤}} = \frac{\overline{W} \eta F}{100 \gamma_d} \qquad (\text{式 } 9.21)$$

式中：$V_{\text{淤}}$ 为年淤积量（m³）；W 为多年平均侵蚀模数 [t/(km² · a)]；H 为输移比，可根据经验确定；γ_d 为淤积泥沙干容重，可取 1.2～1.4t/m³；F 为汇水面积（hm²）。

死库容确定后，在塘坝库容曲线上查得死水位。

（2）兴利库容和正常蓄水位　根据多年平均来水量确定，兴利库容计算应按公式 9.22 计算。

$$V_{\text{兴}} = \frac{10 h_0 F}{n} \qquad (\text{式 } 9.22)$$

式中：$V_{\text{兴}}$ 为兴利库容（m³）；h_0 为流域多年平均径流深（mm）；F 为流域集水面积（hm²）；n 为系数，根据实际情况确定，一般取 1.5～2.0。

（3）调洪库容　塘坝的调洪计算可用简化方法计算，假定来水过程线为三角形，计算应按公式 9.23 计算。调洪库容确定后，在塘坝库容曲线上查得设计或校核洪水位。

$$q_{\text{泄}} = Q(1 - V_{\text{调}}/W) \qquad (\text{式 } 9.23)$$

式中：$q_{\text{泄}}$ 为溢洪道泄流量（m³/s）；Q 为设计或校核洪水洪峰流量（m³/s）；$V_{\text{调}}$ 为调洪库容（m³）；W 为设计或校核洪水总量（m³）。

9.2.8.2　塘坝断面设计

① 坝顶高程由校核洪水位和安全超高确定。安全超高采用 0.5～1.0m。

② 坝顶宽度应满足施工和运行检修要求。当坝顶有交通要求时路面宽度宜按公路标准确定。对于心墙坝或斜墙坝，坝顶宽度应能满足心墙、斜墙及反滤过渡层的布置要求，在寒冷地区，黏土心墙或斜墙上下游侧保护土层厚度应大于当地冻结深度。

③ 坝体断面宜采用梯形。坝体断面设计要根据坝高、建筑材料、坝址的地形和地基条件，以及当地的水文、气象、施工等因素合理确定。

9.2.8.3　结构设计

滚水坝和塘坝采用砌石坝或混凝土坝时，结构设计应包括应力计算和抗滑稳定计算，坝高低于 5m 的应力计算和抗滑稳定计算可适当简化。

（1）基本荷载　基本荷载主要包括坝体自重；正常蓄水位或设计洪水位时坝上游面、下游面的静水压力、扬压力、淤沙压力；正常蓄水位或设计洪水位时的浪压力、冰压力、土压力；其他出现机会较多的荷载。

（2）特殊荷载　主要包括校核洪水位时坝上游面、下游面的静水压力；校核洪水位时的扬压力、校核洪水位时的浪压力；地震荷载；其他出现机会很少的荷载。

（3）抗滑稳定及坝体应力计算的荷载组合　分为基本组合和特殊组合两种。荷载组合按相关规定进行计算。

（4）基底应力计算　土质地基及软质岩石地基在各种计算情况下，平均基底应力不大于地基允许承载力，最大基底应力不大于地基允许承载力的 1.2 倍；基底应力的最大值和最小值之比应符合相关规范的要求。

9.2.8.4　放水设施设计

塘坝应设置放水设施，放水设施可采用管涵和浆砌石拱涵。

① 放水设施的轴线与坝轴线垂直。宜采用明流，其水深应小于净高的 75%，结构应采用混凝土或钢筋混凝土。如为压力流时，宜用钢管或钢筋混凝土管。

② 放水设施水深应按照明渠公式计算，底坡取 1∶1000～1∶200。放水设施下泄的水流应经消能后送至下游河道，消能建筑物结构具体设计参见淤地坝溢洪道设计执行。

③ 放水设施结构尺寸除根据水力计算确定外，还应考虑检查和维修的要求，混凝土涵管管径不应小于 0.8m，浆砌石拱涵断面宽应不小于 0.8m，高不小于 1.2m。

9.2.9　防风固沙工程

防风固沙措施一般包括沙障固沙、固沙造林、固沙种草、引水拉沙造地、防治风蚀耕作措施等。

9.2.9.1　沙障设计

沙障工程是用作物秸秆、活性沙生植物的枝茎、黏土、卵石、砾质土、纤维网等，在沙面上设置各种形式的障碍物或铺压遮蔽物，平铺或直立于风蚀沙丘地面，固定地面沙粒，减缓和制止沙丘流动。

沙障按材料可分为：柴草沙障、沙生植物沙障、苇秆沙障、黏土沙障、卵石沙障、砾质土沙障、纤维网沙障、砌石沙障、石条板、盐块、化学沙障等。根据沙障与地面的角度可分为平铺式沙障、直立式沙障。

① 沙障方向与主风向垂直。

② 沙障的配置形式

分行列式配置和方格式配置。行列式配置：风向稳定，以单向起沙风为主的地区，用行列式沙障。在新月形沙丘迎风坡设置时，沙丘顶部空出 1/2，起风力拉沙的作用；方格式配置：若主风向不稳定，宜采用格状式沙障。

9.2.9.2　化学固沙

化学治沙材料的分类应包括天然化学治沙材料、人工配制化学治沙材料、合成化学治沙材料。

① 选用聚丙烯酰胺、沥青乳液、沥青化合物、乳化原油等材料。适宜黏度一般为 $12\sim15Pa\cdot s$。

② 喷洒形式，采用全面喷洒和局部带状喷洒。在沙面形成 0.5cm 左右的结皮层。

9.2.9.3　防风固沙林

（1）林带结构　应根据风沙流危害，选用紧密结构林带、透风结构林带、疏透结构林带。

（2）林带宽度　建设防风固沙基干林带，带宽 20～50m，可采取多带式。

（3）林带间距　防风固沙基干林带，带间距 30～100m。

（4）林带混交类型　包括乔灌混交、乔木混交、灌木混交、综合性混交。

（5）树种选择

① 干旱沙漠、戈壁荒漠化区，树种选择宜采用杨树、胡杨、小叶杨、新疆杨、沙枣、白榆、樟子松等乔木；沙拐枣、头状沙拐枣、花棒、羊柴、白刺、柽柳、梭梭等灌木。株行距：乔木 1～2m×2～3m；灌木 1～2m×1～2m。

② 半干旱风蚀沙地，树种选择宜采用杨树、山杏、文冠果、刺槐、刺榆、樟子松等。柠条、沙柳、黄柳、胡枝子、花棒、羊柴、白刺、柽柳、沙地柏等。

③ 高寒干旱荒漠、半干旱风蚀沙化区，树种选择宜采用乌柳、柽柳、柠条、白刺、梭梭、沙拐枣、青杨、小叶杨、中国沙棘、枸杞、黄柳等。

④ 半湿润黄泛区及古河道沙区，树种选择宜采用油松、侧柏、旱柳、国槐、泡桐、枣、杏、桑、黑松、臭椿、刺槐、紫穗槐等。

⑤ 湿润气候带沙地、沙山及沿海风沙区，树种选择宜采用木麻黄、相思树、黄槿、露兜树、湿地松、火炬树、加勒比松、新银合欢、大叶相思等。

9.2.9.4　防风固沙种草

（1）适用条件　应在林带与沙障已基本控制风蚀和流沙移动的沙地上。

（2）整地措施 应根据土地沙化程度、气候条件选择。

（3）草种选择 应根据利用方向，选择纯播或3～5种混播。在干旱沙漠、戈壁荒漠化区，宜采用沙米、骆驼刺、籽蒿、芨芨草、草木樨、沙竹、草麻黄、白沙蒿、沙打旺、披肩草、无芒雀麦等草种；在半干旱风蚀沙地，宜采用查巴嘎蒿、沙打旺、草木樨、紫花苜蓿、沙竹、冰草、油蒿、披肩草、冰草、羊草、针茅、老芒雀麦等草种；高寒干旱荒漠、半干旱风蚀沙化区，宜采用赖草、针茅、沙蒿、早熟禾、虫实、沙米、猪毛菜、芨芨草、冰草、滨藜等草种。

9.2.10 护岸工程

护岸工程包括坡式护岸、坝式护岸、墙式护岸等形式。应明确防洪设计标准，查明工程地质条件，合理确定护岸型式。

9.2.10.1 坡式护岸

（1）抛石护脚 抛石粒径应根据水深、流速情况计算或现有工程确定。抛石厚度不宜小于抛石粒径的2倍，水深流急处宜增大。抛石护脚的坡度宜缓于1:1.5。

（2）柴枕护脚 柴枕护脚的顶端应位于多年平均最低水位上，其上应加抛接坡石，厚度宜为0.8～1.0m；柴枕外脚应加抛压脚块石或石笼等。柴枕的规格应根据防护要求和施工条件确定，枕长可为10～15m，枕径可为0.5～1.0m，柴、石体积比宜为7:3；柴枕可为单层抛护，也可根据需要抛两层或三层；单层抛护的柴枕，其上压石厚度宜为0.5～0.8m。

（3）柴排护脚 采用柴排护脚的岸坡不应陡于1:2.5，排体顶端应位于多年平均最低水位处，其上应加抛接坡石，厚度宜为0.8～1.0m。柴排垂直流向的排体长度应满足在河床发生最大冲刷时，排体下沉后仍能保持缓于1:2.5的坡度。相邻排体之间的搭接应以上游排覆盖下游排，其搭接长度不宜小于1.5m。

（4）土石织物枕及土石织物软体排护脚 可根据水深、流速、河岸及附近河床土质情况，采用单个土石织物枕抛护，可3～5个土石织物枕抛护，也可土石织物枕与土石织物垫层构成软体排形式防护。

（5）铰链混凝土排护脚 排的顶端应位于多年平均最低水位处，其上应加抛接坡石，厚度宜为0.8～1.0m。混凝土板厚度应根据水深、流速经防冲稳定计算确定。沉排垂直于流向的排体长度应符合上条要求。顺水流向沉排宽度应根据沉排规模、施工技术要求确定。排体之间的搭接应以上游排覆盖下游排，搭接长度不宜小于1.5m。排的顶端可用钢链系在固定的系排梁或桩墩上，排体坡脚处及其上、下端宜加抛块石。

9.2.10.2 坝式护岸-丁坝

坝式护岸布置可选用丁坝、顺坝及丁坝、顺坝相结合的沟头丁坝等形式。

（1）丁坝的平面布置

① 丁坝的长度应根据河岸与治导线距离确定。

② 丁坝的间距可为坝长的 1~3 倍；河口与滨海地区的丁坝，其间距可为坝长的 3~8 倍。

③ 非淹没丁坝宜采用下挑形式布置，坝轴线与水流流向的夹角可采用 30°~60°；潮汐河口与滨海地区的丁坝，其坝轴线宜垂直于潮流方向。

（2）丁坝的结构　丁坝可采用抛石丁坝、土心丁坝、沉排丁坝等结构形式。丁坝的结构尺寸应根据水流条件、运用要求、稳定需要、已建同类工程的经验分析确定。

① 抛石丁坝坝顶的宽度宜采用 1.0~3.0m，坝的上、下游坡度不宜陡于 1∶1.5，坝头坡度宜采用 1∶2.5 至 1∶3.0。

② 土心丁坝坝顶的宽度宜采用 5~10m，坝的上、下游护砌坡度宜缓于 1∶1，护砌厚度可采用 0.5~1.0m；坝头部分宜采用抛石或石笼。

③ 沉排丁坝坝顶宽度宜采用 2.0~4.0m，坝的上、下游坡度宜采用 1∶1.5~1∶1；护底层的沉排宽度应加宽，其宽度应满足河床最大冲刷深度的要求。

9.2.10.3　墙式护岸

对河道狭窄、堤防临水侧无滩易受水流冲刷、保护对象重要、受地形条件或已建建筑物限制的河岸，宜采用墙式护岸。

墙式护岸的结构形式可采用直立式、陡坡式、折线式等。墙体结构材料可采用钢筋混凝土、混凝土、浆砌石、石笼等，断面尺寸及墙基嵌入河岸坡脚的深度，应根据具体情况及河岸整体稳定计算分析确定。在水流冲刷严重的河岸应采取护基措施。

9.2.10.4　其他护岸形式

（1）桩式护岸　桩式护岸的材料可采用木桩、钢桩、预制混凝土桩、大孔径钢筋混凝土桩等。桩的长度、直径、入土深度、桩距、材料、结构等应根据水深、流速、泥沙、地质等情况，通过计算或已建工程运用经验分析确定。

① 桩的布置可采用 1~3 排桩，排距可采用 2.0~4.0m。

② 桩可选用透水式和不透水式；透水式桩间应以横梁联系并挂尼龙网、铅丝网、竹柳编篱等构成屏障式桩坝；桩间及桩与坡脚之间可抛石、混凝土预制块等护桩护底防冲。

（2）杩槎坝　具有卵石、砂卵石河床的中、小型河流在水浅流缓处，可采用杩槎坝。杩槎坝可采用木、竹、钢筋混凝土杆件做杩槎支架，可选择块石或土、砂、石等作为填筑料，构成透水或不透水的杩槎坝。

（3）生物防护措施　有条件的河岸应采取植树、植草等生物防护措施，可设置放浪林台、放浪林带、草皮护坡等。放浪林台及放浪林带的宽度、树种、树的行距、株距，应根据水势、水位、流速、风浪情况确定，并应满足消浪、促淤、固土保岸等要求。用于河岸防护的树、草品种，应根据当地气候、水文、地形、土壤等条件及生态环境要求选择。

9.3　林草、封育禁及保土耕作措施

9.3.1　林草措施

9.3.1.1　水土保持造林

水土保持造林工程设计应划分立地类型，按立地类型选定树种以及确定造林季节、整地方式和规格、造林密度、栽植方法、抚育管理，做出典型设计并落实到小班上。在荒山荒坡上布设的经济林，还应明确选择的品种、苗源、整地、施肥、浇水等特殊要求。

（1）植苗造林设计要求

① 选用针叶树苗木的或立地条件较差的，宜采用容器苗造林；生产建设项目宜采用容器苗和带土坨大苗造林。

② 营造水土保持林宜采用 0.5～3 年龄苗木；其他防护林宜采用 2～3 年龄苗木。

③ 成片造林的宜采取混交造林，包括行状、带状、块状混交和植生组混交。成片纯林造林的，面积不宜大于 10hm^2。

（2）造林设计　可参照《生态公益林建设技术规程》（GB/T 18337.3）或《造林技术规程》（GB/T 15776）进行设计。

9.3.1.2　果园和经济林栽培园

① 结合田间道路、蓄灌设施（水窖、蓄水池、灌溉渠道等）、截排水沟等，确定栽培区的布设。需要进行机耕道整治的还应明确道路布局，确定路面宽度、路面结构型式，给出道路横断面设计。

② 选定栽培品种，明确栽植密度、整地方式及规格、施肥和灌溉等。

9.3.1.3　种草

划分生境类型（立地类型），按生境类型选定草种以及确定整地方式、需种（苗）量、种植方法、抚育管理，做出典型设计并落实到小班上。

人工草地和草坪宜采用 3 个以上品种或草种的混播方式。

草种选择、种草方式、播种量及整地施工，可参照水土保持综合治理技术规范——荒地治理技术（GB 16453.2）进行。

9.3.2　封育措施

封育应与人工造林种草统一规划，通过封育措施可恢复林草植被的，可直接封育；自

然封育困难的造林区域，需辅以人工造林种草。明确封禁方式、封禁制度，明确标志位置及断面设计。

沼气池、节柴灶、舍饲养畜、生态移民等封禁治理配套措施，按国家有关规范进行设计。

9.3.2.1 封育方式

① 依据项目区水土流失情况、原有植被状况及当地群众生产生活实际，确定封育方式为全封、半封或轮封。

② 依据项目区立地条件，选择适宜的封育类型，见表9-5。

表 9-5 封育年限设计标准

封育类型		封育年限（a）	
		南方	北方
无林地和疏林地封育	乔木型	6~8	8~10
	乔灌型	5~7	6~8
	灌木型	4~5	5~6
	灌草型	2~4	4~6
	竹林型	4~5	—
有林地和灌木林地封育		3~5	4~7

9.3.2.2 封育规划设计

封山（沙）育林作业以封育区为单位，设计说明应包括封育区范围、封育区概况、封育类型、封育方式、封育年限、封育组织和封育责任人、封育作业措施、投资概算、封育效益及相关的附表、附图。

9.3.2.3 配套工程措施

① 在封育区域应设置警示标志。封育面积100hm² 以上最少设立1块固定标牌，人烟稀少的区域可相对减少。

② 在牲畜活动频繁地区应设置围栏及界桩。封育区无明显边界或无区分标志物时，可设置界桩以示界线。

③ 以烧柴为主要燃料来源的封育区域，应配置节柴灶和沼气池。沼气池建设可参照相关标准执行。

④ 在牧区封育时应对牲畜进行舍饲圈养。在寒冷地区需配备必要的取暖设施和其他辅助设施。

9.3.3 保土耕作措施

保土耕作措施一般分为两类：第一类，以改变小地形为主的，包括等高耕种、等高带状间作，沟垄种植〔古名畎田，含水平沟种植（又名套犁沟播）、垄作区田（含平播培垄、中耕换垄）、蓄水聚肥耕作等〕、坑田（古名区田，又掏钵种）、半旱式耕作（适用于稻田）、水平犁沟（适用于夏休地和牧坡）等；第二类，以增加地面覆盖为主的，包括划田带状轮作，覆盖耕作〔含留茬（或残茬）覆盖、秸秆覆盖、地膜覆盖等〕、少耕和免耕法等。

设计应说明各措施的布设、配置方式、技术要求等。

9.3.3.1 改变地形措施

（1）等高耕作 适用于坡度较缓、有条件进行横坡耕种的坡耕地。

等高耕作原则上应沿等高线起垄，可根据地形、坡度、土质等条件适当调整垄向，并辅以截流沟、地埂植物带等配套措施。

风蚀缓坡地区，应使耕作方向与主风向正交，或呈45°；在南方多雨且土质黏重地区，耕作方向宜与等高线呈1%～2%的比降，并根据降水情况配套排水沟。

（2）地埂植物带 适用于黑土区3°～5°的坡耕地，或在软埝和土坎梯田田埂布设。

（3）垄向区田 适用于黑土区水土流失严重、坡度小于5°的坡耕地，尤其适合干旱、半干旱地区或雨旱分明的湿润地区。

区田横挡应从田块最高处开始修筑；横挡高度宜低于垄台0.02～0.03m，底宽宜为0.3～0.45m，顶宽宜为0.1～0.2m。

（4）沟垄种植 包括播种时起垄；中耕时起垄和畦状沟垄。

（5）坑田（掏钵）种植 包括一钵一苗法和一钵数苗法等。

（6）休闲地水平犁沟 在坡耕地内，从上到下，每隔2～3m，沿等高线或与等高线保持1%～2%比降，作水平犁沟，并同时向下翻土，使犁沟下方形成一道土垄，以拦蓄雨水。

（7）抗旱丰产沟 从坡耕地下边开始，离地边约0.3m，顺等高线方向开挖宽约0.3m的一条沟，深0.2～0.25m，将挖起的表土暂时堆放在沟的上方；将沟内生土挖出，堆在沟的下方，形成土埂，将沟底用锹翻松，深0.2～0.25m；将沟上方暂时堆放的表土推入沟中；同时将沟上方宽约0.6m、深约0.2m的原地面上的表土取起，推入沟中，大致将沟填满，依次类推，使整个沟面都成生土作埂，表土入沟，沟中表土和松土层厚深0.4～0.5m。

（8）半旱式耕作 在稻田中挖沟培垄，返青前淹水，分蘖后保留半沟水；在夏休坡地或牧坡地，每隔一定距离沿等高线开沟。

9.3.3.2 覆盖措施

（1）草田轮作 适用于地多人少的农区或半农牧区。

① 短期轮作，主要适用于农区，种 2～3a 农作物后，种 1～2a 草类。草种以短期绿肥、牧草为主；

② 长期轮作，主要适用于半农半牧区，种 4～5a 农作物后，种 5～6a 草类。草种以多年牧草为主。

（2）间作　选为间作的两种作物应具备生态群落相互协调、生长环境互补的特点，间作形式有行间间作和株间间作。

（3）套种　在同一地块内，前季作物生长的后期，在其行间或株间播种或移栽后季作物，两种作物收获时间不同，其作物配置的协调互补与株行距要求与间作相同。

（4）带状间作

① 作物带状间作：基本上沿等高线，或与等高线保持 1%～2% 的比降；条带宽度一般 5～10m，两种作物可取等宽或分别采取不同的宽度。

② 草粮带状间作：草类可参照草田轮作草类；作物带与草带的宽度，一般情况下可取二者等宽。

（5）合理密植　适用于原来耕作粗放、作物植株密度偏低的地区。

（6）休闲地种绿肥　作物未收获前 10～15d，在作物行间顺等高线地面播种绿肥植物；暴雨季节过后，将绿肥翻压土中，或收割作为牧草。

（7）覆盖种植，秸秆还田　包括秸秆覆盖或粉碎直接还田、秸秆堆沤还田、秸秆养畜（过腹还田）、留茬覆盖等；砂石覆盖；地膜覆盖。

（8）少耕免耕　适用于干旱、半干旱受风蚀影响较大的地区的农耕地，应与等高种植结合；可采用免耕播种机作业，耕作时除播种或注入肥料外，不应再搅动土壤，且不应进行中耕作业。

9.4　施工组织设计

施工组织设计（construction organization plan）是指针对拟建的工程项目，在开工前针对工程本身特点和工地具体情况，按照工程的要求，对所需的施工劳动力、施工材料、施工机具和施工临时设施，经过科学计算、精心对比及合理的安排后编制出的一套在时间和空间上进行合理施工的战略部署文件。通常由一份施工组织设计说明书、一张工程计划进度表、一套施工现场平面布置图组成。施工组织设计是工程施工的组织方案，是指导施工准备和组织施工的全面性技术经济文件，是现场施工的指导性文件。

9.4.1　基本内容

施工组织设计的内容要结合工程对象的实际特点、施工条件和技术水平进行综合考虑，一般包括以下基本内容。

（1）工程概况

① 本项目的性质、规模、建设地点、结构特点、建设期限、分批交付使用的条件、合同条件；

② 本地区地形、地质、水文和气象情况；

③ 施工力量，劳动力、机具、材料、构件等资源供应情况；

④ 施工环境及施工条件等。

（2）施工部署及施工方案

① 根据工程情况，结合人力、材料、机械设备、资金、施工方法等条件，全面部署施工任务，合理安排施工顺序，确定主要工程的施工方案；

② 对拟建工程可能采用的几个施工方案进行定性、定量的分析，通过技术经济评价，选择最佳方案。

（3）施工进度计划

① 施工进度计划反映了最佳施工方案在时间上的安排，采用计划的形式，使工期、成本、资源等方面，通过计算和调整达到优化配置，符合项目目标的要求；

② 使工序有序地进行，使工期、成本、资源等通过优化调整达到既定目标，在此基础上编制相应的人力和时间安排计划、资源需求计划和施工准备计划。

（4）施工平面图　施工平面图是施工方案及施工进度计划在空间上的全面安排。它把投入的各种资源、材料、构件、机械、道路、水电供应网络、生产、生活活动场地及各种临时工程设施合理地布置在施工现场，使整个现场能有组织地进行文明施工。

（5）主要技术经济指标　技术经济指标用以衡量组织施工的水平，它是对施工组织设计文件的技术经济效益进行全面评价。主要技术经济指标包括：施工工期、施工质量、施工成本、施工安全、施工环境和施工效率，以及其他技术经济指标。

9.4.2　设计文件主要要求

9.4.2.1　工程量

① 汇总各类措施的数量及工程量。如工程措施中淤地坝措施，首先明确需要修建淤地坝的数量，其次每个淤地坝按照设计图纸和参照《水利水电工程设计工程量计算规定》（SL 328-2005）进行计算和调整。

② 工程措施的工程量调整系数按《水利工程设计工程量计算规定》（SL 359-2006）执行，林草措施的工程量调整系数取 1.03。

9.4.2.2　施工条件

（1）阐述工程区气候和水文条件对工程施工的影响　包括温度（最高温、最低温、平均气温)、风(风速、风向)、降雨(平均雨量、降雨强度)等对工程施工的影响。

(2)阐述施工交通方案　分析工程的工程量的大小、材料需求量、运输距离以及施工进度和资金的投入,同时结合现有条件,给出施工道路规模、线路以及车辆类型。

(3)阐述苗木(种子)、建筑材料、施工用水、电、风、油等来源和供应方案　工程所需的苗木(种子)的来源、等级和运输方案等;砂石等建筑材料来源、等级和运输方案等;施工用水、电、风、油等现有场地具备还是需要进行通水、通电施工。

9.4.2.3　施工工艺和方法

明确各类措施的施工工艺、施工方法及要求。主要包括具体施工的流程、施工的方法、所需的设备以及所需求的效果等方面。

9.4.2.4　施工布置和组织形式

明确施工组织形式,主要包括具有资质的施工单位施工、专业队施工。

对于治沟骨干工程以及较大的拦沙坝、塘坝、泥石流排导工程等应提出施工总布置,主要包括土石方平衡、取料场、弃渣场、场内道路、施工场地等。

9.4.2.5　施工进度

基本确定工程施工进度安排。主要是根据工程量计算出施工定额,依据施工的工艺,并考虑施工条件,工程的施工目标规划给出施工进度安排。

9.4.2.6　附表

① 工程区水土保持措施进度安排表。
② 主要工程量和投工汇总表。

9.5　水土保持景观设计

9.5.1　景观规划设计概念

9.5.1.1　景观的概念

景观作为视觉美学意义上的概念与"风景"、"景致"、"景色"同义;景观作为地学概念与地形、地物同义,主要用来描述地壳的地质地理和地貌属性;景观同时作为系统的能流和物质循环的载体(表9-6)。

表 9-6　景观多种含义及其研究

含义	风景	地域综合体	异质性镶嵌性	异质性镶嵌体、总人类生态系统、风景等
来源	风景园林设计	地理学	生态学	地理学和生态学
出现年代	1863 年，Qimsied 提出景观建筑概念	19 世纪中叶，洪堡（Humboldt）将"景观"引入地理学	1981 和 1982 年后，景观生态学在北美出现	1939 年，Troll 提出；1982 年国际景观生态学会成立
学科	景观建筑规划学	（欧洲）景观学	北美景观生态学	景观生态学
研究内容	土地发展规划、生态规划、景观设计和人居环境研究	水系统、调控功能、景观的多重价值研究	生境斑块格局与动态；格局、过程、尺度之间的相互关系；景观异质性的维持和管理	景观格局与过程的关系；尺度和干扰与景观格局、过程及变化的关系；景观生态学的文化研究
尺度	小区、城市和区域	区域	几十至几百千米	人类尺度
方法		空间分析和综合研究	生态系统分析和数量方法	空间结构、历史演替与功能研究相结合
代表人物	美国的 Qimsied，Smyser，Hougb	德国的洪堡、帕萨格（Passarge），前苏联的贝尔格、宋采夫、伊萨钦科等	美国的 Forman 和 Wiens，加拿大的 Mosss，澳大利亚的 Hobbs 等	澳大利亚的 Hobbs，荷兰的 Zonnebeld，加拿大的 Mosss，美国的 Forman 和 Wiens，以色列的 Nayeb 等

9.5.1.2　景观规划设计

景观生态规划设计的概念有如下几点：①它涉及风景园林学、地理学、生态学、城市规划与设计、自然保护与资源、环境管理等多学科的知识，具有高度综合性；②它的目的是协调竞争的土地利用，提出生态上健全的、文化上恰当的、美学上满意的解决办法，以保护自然过程和重要的文化与自然资源，使社会建立在不破坏自然与文化资源的基础上，即人与自然关系的和谐；③它既协调自然、文化和社会经济之间的不协调性，又丰富人的生物环境；④它涉及景观保护、生产、发展、开垦、管理和美学；⑤它集中于土地利用的空间布置；⑥它是关于景观结构与功能的规划设计；⑦它是根据景观优化利用原则，通过一定地点的最佳利用或一定利用方式的最优地点进行景观规划与设计；⑧景观规划的工具主要是计算机辅助规划技术；⑨景观设计集中于立地尺度特定功能的美学与工程设计。总之，现代景观规划与设计把景观看作一个整体生态单位，着眼于景观整体化，并随着理论、方法、技术和应用的发展，实现总体人类生态系统的最优规划与设计。

9.5.2　水土保持景观设计

水土保持景观规划设计就是要根据景观规划设计原理，从区域环境条件出发，根据水土流失现状及景观特色和优势，提出具有艺术准则及科学原理的水土保持景观规划设计实施方案，来保障生态安全，控制和改善生态脆弱区景观的演化，加强生态系统稳定性，建造适于人类生存与发展的可持续利用景观模式，同时展示以自然美、生态美为核心的景观及文化价值。

9.5.2.1 水土保持景观设计的类型

（1）水土保持流域生态景观设计　水土保持生态景观设计是指在水土保持生态建设中，各项水土保持措施设计，其核心是流域水土保持景观设计。

小流域作为水土保持综合治理开发的主体和对象，应针对流域不同类型采取不同的水保措施，相应要求采用不同的设计类型，不仅体现在空间差异上，而且还体现在时间的更替上，按流域、山系，根据坡度陡缓和阴坡、阳坡及其适宜性，因地制宜合理布局各种措施，使土地得到合理利用，生态、经济、社会效益得到充分发挥。

（2）生产建设项目水土保持景观设计　对于生产建设项目水土保持而言，其水土保持工程应与建设项目特点相结合，在满足水土保持基本功能的要求下，还要与整个建设项目的景观格局相协调，建立园林式的水土保持工程，使水土保持措施成为生产建设项目景观的一部分，达到"美化环境，维护景观，使之与自然相协调"的要求。

（3）城市水土保持景观设计　城市水土保持工程内容主要有三个大的方面：一是城市基础设施建设过程中的水土流失防治，包括开发建设区、生产建设项目、城市防洪、水系工程、道路等建设，主要是防治水土流失危害，避免水土乱流，地面裸露，减少泥沙淤积；二是结合改善城市生态环境，提高市民生活质量，提供旅游、休闲、锻炼场所，美化城市形象所采取的综合性措施；三是为城市经济发展，城郊产业开发创造条件实现城乡一体化。这些水土保持工程更加需要开展水土保持工程的景观设计，实现森林城市、花园城市、生态城市。

9.5.2.2 水土保持工程景观设计原理

（1）安全性原则　水土保持工程设计作为水土保持的措施设计，首要的就是要保障工程措施符合工程的设计标准，做到安全可靠。

（2）生态原则

① 因地制宜、遵从自然：设计应因地制宜，在对当地自然环境充分了解的基础上，以保护自然资源，维护自然过程是利用自然和改造自然的前提，使设计与当地自然环境相和谐。包括：尊重传统文化和乡土知识；适应场所自然过程，设计时要将这些带有场所特征的自然因素考虑进去，从而维护场所的健康；根据当地实际情况，尽量使用当地材料、植物和建材，使措施与当地自然条件相和谐。

② 自然资源的保护和利用最大化原则：尽可能的保护不可再生资源，不是万不得已，不得使用；尽可能减少能源、土地、水、生物资源的使用，提高使用效率；充分利用原有材料，包括植被、土壤、砖石等服务于新的功能，可以大大节约资源和能源的耗费；使生态系统处于良性循环中，自然资源可以再生和循环利用。

（3）多目标优化设计原则　水土保持措施设计的目标是多目标的，为人类需要，也为动植物需要而设计，为高产值而设计，也为美而设计；实现设计整体优化，同时使人为引入的景观元素所带来的负作用最小。

9.5.3　水土保持景观设计案例

9.5.3.1　生态护坡设计

生态护坡技术可以归纳为 2 种：一种是单纯利用植物护坡，一种是植物工程措施复合护坡技术。

（1）植物护坡　植物护坡主要通过植被根系的力学效应（深根锚固和浅根加筋）和水文效应（降低孔压、削弱溅蚀和控制径流）来固土保土、防止水土流失，在满足生态环境需要的同时，还可进行景观造景。按照不同的施工方法和施工工艺，可将植物护坡分为人工种草护坡、平铺草皮或草毯护坡和液压喷播植草护坡。目前，国内外很多河流治理及高速公路边坡防护工程中，都使用了这一技术。

① 人工种草护坡：人工种草护坡，是通过人工在边坡坡面简单播撒草种的一种传统边坡植物防护措施。多用于边坡高度不高、坡度较缓且适宜草类生长的土质路堑和路堤边坡防护工程。

② 液压喷播植草护坡：液压喷播植草护坡，是国外近十多年新开发的一项边坡植物防护措施，是将草籽、肥料、黏着剂、纸浆、土壤改良剂和上色素等按一定比例在混合箱内配水搅匀，通过机械加压喷射到边坡坡面而完成植草施工的。

③ 平铺草皮或草毯护坡：平铺草皮或草毯护坡是通过人工在边坡面铺设天然草皮的一种传统边坡植物防护措施。该措施适用于附近草皮来源较易、边坡高度不高且坡度较缓的各种土质及严重风化的岩层和成岩作用差的软岩层边坡防护工程，是设计应用最多的传统坡面植物防护措施之一。

（2）植物工程复合护坡技术　植物工程复合护坡是利用工程措施、活性植物与植物生长初期所必需的保水、保肥材料等相结合，在坡面构建利于植物生长的防护系统，通过植物的生长活动，达到根系加筋、茎叶防冲蚀的目的，有效抑制暴雨径流对边坡的侵蚀，减小坡体的孔隙水压力，增加土体的抗剪强度，从而大幅度提高边坡的稳定性和抗冲刷能力。植物工程复合护坡技术，有铁丝网与碎石复合种植基、土工材料固土种植基、三维植被网、水泥生态种植基等形式。

9.5.3.2　护岸景观设计

护岸是水陆生态体系的联结纽带，是多种生物生存生息的环境。其生态性的好坏直接影响护岸景观和人的亲水需求。因此在设计中尽可能采用工程量最小的护岸设计方案，保留原有生态环境和原有生物。建造工程量最小，也就是扰动原有自然环境最小，使各种生物链得以继续维持。

（1）平面形式　现代景观生态学的研究也证实了弯曲的水流更有利于生物多样性的保

护，有利于消减洪水的灾害性和突发性。护岸应按照河道系统的平面位置、流水特点及自然地理状况进行设计，因地制宜，根据凹凸岸特点来布置。形成舒缓弯曲的岸线，营造生物多样性的生境，尽显自然之美，同时为人类提供富有诗情画意的感知与体验空间。

（2）植物景观设计　护岸植被带是生态景观的关键环节，护岸植被缓冲区的有效宽度，岸边植被的类型、种群关系以及空间和动态变化等都是植被群落稳定性的关键。应因地制宜，利用乡土植物，注意结构和层次性，通过乔、灌、草多种类型的搭配组成群落结构以提高群落稳定性。

不同的植被类型对护岸功能的影响不同，例如灌木、乔木对稳固河岸、抵御洪水的作用大于草地；而草地在过滤沉淀物、营养物质等方面的作用则更加明显。应根据实际情况合理选用如表 9-7 所示。

表 9-7　不同植物的功能对比

作用	草坪	灌木	乔木	作用	草坪	灌木	乔木
稳固河岸，抵御洪水	低	高	高	改善水生生物栖息地	低	中	高
过滤	高	中	低	景观视觉效果	低	中	高

（3）视觉景观设计　在护岸设计中应依照自然规律和美学原则创造护岸景观，做好护岸的平面纵向形态规划和横向断面设计、护岸景观元素（植物、铺装等）的设计等，通过景观规划设计手段提升护岸景观空间的综合特性和美感，强化水系的个性。创造出清新美好、环境优美而又时刻变化的滨水景观地带，为人们带来轻松愉悦、健康和谐的环境。

（4）护岸景观设计方法　护岸景观应该和周围环境相呼应，护岸的材料要以河流空间整体和护岸整体性相一致。在选择材料时应根据河流的位置、区域自然条件、施工条件，并综合考虑护岸的性质、部位及材料对生态环境的影响等因素决定所用护岸材料。

护岸景观与周边环境的比例和尺度的协调性是护岸视觉景观设计的重要部分。根据"化高为低、化整为零、化大为小、化陡为缓、化直为曲"的原则，在视觉上降低护岸的高度和体量感。

采用护岸形式的多样化和加入其他景观元素来调节护岸景观，如通过地形起伏营造空间，通过绿化营造空间，通过构筑物营造空间；在护岸景观设计中，考虑护岸与周围环境的空间一体性十分重要，如桥梁、码头、道路、平台及两岸景物等，应作为一体来进行组合，就会形成沿河的不同空间。

在护岸设计中还可根据特定历史内容和文化内涵选择相应护岸形式，传承历史文化，增添人文景观，展现出特定的历史和文化氛围。

（5）亲水景观设计　在护岸设计中应注意亲水性，注意水-陆-人的亲密协调关系，营造亲水环境。

以低、矮护岸制造接近水的感觉，也可采用多级台阶的护岸型式，设计亲水台阶；也可设计不同形式的滨水活动场所和设施，设计形式多样、高低错落水陆交融的亲水平台等，让人们很容易接近水体。

　　常见的生态护岸措施有扦插、铅丝石笼、抛石、码石、灌丛垫、篱墙、梢捆、生态丁坝等。以下给出柳桩护岸、石笼护岸、堆石护岸 3 个案例。

　　① 柳桩护岸案例：选择径粗约为 15cm，长约 80cm 的柳桩，用人工往复摇动或机械打桩的办法，沿坡底将柳桩打入地下（其打入地下部分长度 60cm，地上预留部分长度 20cm）。桩间间距为 10cm。岸坡植被采用草灌结合，灌木选择紫穗槐、草本选择黑麦草；灌木采用扦插种植方式，种植坑规格 30cm×15cm（坑径×坑深），穴坑行间距为 1.5m，成"品"字形格局分布；斜坡上种植紫穗槐，草本种植方式为撒播草籽。设计图如图 9-5 所示。

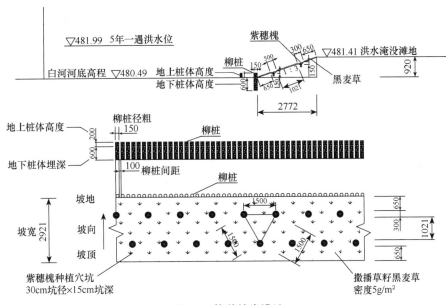

图 9-5　柳装护岸设计

　　② 石笼护岸案例：石笼箱网格采用镀锌低碳钢丝材料，表面先热镀锌后编织，网眼孔径为 10cm 左右。网格由内丝径为 2.5mm，边丝径为 3mm 的铁丝编织而成。石笼箱规格为：1000mm×500mm×300mm，A 面为 500mm×300mm，B 面为 1000mm×300mm，C 面为 500mm×1000mm，石笼箱沿坡底设置（A-A 面相连接，C 面朝上，B 面紧贴岸脚），其中地下埋深 200mm，地上预留部分高度 100mm，内部填充块石，块石粒径 15～20cm。岸坡植被采用草灌结合，灌木选择杞柳和紫穗槐、草本选择黑麦草；灌木采用扦插种植方式，种植坑规格 30×15cm（坑径×坑深），穴坑行间距为 1.5m，成"品"字形格局分布；斜坡上部种植紫穗槐；斜坡下部种植杞柳。草本种植方式为撒播草籽。设计图如图 9-6 所示。

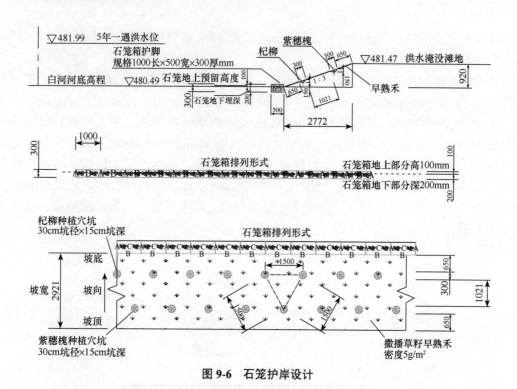

图 9-6　石笼护岸设计

③ 堆石护岸景观设计案例：河岸底部堆石直径＞300mm，石块的 2/3 埋入地下；灌木选择杞柳，采用扦插方式种植，穴坑为 30cm×15cm（坑径×坑深），株行距为 1.5m，成"品"字形排列，斜坡上种草，种植方式为撒播草籽。设计图如图 9-7 所示：

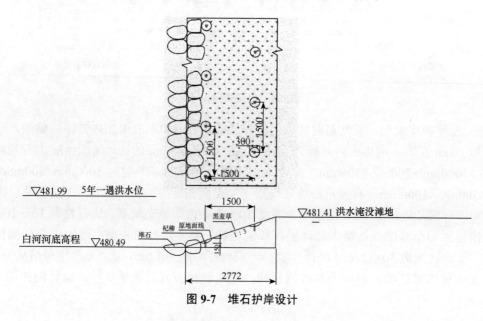

图 9-7　堆石护岸设计

9.5.3.3　城市水土保持景观设计

（1）下凹（沉）式绿地　绿地下凹深度和绿地面积是下凹式绿地设计过程中的两个主要控制参数。它们的取值需综合绿地服务汇水面面积、土壤渗透系数、设计暴雨重现期、周边设施的布置情况、绿地植物的耐淹时间等多种影响因素后确定，其设计流程一般为：

① 根据项目规划，划分下凹式绿地的汇水面；

② 综合下凹式绿地服务汇水面有效面积、设计暴雨重现期、土壤渗透系数等相关基础资料，利用规模设计计算图合理确定绿地面积及其下凹深度；

③ 通过绿地淹水时间、绿地周边条件对设计结果进行校核。校核通过则设计完毕，否则返回①，重新划分下凹式绿地服务汇水面，进行新一轮的设计计算，调整设计控制参数，直至得出合理的设计结果。

下凹式绿地设计的计算方法是基于水量平衡原理建立等式关系。在满足实际应用精度的基础上对等式进行合理假设和简化，运用水力计算得出下凹式绿地的设计计算公式（式 9.24）。

$$h = 100 \times \frac{\Psi}{f} \times \int_{t_1}^{t_2} q dt - (t_2 - t_1) \cdot k \cdot 60 \qquad （式 9.24）$$

式中：h 为绿地下凹深度（m）；Ψ 为汇水面的综合径流系数；f 为系统的绿地面积率；k 为土壤渗透系数，即稳渗率（m/s）；q 为设计暴雨强度，根据暴雨强度公式计算 [L/（s·hm^2）]；t_1 为降雨初期，暴雨强度随降雨历时增大过程中，暴雨径流量等于绿地渗透量的时刻（min）；t_2 为降雨中后期，暴雨强度随降雨历时减小过程中，暴雨径流量等于绿地渗透量的时刻（min）。

（2）透水铺装　透水铺装结构层的组合设计，应根据路面荷载、地基承载力、地质的均质性、地下水的分布以及季节冻胀等情况进行，并应满足结构层强度、透水、储水能力及抗冻性等要求。透水铺装结构应符合《透水砖路面技术规程》（CJJ/T 188）、《透水沥青路面技术规程》（CJJ/T 190）和《透水水泥混凝土路面技术规程》（CJJ/T 135）的规定。

透水铺装还应满足以下要求：

① 透水铺装对道路路基强度和稳定性的潜在风险较大时，可采用半透水铺装结构。

② 土地透水能力有限时，应在透水铺装的透水基层内设置排水管或排水板。

③ 当透水铺装设置在地下室顶板上时，顶板覆土厚度不应小于 600mm，并应设置排水层。

（3）绿色屋顶　绿色屋顶又分为简单式和花园式，基质深度根据植物需求及屋顶荷载确定，简单式绿色屋顶的基质深度一般不大于 150mm，花园式绿色屋顶在种植乔木时基质深度可超过 600mm，绿色屋顶的设计可参考《种植屋面工程技术规程》（JGJ 155）。

（4）生物滞留设施　生物滞留设施分为简易型生物滞留设施和复杂型生物滞留设施，按应用位置不同又称作雨水花园、生物滞留带、高位花坛、生态树池等。

生物滞留设施应满足以下要求：

① 对于污染严重的汇水区应选用植草沟、植被缓冲带或沉淀池等对径流雨水进行预处理，去除大颗粒的污染物并减缓流速；应采取弃流、排盐等措施防止融雪剂或石油类等高浓度污染物侵害植物。

② 屋面径流雨水可由雨落管接入生物滞留设施，道路径流雨水可通过路缘石豁口进入，路缘石豁口尺寸和数量应根据道路纵坡等经计算确定。

③ 生物滞留设施应用于道路绿化带时，若道路纵坡大于 1%，应设置挡水堰/台坎，以减缓流速并增加雨水渗透量；设施靠近路基部分应进行防渗处理，防止对道路路基稳定性造成影响。

④ 生物滞留设施内应设置溢流设施，可采用溢流竖管、盖篦溢流井或雨水口等，溢流设施顶一般应低于汇水面 100mm。

⑤ 生物滞留设施宜分散布置且规模不宜过大，生物滞留设施面积与汇水面面积之比一般为 5%～10%。

⑥ 复杂型生物滞留设施结构层外侧及底部应设置透水土工布，防止周围原土侵入。如经评估认为下渗会对周围建（构）筑物造成塌陷风险，或者拟将底部出水进行集蓄回用时，可在生物滞留设施底部和周边设置防渗膜。

⑦ 生物滞留设施的蓄水层深度应根据植物耐淹性能和土壤渗透性能来确定，一般为 200～300mm，并应设 100mm 的超高；填充层介质类型及深度应满足出水水质要求，还应符合植物种植及园林绿化养护管理技术要求；为防止换土层介质流失，换土层底部一般设置透水土工布隔离层，也可采用厚度不小于 100mm 的砂层（细砂和粗砂）代替；砾石层起到排水作用，厚度一般为 250～300mm，可在其底部埋置管径为 100～150mm 的穿孔排水管，砾石应洗净且粒径不小于穿孔管的开孔孔径；为提高生物滞留设施的调蓄作用，在穿孔管底部可增设一定厚度的砾石调蓄层。

（5）植草沟　植草沟应满足以下要求：

① 浅沟断面形式宜采用倒抛物线形、三角形或梯形。

② 植草沟的边坡坡度（垂直∶水平）不宜大于 1∶3，纵坡不应大于 4%。纵坡较大时宜设置为阶梯型植草沟或在中途设置消能台坎。

③ 植草沟最大流速应小于 0.8m/s，曼宁系数宜为 0.2～0.3。

④ 转输型植草沟内植被高度宜控制在 100～200mm。

（6）渗管/渠　可采用穿孔塑料管、无砂混凝土管/渠和砾（碎）石等材料组合而成。渗管/渠应满足以下要求：

① 渗管/渠应设置植草沟、沉淀（砂）池等预处理设施。

② 渗管/渠开孔率应控制在 1%～3%之间，无砂混凝土管的孔隙率应大于 20%。

③ 渗管/渠的敷设坡度应满足排水的要求。

④ 渗管/渠四周应填充砾石或其他多孔材料，砾石层外包透水土工布，土工布搭接宽度不应少于 200mm。

⑤ 渗管/渠设在行车路面下时覆土深度不应小于 700mm。

思 考 题

1. 水土保持设计的主要依据是什么？

2. 水土保持施工组织设计任务包括哪些？

3. 你对水土保持景观设计的发展趋势有什么看法？

本章推荐书目

1. 水土保持工程设计规范（GB 51018-2014）

2. 水土保持工程初步设计报告编制规程（SL 449-2009）

第 ⑩ 章
信息技术在水土保持规划中的应用

[本章提要]

本章主要介绍了信息技术包括地理信息系统、计算机辅助设计、遥感影像处理软件和统计软件等在水土保持规划中的应用，并提供了相关的操作实例供读者参考学习。

随着信息技术的发展，其在水土保持规划中的应用越来越广泛，进行水土保持规划的过程，是将水土保持措施同自然生态结合在一起的过程，既需要对地理、生态、气候、地形、水文、植物、土壤等自然客观要素进行综合分析，也需要结合当地的社会经济及政策进行规划。

20世纪90年代以来，计算机开始进入水土保持规划的视野。以 AutoCAD 为代表的计算机图形学基础的软件，因其快捷、高效、易修改、耐存储等特性迅速取代了手工制图，将水土保持制图从纸和笔的束缚中解脱出来，提高了水土保持制图的速度。之后随着以 ArcGIS 为代表的地理信息系统软件进入到水土保持规划工作中，水土保持进入了计算机软件辅助规划、设计阶段。

未来的时代是数字和信息的时代，由于计算机运算能力和数字技术的飞速发展，使人类处理复杂环境中的复杂问题具备了前所未有的能力。计算机不仅能辅助设计，而且能帮助我们更为精确和科学的认知分析，建立设计逻辑，评价设计结果，跨学科协作，网络计算、移动办公和数字化管理。

10.1 地理信息系统（GIS）

10.1.1 ArcGIS

目前市场上的地理信息系统软件较多，但以 ArcGIS 应用范围最广、功能最为全面，本文以 ArcGIS 为例进行介绍。

从 1978 年来，美国环境系统研究所（environment system research institute，ESRI）相继推出了多个版本系列的 GIS 软件，其产品不断更新扩展，构成适用各种用户和机型的系列产品。ArcGIS 是 ESRI 在全面整合了 GIS 与数据库、软件工程、人工智能、网络技术及其他多方面的计算机主流技术之后，成功地推出了代表 GIS 最高技术水平的全系列 GIS 产品。ArcGIS 是一个全面的、可伸缩的 GIS 平台，为用户构建一个完善的 GIS 系统提供完整的解决方案，是世界上应用广泛的 GIS 软件之一。最新版本的 ArcGIS 10.2 是 ESRI 于 2013 年推出的，ArcGIS 系统包含三大模块，分别是：ArcMap，ArcCatalog 和 ArcToolbox。这三大模块是用户应用 ArcGIS 系统的基础。

ArcMap 是 ArcGIS Desktop 中一个主要的应用程序。它具有基于地图的所有功能，让用户能按照需要创建地图，在地图上加载数据，并用合适的方式来表达；它可以实现可视化，通过处理地理数据，揭示地理信息中隐藏的趋势和分布特点；它可以很方便地实现制图成图。最重要的是，ArcMap 的定制环境可以为用户量体裁衣，让用户定制自己需要的界面，建立新的工具来自动化操作他们的工作，并且可以发展出基于 ArcMap 地图组件的独立应用程序。总之，ArcMap 能帮助用户解决一系列的空间问题，并且起到了很好的辅助决策作用。

ArcCatalog 模块仿佛是空间数据的一个资源管理器。利用 ArcCatalog 模块访问和管理空间数据将更为容易。先运用 ArcCatalog 添加空间数据连接，连接对象包括文件夹、数据库、服务器等。建立 ArcCatalog 数据连接后，用户可以运用不同的视图方式查看每个连接中的空间数据和单个数据源中的内容，用同样的方法可以查看各类格式的数据，利用 ArcCatalog 提供的各类工具可以帮助组织和维护数据，无论是对于制图者来说还是对于数据管理者，ArcCatalog 都可以使他们工作简化。

ArcToolbox 提供了极其丰富的地学数据处理工具，包括 160 多个简单易用的工具。使用 ArcToolbox 中的工具，能够在 GIS 数据库中建立并集成多种数据格式，进行高级 GIS 分析，处理 GIS 数据等；使用 ArcToolbox 可以将所有常用的空间数据格式与 ArcInfo 的 Coverage、Grids、TIN 进行互相转换；在 ArcToolbox 中可进行拓扑处理，可以合并、剪贴、分割图幅，以及使用各种高级的空间分析工具等。

10.1.2　ArcGIS 应用流程

ArcGIS 在水土保持规划中的应用流程可以简单地概括为水土保持数据的整理建库、数据处理分析和成果输出。

10.1.2.1　水土保持空间数据库的建立

ArcGIS 可以管理其支持的所有数据类型的元数据，可以建立自身支持的数据类型和元数据，也可以建立用户定义数据的元数据（如文本、CAD、脚本），并可以对元数据进行编辑和浏览。ArcGIS 可以建立元数据的数据类型很多，包括 ArcInfo Coverage、ESRI Shapefile、CAD 图、影像、GRID、TIN、PCARC\INFO Coverage、ArcSDE、Personal ArcSDE、工作空间、文件夹、Maps、Layers、INFO 表、DBASE 表、工程和文本等。

　　ArcCatalog 模块用以组织和管理所有的 GIS 信息，如地图、数据集、模型、元数据、服务等，支持多种常用的元数据，提供了元数据编辑器以及用来浏览的特性页，元数据的存储采用了 XML 标准，对这些数据可以使用所有的管理操作（如复制、删除和重命名等）。ArcCatalog 也支持多种特性页，它提供了查看 XML 的不同方法。在更高版本的 ArcGIS 中，ArcCatalog 将提供更强大的元数据支持。

　　建立水土保持空间数据库的第一步，是设计水土保持空间数据库要包含的地理要素类、要素数据集、非空间对象表、几何网络类、关系类以及空间参考系统等。水土保持空间数据库的设计完成之后，可以利用 ArcCatalog 开始建立数据库：首先建立空的地理数据库，然后建立其组成项，包括建立关系表、要素类、要素数据集；最后向地理数据库各项加载数据。

　　当在关系表和要素类中加入数据后，可以在适当的字段上建立索引，以便提高查询效率。建立了空间数据库的关系表、要素类和要素数据集后，可以进一步建立更高级的项，例如空间要素的几何网络、空间要素或非空间要素类之间的关系类等。具体内容包括以下内容。

　　（1）水土保持空间数据库设计　　水土保持空间数据库的设计是一个重要的过程，应根据项目的需要进行规划和反复设计。在设计一个水土保持空间地理数据库之前，必须考虑以下几个问题：在数据库中存储什么数据、数据存储采用什么投影、是否需要建立数据的修改规则、如何组织对象类和子类、是否需要在不同类型对象间维护特殊的关系、数据库中是否包含网络、数据库是否存储定制对象。

　　（2）水土保持空间数据库的建立　　借助 ArcCatalog，可以采用以下三种方法来创建一个水土保持空间数据库，选择何种方法将取决于建立水土保持空间数据库的数据源、是否在水土保持空间数据库中存放定制对象。实际操作中，经常联合几种或全部方法来创建水土保持空间数据库。

　　① 建立一个新的水土保持空间数据库：有些情况下，可能没有任何可装载的数据，或者已经有的数据只能部分满足数据库设计，这时，可以用 ArcCatalog 来建立新的要素数据集、表、几何网络和其他数据库项的模式。

　　② 移植已存在数据到水土保持空间数据库：对于可以利用的数据，如果是可以支持的格式，则可以通过 ArcCatalog 来转换并输入到水土保持空间数据库中，并进一步定义数据库，包括建立几何网络、子类型、属性域等。

　　③ 用 CASE 工具建立水土保持空间数据库：可以用 CASE 工具建立新的定制对象，或从 UML 图中产生水土保持空间数据库模式。面向对象的设计工具可以用于建立对象模型、表示定制对象。基于这些模型，CASE 工具的代码产生向导帮助您建立 COM 对象，以实现定制对象的行为，建立和管理定制对象的数据库模式。

10.1.2.2　水土保持空间数据处理分析

　　ArcGIS 拥有强大的空间处理分析能力，具体功能见表 10-1。

表 10-1　ArcGIS 功能

名　称	主要内容
分析工具	裁剪、选择、拆分等
	相交、联合、判别等
	缓冲区、邻近、点距离
	频度、加和统计等
数据管理	字段、索引、值域、子类型和工作空间管理
	空间数据库版本、关系类和拓扑
	栅格管理与图层、视图、关联和选择集
	综合（融合）与要素操纵工具
	数据集管理（创建、复制、删除和重命名）
转换工具	栅格数据转换为 ASCII 及矢量数据（点、线、面）
	数据转换为其他类型数据
空间分析工具	矢量数据空间分析（缓冲区分析、叠置分析、网络分析）
	栅格数据空间分析（距离制图、表面分析、密度制图、统计分析、重分类、栅格计算）
	空间统计分析（空间插值、创建统计表面等）
	水文分析（河网提取、流域分割、汇流累积量计算、水流长度计算等）
	地下水分析（达西分析、粒子追踪、多孔渗流等）
	多变量分析、空间插值
	数学、地图代数
3D 分析工具	创建表面模型（栅格、TIN 表面）
	表面分析（表面积与体积、提取等值线、计算坡度与坡向、可视性分析、提取断面与表面阴影等）
地理编码工具	ArcScene 三维可视化（要素的立体显示、设置场景属性、飞行动画）
	创建/删除地址定位器等
	自动化/重建地理索引编码
	地理索引编码地址分配
	标准化地址等
线性参考	ArcView 显示点与线事件及线性参考要素的阴影工具
	ArcEditor：创建和编辑线性参考要素的工具
	ArcInfo：线性参考分析，从要素生成事件及覆盖事件等
Coverage 工具	分析、数据管理和转换等

　　通过综合应用上表所示的空间处理工具，可以进行流域划分、坡度坡向分析、计算沟壑密度、计算土壤侵蚀量、水土保持工程措施布局分析等。

10.1.2.3　成果输出

　　在 ArcGIS 中，ArcMap 提供了一体化的完整地图绘制、显示、编辑和输出的集成环境。相对于以往所有的 GIS 软件，ArcMap 不仅可以按照要素属性编辑和表现图形，也可直接绘制和生成要素数据；可以在数据视图按照特定的符号浏览地理要素，也可同时在版面视图生成输出地图；有全面的地图符号、线形、填充和字体库，支持多种输出格式；可自动生成坐标格网或经纬网，能够进行多种方式的地图标注，具有强大的制图编辑功能。

（1）ArcGIS 10.2 应用实例——沟壑密度计算　以 ArcGIS 10.2 计算沟壑密度为例进行演示说明。

沟壑密度指的是单位面积内沟壑的总长度（km/km²），是描述地面沟壑破碎程度的一个指标。沟壑密度越大，地面越破碎，越容易形成地表径流，发生水土流失。因此沟壑密度的测定对于水土流失监测及水土保持规划有重要意义。

本文数据来源为 30m 分辨率的 ASTGTM GDEM V2 数据。

① 提取沟谷网络：首先在 ArcMap 中加载原始 DEM 数据，利用 Hydrology 工具集中的 Flow Direction 工具，在 input surface data 文本框中选择原始 DEM 数据，制定输出水流方向数据名为 flowdir，单击 OK，进行水流方向数据的计算，见图 10-1。

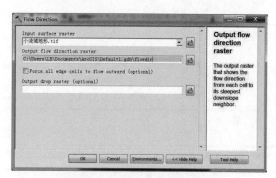

图 10-1　水流方向数据的计算

② 利用 Hydrology 工具集中的 sink 工具，见图 10-2。

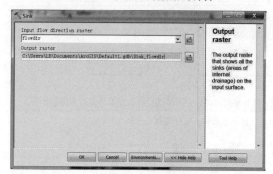

图 10-2　sink 工具

③ 经计算得知原始 DEM 数据上有洼地，需要进行洼地填充，利用 Fill 工具，进行原始 DEM 洼地填充，见图 10-3。

④ 利用无洼地的 DEM 数据进行 Flow Direction 计算，见图 10-4。

⑤ 利用 Flow Accumulation 工具计算汇流累积数据，见图 10-5。

⑥ 栅格河网的生成：设置汇流累积阈值为 100，利用 Raster Calculator 进行计算，见图 10-6。

⑦ 利用 Stream To Feature 工具进行栅格河网矢量化，选择 streamnet 作为河网输入数据，将 flowdirfill 作为水流方向输入数据，指定输出的数据名称为 stream1，见图 10-7。

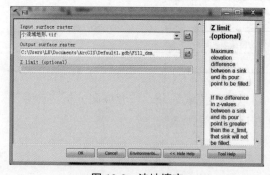

图 10-3　洼地填充

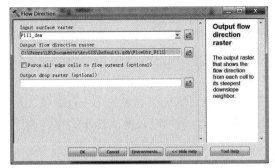

图 10-4　Flow Direction 计算

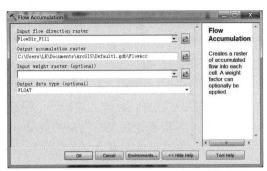

图 10-5　汇流累积计算

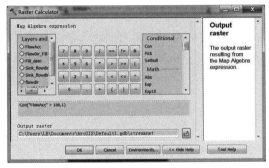

图 10-6　栅格计算

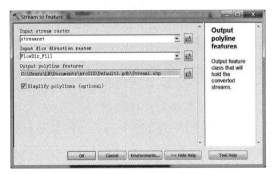

图 10-7　河网矢量化

⑧　由于利用 DEM 的河网提取时采用最大坡降的方法，在平地区域的水流方向是随机的，容易生成平行的河流，这种平行的沟谷成为伪沟谷，需要手工编辑剔除那些平行状的沟谷。

⑨　利用属性表的统计功能，统计所有沟谷的长度。同时根据样区的面积即可得样区的沟壑密度。

（2）ArcGIS 应用——制图

①　图形分层处理：层的概念有两种理解方法，一是图形的分层，一是属性数据分层记录。图形分层针对矢量数据结构而言，它由点、线、多边形等若干层组成，每一层图代表一个专题。数据分层记录是指把一个图表单元内的不同专题信息用数据库的不同字段来表示，属性数据库的一个字段就记录着图形中一个独立的专题信息。图形分层注意：不同的系列专题图，各图层的图框一致、坐标系一致；各图层比例尺一致；每一层反映一个独立的专题信息；点、线、多边形等不同类的矢量形式不能放在一个图层上。

②　图形分幅处理：大幅面的图形分幅后才能满足输入设备的要求。图形分幅有两种方法：

1）规则图形分幅：即把一幅大的图形，以输入设备的幅面为基准或以测绘部门提供的标准地图大小为标准，分成规则的几幅矩形图形。这种分幅方法要遵从三个原则：图幅张数分的尽可能少，以减少拼接次数；分幅处的图线尽可能少，以减轻拼接时线段连接的工作量；同一条线或多边形分到不同图幅后，它们的属性相同。

2）以下一级流域为单位分幅：如为完成一个县的流域管理项目，可把一个乡或一个村做为一幅图进行单独管理。这样，一幅图被分成若干个不规则的图形。这种分幅方式要以地理坐标为坐标系，同时要求不同图层分幅界线最好一致。

③ 图形清绘：根据技术规范对各项专题图用事先约定的点、线、符号、颜色等做进一步清理，使图形整体清晰、不同属性之间区别明显。

④ 数据关系建立：经过上述操作，图形和属性数据都可输入到计算机中，但如果二者不建立联系，各自都无法表达完整的意义。为此，把图形、属性库以及属性库的内容通过关键字联结起来，形成完整意义的空间数据库。

⑤ 专题图处理：根据决策过程中所需要的指标分离出独立要素，每一个独立要素就是一幅专题图，再把一系列专题图输入微机作为运算的变量（参数）。

有了这些图形变量以后，根据专业模型的运算法则进行叠加运算，产生新的专题图。当然，图层叠加运算的前提是每一专题图的地理坐标都是相同的，同名地物点的垂直投影能完全重合。其表达式为（式 10.1）：

$$P = F(p1, p2, \cdots, pn) \qquad (式 10.1)$$

式中：P 为模型运算生成的新专题图；F 为运算函数（模型）；$p1, p2, \cdots, pn$ 为独立要素专题图。

图形叠加运算的过程可以用图 10-8 所示的例子表示出来。

形成的新图层也可以做为一个变量参与其他叠加运算，经过多次叠加运算，最终生成决策所需的各种数据。

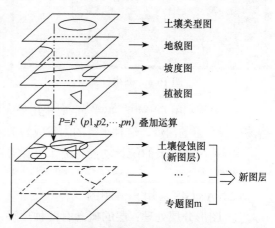

图 10-8 图形叠加原理示意图

10.2 计算机辅助设计

10.2.1 AutoCAD

AutoCAD（Autodesk Computer Aided Design）是 Autodesk（欧特克）公司首次于 1982 年开发的自动计算机辅助设计软件，用于二维绘图、详细绘制、设计文档和基本三维设计。现已经成为国际上广为流行的绘图工具。其在水土保持制图中的应用非常广泛，AutoCAD 是各类制图的基础，通过对 AutoCAD 的学习，我们可以掌握平面制图软件的共同特性，对我们学习平面图像处理有着重要意义。此外，它与多种图形工具（Mapinfo，ArcGIS，R2V，Croeldraw 等）都能很好地进行数据转换，它是目前水土保持制图中最为常用的软件。

水土保持工程的单体图设计中，多为规则图形，它与机械制图/建筑制图等有很大不同。但在水土保持总体设计图中，水保制图都与地形图紧密结合，地形起伏变化大且各项措施也因地形有较大变化。故而水土保持各项工程都会因地形的不同而不同，这就是水土保持工程制图与其他各类制图的最大不同。

　　AutoCAD 也有它的局限性，它对规则图形有较强的处理能力。但它对地形图的处理还不够专业，缺少数字高程图（DEM）和查询分析方面的功能。故而在水土保持制图中，可根据图形制作的目的和图形制作的要求选择适宜软件。目前，水土保持工程制图中，主要用 AutoCAD 制作"地理位置图"、"平面现状图"、"平面规划图"等。

　　在水土保持工程制图过程中，根据制图的资料类型分为三种情况：①栅格图像资料；②矢量图资料；③文本设计资料。在水土保持设计中，第一种情况最为常见，多是地形图，需对栅格图像进行矢量化。此后，处理方法与第二种情况相同，在地形图的基础上布置各项水土保持措施。第三种情况多为单体图设计，与其他各类工程制图相同。

　　水土保持工程单体图设计可参考其他各类关于 AutoCAD 的书籍，本书在此基础上，针对水土保持工程制图的特点，加以简单地补充介绍。

10.2.2　AutoCAD 应用——栅格图矢量化和输出

　　水土保持的规划工作首先是从地形图开始，而目前相关部门所能提供的多是栅格地形图。水土保持规则设计中，需要从地图上量取大量的数据；且栅格图像不能满足清晰度和精度的要求，所以水土保持工程制图中首先对栅格图像进行矢量化。由于 AutoCAD 该系列软件良好的向下兼容性，本文采用 AutoCAD R14 为例加以说明。

　　栅格图像矢量化，首先用 Photoshop 根据需要转化为存储容量最小的格式（如灰度模式的 jpg 格式），在不影响精度的前提下，以便于提高 AutoCAD 的运行速度，CAD 界面见图 10-9。

图 10-9　CAD 界面

　　① 打开 AutoCAD，点击插入菜单，选择"栅格图像 I…"。
　　② 点击"attach…"按纽选择栅格图像。
　　③ 根据需要依次选择"图形插入点""缩放比例""旋转角度"。
　　④ 在 AutoCAD 中，默认插入图形的宽为 1 个单位。根据原图形的实际宽度进行调整，使之与原图成为 1∶1 比例（如果对成果图没有要求，可不用调整该项）。

　　⑤ 用"复合线"选择栅格图的特征点加以描绘。在描图过程中，可根据内容的不同，分别存储在不同的图层上，以便后期处理，编辑图界面见图 10-10。

　　⑥ 将描绘的矢量图像保存为"∗.dwg"格式。

　　⑦ 栅格图的输出。水土保持设计过程中，还会遇到将矢量图转化为栅格图形的情况。如在文本中需插入简单的示意图，对此可采用以下操作，工具界面见图 10-11。

　　•"工具"菜单，"系统配置""颜色"，选择"白色"即可。
　　• 从"文件"菜单选择"输出"，选择文件类型为"∗.wmf 或∗.bmp"。
　　• 窗选所需图形，即完成栅格图形的输出。

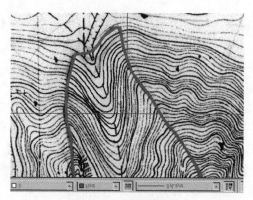

图 10-10 编辑图界面

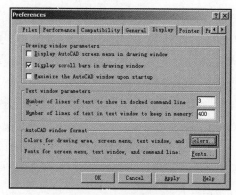

图 10-11 工具界面

10.2.3 AutoCAD 应用——'形'和'线型'文件编辑

在 AutoCAD 制图中不可避免得将会有许多图标和线型无从选择,如果对每一个单独描绘,将会做很多次重复性劳动,时常可能无法完成任务。对于此种情况,可根据水土保持的要求对 AutoCAD 进行适时开发,来简化制图过程;

以高压线（⟶≪──○──≫⟶）的'线型'制作为例,对 AutoCAD '形'、'线型'文件给予介绍。高压线是在直线上反复出双箭头和小圆圈,如果将箭头与小圆圈编辑为'形',在将此'形'加载到线型文件,即可用'线型'命令一次完成此步骤。可按照以下步骤编辑:

10.2.3.1 '形'文件的编辑

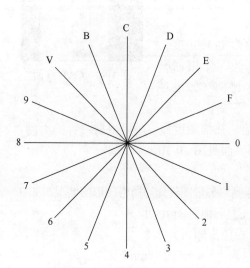

图 10-12 '形'文件方向码定义

'形'是一种对像,其用法与'块'相似。'形'文件多是处理简单的重复图形。'形'文件与'线型'文件的结合,可以很好在解决有规律的简单图形。'形'定义的标题行格式如下:

＊Shapenumber, Defbytes, Shapename

014, 010, 01C, 018, 012, 0

Shapenumber 是'形'文件编号,0～255 之间的数;

Defbytes 是'形'文件的代码数;

Shapename 是'形'文件的名称。

014,'0'为起始字符;'1'表示某一方向的长为 1 个单位;'4'表示方向 4。以后的'0'、'C'、'8'、'2'也代表方向,方向码定义见图 10-12。

描述行尾的'0'表示结束符,即专用码,在

'形'定义中使用专用码时，三字符串中的每二个字符必须为 0，但也可直接使用代码数（例如，000 和 0 都是有效的代码定义）。'形'文件定义中的专用码及功能见表 10-2。

表 10-2　'形'文件定义中的专用码

专用码	功　能	专用码	功　能
000	'形'定义结束	008	由下两字节指定的 X−Y 位移
001	激活绘图模式（落笔）	009	多个 X−Y 位移，以（0，0）终止
002	停止绘图模式（提笔）	00A	由下两个字节定义的八分圆弧
003	将矢量长度除以下一字节	00B	由下五个字节定义的圆弧
004	将矢量长度乘以下一字节	00C	多个 X−Y 位移和凸度定义的圆弧
005	将当前位置压入堆栈	00D	多个指定凸度的圆弧
006	从堆栈中弹出当前位置	00E	仅对垂直文字执行下一命令
007	绘制由下一字节指定的子'形'		

在此定义箭头和圆圈的'形'如下。
① 打开记事本，输入以下文字：
*136, 6, ARROW01
011, 002, 019, 001, 01F, 0

*137, 6, ARROW02
017, 002, 01F, 001, 019, 0

*138, 4, DOT01
10, 1, -040, 0

最后一行的回车符不可少，如果缺少将不可通过编译。
② 保存文件到"\program Files\AutoCAD R14\support\xyq.shp"；
③ 启动 Auto CAD，输入 compile 命令进行文件编译，选择 xyq.shp 文件；
④ 编译成功后会形成一个同名的 xyq.shx 文件，使用 Load 命令加载此文件；
⑤ 执行 Shape 命令，插入形。如箭头'ARROW01'，圆圈'DOT01'。
'形'文件做为一个实体，不可以分割，只可以体利用。将它做为实体如些使用远不及'块'文件便洁，故而我们还需要对'形'文件进一步利用。

10.2.3.2 '线型'文件的编辑

按照图家制图标准，对各类虚线、中心线有明确的要求，而 Auto CAD 不能提供如此全面的'线型'。由于'线型'中实线部分与虚线部分是等比缩放或扩大,若将线型缩放或扩大,必然不可能达到国标要求。故而'线型'定义,在水土保持制图中是最为常见和实用的技术。

'线型'定义的格式如下:

* '线型'名[,说明]

A, dash_1, dash_2, …, dash_n

其中 A 是排列码,它表示线型两端对齐方式。dash.i=0,表示一个点;dash.i=_n,表示 n 个单位长的空格;dash.i=n,表示 n 个单位长的实线。

在复杂'线型'中还可嵌套'形'文件所曲套形的格式为:

[ShapeName, ShapeFileName, R=rotate, S=scale, X=xoffset, Y=yoffset]

ShapeName 所要嵌入'形'的名称;

ShapeFileName 编译后的'形'文件(SHX 文件);

R、S、X、Y 分别是旋转、缩放以及插入点 X、Y 方向的偏移量。

在此定义高压线的'线型'如下。

① 打开'线型'定义文件:"\program Files\AutoCAD R14\support\acad.lin"。

② 在该'线型'定义文件的末尾加上如下文字:

*GYX, 高压线

A, 40, [ARROW01, XYQ.shx], 1, [ARROW01, XYQ.shx], 3, [DOT01, XYQ.shx, S=.5], −1, 3, [ARROW02, XYQ.shx], 1, [ARROW02, XYQ.shx]

③ 保存,并关闭文件。

④ 在 AutoCAD 命令栏中输入'linetype'命令。

⑤ 加载'线型'文件'acad.lin',选择高压线'线型'即可。

10.2.4 AutoCAD 应用——谷坊设计

以 AutoCAD 2014 版本进行演示干砌石谷坊平面设计图从设计到输出的过程。步骤如下。

① 打开 AutoCAD 2014,进行一系列初始设置(如图层的设置、单位设置、界面设置等个性化设置)。

② 根据要求利用多段线、填充、标注等工具绘制干砌石谷坊,最终结果见图 10-13。

③ 进行布局设置。打开页面设置管理器→布局→修改,进行页面设置(图 10-14)。

点击特性按钮,修改标准图纸尺寸,在尺寸栏中选择 A4(视具体情况而定),可打印区域边缘设定为 0(如图 10-15)然后点击确定,并关闭页面设置管理器。

④ 在布局中绘制一个 A4 的标准图框。

⑤ 点击菜单栏的视图→视口→一个视口,在布局窗口中修改视口的大小,修改视口中平面图的比例尺(图 10-16)并进行移动移动,使之适合视口。

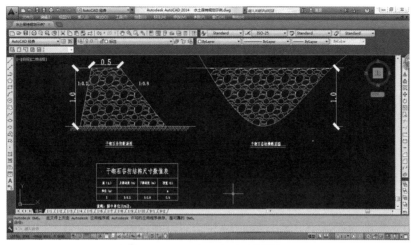

图 10-13　干砌石谷坊绘制结果

图 10-14　干砌石谷坊页面布局设置

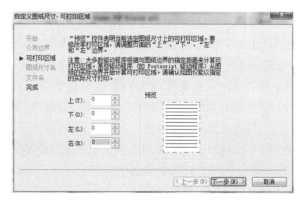

图 10-15　干砌石谷坊页面设置选项

图 10-16　比例尺修改窗口

⑥ 进行图纸打印。文件→打印，进行打印设置，各项设置如下图。然后点击确定将图纸输出为 pdf 格式的文档（图 10-17）。

图 10-17　打印设置

10.3　遥感影像处理

10.3.1　ERDAS

ERDAS IMAGINE 是 ERDAS 公司开发的面向企业级的遥感图像处理系统。它以其先进的图像处理技术，友好、灵活的用户界面和操作方式，面向广阔应用领域的产品模块，服务于不同层次用户的模型开发工具以及高度的 3S（遥感图像处理、地理信息系统和全球定位系统）集成功能，为遥感及相关应用领域的用户提供了内容丰富而功能强大的图像处理工具。

ERDAS IMAGINE 提供大量的工具，支持对各种遥感数据源，包括航空、航天；全色、多光谱、高光谱；雷达、激光雷达等影像的处理。呈现方式从打印地图到 3D 模型，ERDAS IMAGINE 针对遥感影像及影像处理需求，为用户提供一个全面的解决方案。它简化了操作，工作流化用户的生产线，在保证精度的前提下，节省了大量的时间、金钱和资源。

ERDAS IMAGINE 主要应用方向侧重于遥感图像处理，同时与地理信息系统的紧密结合，并且具有与全球定位系统集成的功能。

ERDAS IMAGINE 通过将遥感、遥感应用、图像处理、摄影测量、雷达数据处理、地理信息系统和三维可视化等技术结合在一个系统中，实现地学工程一体化结合；无需做任何格式和系统的转换就可以建立和实现整个地学相关工程。呈现完整的工业流程，为用户提供计算速度更快，精度更高，数据处理量更大，面向工程化的新一代遥感图像处理与摄影测量解决方案。

目前可获得的教程均基于为 9.3 及之前版本，对于新版界面的 ERDAS IMAGINE 未有中文教程，初学者上手有一定的难度。

10.3.2　ENVI

ENVI（The Environment for Visualizing Images）是美国 ITT Visual Information Solutions 公司的产品。ENVI 是采用 IDL 开发的遥感图像处理软件。ENVI 软件的应用领域非常广泛，科研、环境保护、气象、石油矿产勘探、农业、林业、医学、国防安全、地球科学、公用设施管理、遥感工程、水利、海洋，测绘勘察和城市与区域规划等。自 2007 年起，ITT Visual Information Solutions 公司与 ESRI 公司开展全面战略合作，共同提供遥感与 GIS 一体化解决方案。2010 年 11 月最新发布的版本 ENVI 4.8 和 ArcGIS 10，从整个软件构架体系上真正实现融合，优势互补，进一步提升了 GIS 软件的可操作性与可扩展性，提升了空间和影像分析的工作效率，并有效节约系统成本，实现了真正意义上的遥感与 GIS 一体化集成。

ENVI 软件的功能主要是图像处理分析，涉及 GIS 分析与制图功能较少。主要核心功能包括图像数据的输入、输出、定标、几何校正、正射校正、图像融合、镶嵌、裁剪、图像增强、图像解译、图像分类、基于知识的决策树分类、面向对象图像分类、动态监测、矢量处理、DEM 提取及地形分析、雷达数据处理、波谱分析和高光谱分析等。其中 GIS 矢量功能仅支持简单的矢量层的基本操作：创建、显示、编辑、查询、栅格矢量格式转换等，不支持较高级的 GIS 分析功能。

综合比较以上两个软件，ENVI 更容易上手，而且操作简洁、易懂，与 ArcGIS 结合较好，而且由于 IDL 的支持，可扩展能力非常强，现在使用的人越来越多，几乎成为了主流；ERDAS 功能强大，尤其是在针对于分类、解译的功能模块非常多，细节处理很好，但上手稍难。

ERDAS 在水土保持规划中的应用主要是用于遥感图的处理上，比如用于遥感图几何校正、监督分类、植被盖度的提取等方面。其主要作用还是通过处理遥感图获取包含在遥感图中的各类信息上。

10.3.3　ERDAS 图像处理实例

以监督分类方法进行土地利用类型分类为例进行介绍。

① 打开 ERDAS 的 Viewer 面板，打开需要进行分类的图像，并在 Raster Option 中设置 Red、Green、Blue 分别为 BAND4、BAND5、BAND3（以 landset 为例），选择 Fit to Frame。

**图 10-18 View Signature
Columns 对话框**

② 在 ERDAS 图标面板菜单条上，选择 Main→Image
Classification→Classification→ Signature Editor 打开分类模板
编辑器（Signature Editor）。

③ 在分类编辑窗口中的分类属性表中有很多字段，
可以对不需要的字段进行调整。选择分类编辑窗口的
View→Column，打开 View Signature Columns 对话框（图
10-18），选中需要显示的字段（选中多个时按住 shift 键），
单击 Apply 按钮，显示发生变化，单击 Close 按钮完成。

④ 基于先验知识，需要对遥感影像选取训练样本，包
括产生 AOI、合并、命名，从而建立样本。考虑到同类地
物颜色的差异，因此在采样过程中对每一地类的采样点（即
AOI）不少于 10 个。选取样本包括产生 AOI 和建立分类模
板两个步骤。具体步骤参见相关书籍，本书不予介绍。

⑤ 在完成分类模板后，需要对其进行评价、删除、更
名、与其他分类模板合并等操作。ERDAS IMAGINE 9.1 提
供的分类模板评价工具包括分类预警、可能性矩阵、特征对象、特征空间到图像掩膜、直
方图方法、分离性分析和分类统计分析等工具。

⑥ 建立满意的分类模板后，就需要在一定的分类决策规则条件下，对像元进行聚类判
断。在选择判别函数及对应的准则后，便可执行监督分类，具体步骤如下。

选择 Classifier 图标 Supervised Classification 命令打开 Supervised Classification 对话框，
参数设置如下：

a. 选择处理图像文件（Input Raster File）；

b. 确定输入分类模板（Input Signature）；

c. 定义输出分类文件（Classified File）；

d. 设置输出分类距离文件为 Distance File；

e. 选择非参数规则（Non-Parametric Rule），一般选择 Feature Rule；

f. 选择未分类规则（Unclassified Rule）为 Parametric Rule；

g. 选择参数规则（Parametric Rule），一般选择 Maximum Likelihood，即最大似然；

h. 还可以定义分类图的属性表项目，即单击 Attribute Options 按钮，进行选择；

i. 最后单击 OK 按钮，执行监督分类。

⑦ 执行了监督分类之后，需要对分类效果进行评价，可以使用 ERDAS 系统提供的分
类叠加、定义阈值和精度评估等方法进行评价。

⑧ 分类后往往会有一些只有几个像元甚至一两个像元的小图斑，可以通过聚类统计、
过滤分析、去除分析和分类重编码来去除，这些方法需要读者自己查阅相关知识来完成，本
书不再进行详细介绍。

至此就完成了监督分类，分类后便可以导出图像了。

10.4　统计软件

由于在水土保持规划中所涉及的统计计算大多较为简单，一般可以通过 SPSS 软件完成，较为复杂的计算可以通过 Matlab 软件完成。本书主要介绍的统计软件为 SPSS 和 Matlab。

10.4.1　SPSS

SPSS 软件是一款在调查统计、市场研究、医学统计、政府和企业等行业的数据分析应用中久享盛名的统计分析工具。至今，SPSS 软件问世已有 40 多年。它的应用涉及到了金融（银行、证券、保险）、医疗、制造、信息、商业、市场研究、科研教育等多个领域和行业。

SPSS 由于其图形化界面，使得其上手容易，非常直观，缺点在于其脚本编程难度大，灵活度不够。对于一般的统计分析可以选用 SPSS 软件，对于较复杂的分析，可以采用 MATLAB 进行分析。

SPSS 可以应用在水土保持统计分析部分，如回归分析、主成分分析、因子分析、聚类分析和决策树分析都可以用该软件进行处理，其模块化功能操作简单，容易上手。

10.4.2　MATLAB

MATLAB 是美国 MathWorks 公司开发的大型数学计算应用软件系统，它提供了强大的矩阵处理和绘图功能，简单易用、可信度高、灵活性好，因而在世界范围内被科学工作者、工程师以及大学生和研究生广泛使用，目前已经成为国际市场上科学研究和工程应用方面的主导软件。

MATLAB 自 1984 年推向市场以来，在许多优秀程序设计和编制人员的不断努力和卓越贡献下，经过十几年的完善和扩充，使它从一个简单的矩阵分析软件逐渐发展为一个通用性高、带有规模大和覆盖面广的工具箱、有强大可视化功能的科学计算操作平台。Matlab 同 Mathematica 和 Maple 并称为三大数学软件。

MATLAB 系统的基本函数库具有初等函数、初等矩阵和矩阵变换，包括线性代数方程组和矩阵特征值问题等数值线性代数、多项式运算和求根、数据分析和傅立叶变换以及某些特殊的矩阵函数和数学函数等众多内容。

MATLAB 还包括一系列被称作工具箱（TOOLBOX）的专业求解工具。工具箱实际上是 MATLAB 针对不同学科、不同专业所开发的专用函数库，用来求解各个领域的数值计算问题，包括数据采集工具箱、信号处理工具箱、图像处理工具箱、小波分析工具箱、控制工具箱等。随着 MATLAB 的不断升级，所含工具箱的功能越来越丰富，规模越来越庞大，因此，应用也越来越广泛，成为各种专业科研人员和工程技术人员的得力工具。

MATLAB 的另一个特点就是程序的开放性。除内部函数外，所有 MATLAB 基本函数文件和左右工具箱的函数文件都是可以进行修改的源文件。用户可以对源文件进行修改，加入自己编写的内容来构成新的专用工具箱。MATLAB 具有二维、三维曲线和三维曲面绘图功能，使用方法十分方便。

MATLAB 编程能力强，具有较大的灵活性，并且是综合的数学建模工具，需要一定的编程和数学基础。在进行较复杂的分析评价过程时可以使用 MATLAB 进行计算，而且 MATLAB 在工程计算方面比较有优势，可以用于水土保持工程措施的计算分析。

10.4.3　SPSS 应用分析实例——主成分分析

水土保持区划工作是水土保持工作中的基础工作，如何选取区划指标，选取哪些区划指标来综合反映影响水土保持的因素至关重要。本节以某省自然、社会、经济、土地利用和水土流失等共 22 个指标，利用主成分分析法从中提取主要影响指标，并计算出各主成分的权重，建立水土保持区划的指标体系。具体步骤如下。

10.4.3.1　构建指标体系

根据水土保持区划体系结构，将水土保持区划指标体系分为 4 个层次，包括目标层（A）、要素层（B）、因子层（C）和指标层（D）。其中，要素层（B）包括自然要素（B_1）、社会经济要素（B_2）、土地利用要素（B_3）和水土流失要素（B_4）；具体划分内容见表 10-3。因子层（C）由各项指标构成，如地形地貌因子（C_1）等；指标层（D）是水土保持各影响因素的具体体现。

表 10-3　水土保持区划指标

目标层	要素层	因子层	指标层
水土保持区划指标 A_1	自然要素 B_1	地形地貌因子 C_1	平均海拔 D_1
			丘陵山区面积比例 D_2
		气候因子 C_2	年均降水量 D_3
			平均气温 D_4
		植被因子 C_3	林草覆盖率 D_5
		地面组成物质因子 C_4	沙土面积比例 D_6
		水文因子 C_5	水域面积比 D_7
	社会经济要素 B_2	人口因子 C_6	人口密度 D_8
		经济因子 C_7	人均 GDP D_9
			第一产业生产总值比例 D_{10}
			第二产业生产总值比例 D_{11}

（续）

目标层	要素层	因子层	指标层
水土保持区划指标 A_1	土地利用要素 B_3	各类用地比例因子 C_8	园地比例 D_{12}
			林地比例 D_{13}
			未用地比例 D_{14}
			建设用地 D_{15}
	水土流失要素 B_4	水土流失类型因子 C_9	水土流失面积比 D_{16}
			微度土壤侵蚀面积比 D_{17}
			轻度土壤侵蚀面积比 D_{18}
			中度土壤侵蚀面积比 D_{19}
			强度土壤侵蚀面积比 D_{20}
			极强度土壤侵蚀面积比 D_{21}
			烈度土壤侵蚀面积比 D_{22}

10.4.3.2　数据来源

水土保持区划指标体系的主成分分析数据主要来源有于四个方面：自然要素中的平均海拔数据是通过数字高程模型中提取的，年均降水量和年均气温来源于统计年鉴，其他数据均来源于各地主管部门上报数据；社会经济统计数据来源于统计年鉴和主管部门上报数据；来源于主管部门上报数据和国土部门网站；水土流失数据来源于水土流失定量监测成果。数据均以县级行政单元收集。

10.4.3.3　数据标准化

为了给每种变量以统一度量，必须在进行主成分分析前，对原始数据进行数据标准化处理。用 SPSS 中的标准差标准化方法对原始数据进行数据化处理。

10.4.3.4　自然要素指标主成分分析

① 首先在 SPSS 软件下建立自然要素各指标的数据文件。

② 执行"分析-降维-因子分析"命令，其中"抽取"对话框中方法选择"主成分法"，抽取因子数量为 5，保证抽取的主成分的累积贡献率大于 85%。"得分"对话框中选择"保存为变量"，方法选择"回归"。

③ 由主成分分析解释的总方差分析结果可以看出，提取的前 5 个主成分的累积贡献率为 92.09%，大于 85%。

④ 根据主成分对应的方差贡献率计算第 1、2、3、4、5 主成分的权重分别为 0.34、0.26、

0.16、0.13、0.11。

⑤ 由主成分分析得到的成分矩阵详见表 10-4，由表 10-4 可以看出，第 1 主成分主要在年均降水量（D_3）、年均气温（D_4）上有较大载荷，因此第 1 主成分命名为气候因子；第 2 主成分主要在丘陵山区面积比例（D_2）上载荷较大，主要反映丘陵带来的差异，因此第 2 主成分命名为地形地貌因子；第 3 主成分主要表现在水域面积比例（D_7）指标上，因此第 3 主成分命名为水域因子；第 4 主成分主要表现在林草覆盖率（D_5）指标上，因此第 4 主成分命名为林草覆盖因子；第 5 主成分主要表现在沙土面积比例（D_6）指标上，因此第 5 主成分命名为土壤质地因子。

表 10-4　自然要素主成分矩阵

指标	主成分				
	1	2	3	4	5
平均海拔	−0.586	0.526	0.115	−0.48	0.186
年平均降水量	0.876	0.131	−0.234	0.017	0.251
年平均气温	0.804	0.341	−0.126	−0.175	0.279
林草植被覆盖率	−0.383	0.429	−0.269	0.723	0.208
丘陵山区面积比例	−0.213	0.873	−0.001	−0.084	0.034
水域面积比例	0.232	0.064	0.911	0.239	0.233
沙土面积比例	−0.462	−0.55	−0.129	−0.106	0.654

10.4.3.5　社会经济要素指标主成分分析

分析计算过程同上，共提取 3 个社会经济要素主成分，累积贡献率 92.98%，第 1、2、3 主成分的权重分别为 0.50、0.37 和 0.13，根据成分矩阵各主成分分别命名为社会经济要素综合因子、二产比例因子、人均 GDP 因子。结果详见表 10-5。

表 10-5　社会经济要素主成分矩阵

指标	主成分		
	1	2	3
人口密度	0.647	−0.641	−0.299
人均 GDP	0.786	0.372	0.459
第一产业比例	−0.894	−0.176	0.203
第二产业比例	−0.039	0.912	−0.358

10.4.3.6 土地利用要素指标主成分分析

分析计算过程同上，共提取 4 个主成分，累积贡献率 100%，第 1、2、3、4 主成分的权重分别为 0.36、0.25、0.21 和 0.18，根据成分矩阵分别命名为土地利用综合因子、未利用地因子、园林地因子和建设用地因子。结果详见表 10-6。

表 10-6 土地利用要素主成分矩阵

指 标	主成分			
	1	2	3	4
园地面积比例	0.658	0.013	0.687	0.307
林地面积比例	0.682	−0.028	−0.599	0.419
未利用地面积比例	−0.438	0.798	0.016	0.413
建设用地面积比例	−0.587	−0.615	0.063	0.524

10.4.3.7 水土流失要素指标主成分分析

分析计算过程同上，共提取 3 个主成分，累积贡献率 95.06%，第 1、2、3 主成分的权重分别为 0.64、0.24 和 0.12，根据成分矩阵分别命名为水土流失综合因子、微度因子和轻度因子。结果详见表 10-7。

表 10-7 水土流失要素主成分矩阵

指 标	主成分		
	1	2	3
水土流失面积比例	0.585	0.757	0.289
微度土壤侵蚀面积比例	−0.078	0.979	−0.161
轻度土壤侵蚀面积比例	0.68	−0.104	0.716
中度土壤侵蚀面积比例	0.932	−0.184	−0.079
强度土壤侵蚀面积比例	0.956	−0.165	−0.146
极强度土壤侵蚀面积比例	0.975	−0.075	−0.196
烈度土壤侵蚀面积比例	0.834	0.129	−0.317

10.4.3.8 结果分析

根据主成分分析，最终得到各要素主成分 15 个。从各主成分权重来看，自然要素主要由气候因子和地形地貌因子等构成；社会经济要素主要由综合因子和第二产值比例因子等构成；土地利用要素主要由综合因子和未利用地因子等构成；水土流失要素主要由水土流失综合因子及微轻度因子组成，能够有效划分不同水土流失情况和特征的区域（表 10-8）。

表 10-8　水土保持区划指标体系

目标层	要素层	主成分	权重
水土保持区划 指标体系 A_1	自然要素 B_1	气候因子	0.34
		地形地貌因子	0.26
		水域因子	0.16
		林草覆盖因子	0.13
		土壤质地因子	0.11
	社会要素 B_2	社会经济要素综合因子	0.5
		二产比例因子	0.37
		人均 GDP 因子	0.13
	土地利用要素 B_3	土地利用综合因子	0.36
		未利用地因子	0.25
		园林地因子	0.21
		建设用地因子	0.18
	水土流失要素 B_4	水土流失综合因子	0.64
		微度因子	0.24
		轻度因子	0.12

　　每类主成分取代原来各要素的全部指标，可综合反映各要素的特征。因此，以得出的 15 个主成分重新构建水土保持区划指标体系，结合相应的权重，即可计算出各类要素的综合得分，为下一步的区划奠定了基础。

思 考 题

1. GIS 一般应用于水土保持规划的哪些方面？
2. 遥感影像处理主要的软件有哪些，优缺点是什么？
3. 计算机辅助设计在水土保持规划中的应用领域有哪些？

本章推荐书目

1. 3S 技术在水土保持中的应用. 毕华兴. 中国林业出版社，2008
2. ArcGIS 地理信息系统空间分析实验教程（第二版）. 汤国安，杨昕. 科学出版社，2012

参考文献

毕华兴. 2008. "3S" 技术在水土保持中的应用 [M]. 北京：中国林业出版社.

毕小刚. 2011. 生态清洁小流域理论与实践 [M]. 北京：中国水利水电出版社.

陈渠昌，张如生. 2007. 水土保持综合效益定量分析方法及指标体系研究 [J]. 中国水利水电科学
　　研究院学报，（02）：95-104.

陈晓剑. 梁梁. 系统评价方法及应用 [M]. 合肥：中国科技大学出版社.

承志荣. 2013. 江苏省水土保持区划研究 [D]. 南京农业大学.

承志荣等. 2013. 基于主成分分析法的江苏省水土保持区划指标体系研究 [J]. 水土保持通报，（06）：
　　181-186.

崔功豪，魏清，陈宗兴. 1999. 区域分析与规划. 北京：高等教育出版社.

方创琳. 2000. 区域发展规划论 [M]. 北京：科学出版社.

冯磊. 2013. 陕西省水土保持功能区划研究 [D]. 北京林业大学.

高甲荣，齐实. 2012. 生态环境建设规划 [M]. 北京：中国林业出版社.

刘喜明. 2011. 关于完善可行性研究报告投资估算编制的探讨. 市政技术.

桂凌. 2012. 基于 GA-BP 网络的砒砂岩沙棘水土保持功能评价 [D]. 北京林业大学.

郭索彦等. 2010. 水土保持监测理论与方法 [M]. 北京：中国水利水电出版社.

郭索彦等. 2014. 土壤侵蚀调查与评价 [M]. 北京：中国水利水电出版社.

国家发展改革委员会. 2015. 全国及各地区主体功能区规划（上）[M]. 北京：人民出版社.

海热提，王文兴. 2004. 生态环境评价、规划与管理 [M]. 北京：中国环境科学出版社.

滑坡防治工程勘查规范（DZ/T 0218-2006）. 北京：中国标准出版社.

贾立海. 2011. 河北省平原水土流失易发区划分探讨 [J]. 河北水利，（07）：8-9.

姜德文. 2000. 论水土保持规划设计的规范化 [J]. 中国水土保持，（3）：20-21.

姜德文. 2001. 水土保持生态建设项目前期工作新规定 [J]. 中国水土保持，（5）：40-42.

姜德文. 2007. 掌握水土保持规划规程全面提高规划质量水平 [J]. 中国水土保持，（2）：1-2，10.

经济合作与发展组织. 1996. 环境项目和政策的经济评价指南 [M]. 北京：中国环境科学出版社.

李博. 2000. 生态学 [M]. 北京：高等教育出版社.

李洪远，鞠美庭．2005．生态恢复的原理与实践［M］．北京：化学工业出版社．

李瑞，李勇．2013．层次聚类分析法在贵州省水土保持四级区划中的应用［J］．中国水土保持，（02）：21-22．

李文华．2008．生态系统服务功能价值评估的理论、方法与应用［M］．北京：中国人民大学出版社．

李晓凌．水土保持调查与勘察的内容与要求［A］．2011．中国水土保持学会水土保持规划设计专业
委员会 2011 年年会论文集［C］．

林培．1999．土地资源学（第二版）［M］．北京：北京农业大学出版社．

林文雄．2013．生态学（第 2 版）［M］．北京：科学出版社．

陆欢欢等．2013．江苏省水土流失成因及易发区划分方法研究［J］．中国水土保持，（01）：57-60+69．

陆曼．2011．投入产出分析实例—经济结构分析［J］．知识经济，（21）：64-65．

泥石流灾害防治工程勘查规范（DZ/T 0220-2006）．北京：中国标准出版社．

倪绍祥．1999．土地类型与土地评价概论［M］．北京：高等教育出版社．

牛翠娟等．2015．基础生态学（第 3 版）［M］．北京：高等教育出版社．

齐实，莫建玲．2001．流域景观的类型及其规划与设计［J］．中国水土保持，（12）：15-16．

齐实，莫建玲．2002．面向 21 世纪的水土保持景观规划与设计［J］．水土保持学报，16（1）：16-19．

全国勘测设计注册工程师水利水电工程专业管理委员会，2009．中国水利水电勘测设计协会．水利
水电工程专业案例（水土保持篇）［M］．郑州：黄河水利出版社．

高甲荣，齐实．2012．生态环境建设规划（第二版）北京：中国林业出版社．

生态清洁小流域建设技术导则（SL 534-2013）．北京：中国水利电力出版社．

水利部水利水电规划设计总院．2003 水土保持工程概（估）算编制规定．郑州：黄河水利出版社．

水利建设项目经济评价规范（SL 72-2013）．北京：中国水利电力出版社．

水利水电工程制图标准—水土保持图（SL 73.6-2015）．北京：中国水利电力出版社．

水土保持工程概（估）算编制规定（水利部水总［2003］67 号）．

王治国，贺康宁，胡振华．水土保持工程概预算．北京：中国林业出版社，2009．

水土保持工程设计规范（GB 51018-2014）．北京：中国计划出版社．

水土保持工程项目初步设计报告编制规程（SL 449-2009）．北京：中国水利电力出版社．

水土保持工程项目建议书编制规程（SL 447-2009）．北京：中国水利电力出版社．

水土保持工程项目可行性研究报告编制规程（SL 448-2009）．北京：中国水利电力出版社．

水土保持规划编制规范（SL 335-2014）．北京：中国水利电力出版社．

水土保持监测设施通用技术条件（SL 342-2006）．北京：中国水利电力出版社．

水土保持综合治理—规划通则（GB/T 15772-2008）．北京：中国标准出版社．

水土保持综合治理技术规范 崩岗治理技术（GB/T 16453.6-2008）．北京：中国标准出版社．

水土保持综合治理技术规范 风沙治理技术（GB/T 16453.5-2008）．北京：中国标准出版社．

水土保持综合治理技术规范 沟壑治理技术（GB/T 16453.3-2008）．北京：中国标准出版社．

水土保持综合治理技术规范 荒地治理技术（GB/T 16453.2-2008）．北京：中国标准出版社．

水土保持综合治理技术规范 坡耕地治理技术（GB/T 16453.1-2008）．北京：中国标准出版社．

水土保持综合治理技术规范 小型蓄排引水工程（GB/T 16453.4-2008）. 北京：中国标准出版社.

水土保持综合治理效益计算方法（GB/T 15774-2008）. 北京：中国标准出版社.

水土保持综合治理验收规范（GB/T 15773-2008）. 北京：中国标准出版社.

水土流失危险程度分级标准（SL 718-2015）. 北京：中国水利电力出版社.

水土流失重点防治区划分导则（SL 717-2015）. 北京：中国水利电力出版社.

孙保平，杜启贵等. 2000. 区域综合治理技术决策系统 [M]. 北京：中国林业出版社.

孙立达等. 1991. 小流域综合治理理论与实践 [M]. 北京：中国科学技术出版社.

孙昕，李德成，梁音. 2009. 南方红壤区小流域水土保持综合效益定量评价方法探讨——以江西兴国县为例 [J]. 土壤学报，（03）：373-380.

孙昕，李德成，梁音. 2009. 南方红壤区小流域水土保持综合效益定量评价方法探讨——以江西兴国县为例 [J]. 土壤学报，（03）：373-380.

汤国安，杨昕. 2012 ArcGIS 地理信息系统空间分析实验教程（第二版）[M]. 北京：科学出版社.

唐世振. 2007. 基于 MATLAB 的振动信号采集与分析系统的研究 [D]. 中国海洋大学.

王礼先. 2000. 水土保持学 [M]. 北京：中国林业出版社.

王礼先等. 1999. 流域管理学 [M]. 北京：中国林业出版社.

王礼先等. 2005. 水土保持学 [M]. 北京：中国林业出版社.

王秀茹. 2009. 水土保持工程学 [M]. 北京：中国林业出版社.